拥有一个
你说了算的人生

|活 出 自 我 篇|

武志红

著

民主与建设出版社
·北京·

©民主与建设出版社，2025

图书在版编目（CIP）数据

拥有一个你说了算的人生．活出自我篇／武志红著．--北京：民主与建设出版社，2018.12（2025.5重印）
ISBN 978-7-5139-2351-4

Ⅰ.①拥… Ⅱ.①武… Ⅲ.①心理学－通俗读物 Ⅳ.①B84-49

中国版本图书馆CIP数据核字（2018）第260874号

拥有一个你说了算的人生：活出自我篇
YONGYOU YIGE NI SHUOLESUAN DE RENSHENG HUOCHU ZIWO PIAN

著　　者	武志红
责任编辑	程　旭　周　艺
出版发行	民主与建设出版社有限责任公司
电　　话	（010）59417749　59419778
社　　址	北京市朝阳区宏泰东街远洋万和南区伍号公馆4层
邮　　编	100102
印　　刷	河北鹏润印刷有限公司
版　　次	2018年12月第1版
印　　次	2025年5月第23次印刷
开　　本	710mm×1000mm　1/16
印　　张	27.25
字　　数	430千字
书　　号	ISBN 978-7-5139-2351-4
定　　价	72.00元

注：如有印、装质量问题，请与出版社联系。

目录
CONTENTS

序言　拥有一个你说了算的人生

第一章　命运

自我实现的预言 / 002
潜意识就是命运 / 003
自我实现的预言 / 005
改变，从体验开始 / 007
互动：不要太急着说"是" / 009

权威期待的力量 / 013
罗森塔尔效应 / 014
怎样带给别人积极的影响 / 016
一切努力，只为遇见你 / 017
互动：最好的期待，是"我相信你" / 019

打赢你的内在比赛 / 022

警惕你的自我成就感 / 023

放下头脑，信任身体 / 024

互动：竞争，是最好的合作 / 026

界限意识与共生关系 / 029

界限意识 / 029

共生关系 / 030

六招划出"界限" / 031

读懂你的人生脚本 / 036

一切都是自传 / 037

重复体验，是为了疗愈 / 039

你想要一个什么样的自传 / 042

如何读懂自己的生命隐喻 / 044

第二章 自我

衡量自我的五个维度 / 048

自我的稳定性与灵活度 / 049

自我的力量和疆界 / 052

自我的组织力 / 054

互动：找到适合你的回应 / 057

心理大家的自我理论 / 061

本我、超我和自我 / 062

我，是一切体验的总和 / 065

让你的本能"喷涌而出" / 068

进入别人的现象场 / 070

互动：成为带着野性生命力的自己 / 073

弗洛伊德的人格发展理论 / 075

口欲期：吃货的源起 / 076

肛欲期：金钱态度之源 / 078

心理罪：俄狄浦斯期 / 082

潜伏期和生殖期 / 085

互动：给觉知留下空间 / 087

成为你自己 / 090

内部动机和外部动机 / 091

哺育你的精神胚胎 / 094

真自我和假自我 / 096

互动：尊重你的感觉，聆听你的心 / 100

第三章　关系

关系，即命运 / 102

性格是你的内在关系模式 / 103

认识关系奥秘的第三只眼 / 106

如何构建健康的关系 / 107

吃的隐喻 / 109

互动：再怎么努力，伤害也不可避免 / 111

关系，就是一切 / 114

你存在，所以我存在 / 115

心灵感应与深度同频 / 118

你真能保守住一个秘密吗 / 120

全神贯注时，感应就会发生 / 121

互动：失去自我的迷恋和忘我的爱 / 123

我与你，我与它 / 127

我与你，我与它 / 127

世界的本质，是关系 / 128

珍惜规则与权力规则 / 130

关系怎样疗愈一个人 / 133

天才和情商有仇吗 / 136

互动：我与你的关系，难以一蹴而就 / 138

世界是相反的 / 141

"好我"与"坏我" / 142

你既可以 A，又可以 -A / 144

发现问题行为背后的积极动力 / 147

互动：拥抱完整的自己 / 149

一元、二元、三元关系 / 151

无回应之地，即是绝境 / 152

从一元关系到三元关系 / 153

关系层次进化的关键 / 156

互动：人没有简单活着的福分 / 160

第四章 动力

心理健康的标准 / 164

心理疾病的分类 / 165

自信与热情 / 168

两种生命力 / 170

互动：自体都在寻找客体，我都在寻找你 / 173

全能自恋 / 175

全能自恋与自恋性暴怒 / 176

实体自恋与虚体自恋 / 178

全能自恋的力量 / 180

全能自恋的常规表现 / 182

互动：从全能自恋到健康自恋 / 186

攻击性 / 189

每个人都不好惹 / 190

攻击性的意义 / 193

如何转化破坏性 / 197

生本能和死本能 / 200

互动：先试试表达攻击性吧 / 201

锤炼生命的韧劲儿 / 205

时空感 / 206

自我效能感 / 208

挑战舒适区 / 211

连续与断裂 / 214

互动：接纳痛苦，就是生死转换 / 218

性 / 220

警惕心灵僻径 / 221

性是对关系的渴望 / 224

文明是原始欲望的升华 / 226

互动：性的模式，是关系模式的呈现 / 228

生命的初心 / 231

从渴望到绝望 / 232

碰触你的内在婴儿 / 235

英雄之旅 / 239

互动：别皈依了绝望 / 242

第五章　思维

心灵的三层结构 / 246

保护层、伤痛层和真我 / 246

为什么要讲感受 / 250

高贵的头颅，鄙俗的身体，对吗 / 253

你的想法真是你的吗 / 256

互动：头脑该是仆人，而非主人 / 260

认识你的非理性信念 / 262

人生如赴宴，须举止得体 / 263

重塑非理性信念 / 266

捕捉你的自动思维 / 269

每个地方都能挖一口深井 / 272

互动：什么是理性和非理性 / 276

破解你的生命逻辑 / 279

怎样接住关系中的"坏" / 280

自恋幻觉的 ABC / 283

支配者 / 287

滥好人和诱惑者 / 290

互动：及时修正你的心灵地图 / 293

我思故我在 / 296

向思维认同 / 297

痛苦之身 / 300

抚平你内心的钩子 / 304

互动：怎样做到只接纳生命中的"好" / 307

第六章　身体

身体是心灵的镜子 / 312

身体冷暖的隐喻 / 313

具身认知观 / 316

如何用身体来聆听 / 319

让痛苦流动 / 322

互动：怕热，又是什么样的隐喻 / 326

艾瑞克森催眠法 / 328

疼痛铸就的催眠大师 / 329

艾瑞克森的治疗原则 / 332

自我催眠 / 336

扫描式感受身体练习 / 339

互动：潜意识的层次 / 342

谁是你身体的主人 / 346

假自我与身心分离 / 347

真自我与身心合一 / 350

躯体化 / 353

互动：看见孩子的生命力 / 355

第七章　情感

自恋与依恋 / 360

依恋的形成 / 361

两种妈妈与两种孩子 / 364

依恋"你"，排斥"它" / 367

晕车的隐喻 / 370

互动：我可以不依恋任何人吗 / 374

快意恩仇与纠结 / 376

负爱、负恨与负知识 / 377

"头脑妈妈" / 380

去爱、去恨、去了解 / 382

含蓄，是一种什么味儿 / 386

互动：快意恩仇时，至少有机会 / 388

爱与恨 / 390

爱是容纳、看见与联结 / 391

恨是拒绝、否认与切割 / 394

让恨流动 / 397

给毁灭欲披上一层"胶囊" / 400

互动：做一个不好惹的人 / 403

最难面对的平实之物 / 406

自体的虚弱与坚韧 / 407

关系中的恨与爱 / 410

一念之转：你就是我 / 412

互动："你"，就是整个世界 / 416

序言　拥有一个你说了算的人生

一个人的生命，终究是为了活出自己。

如果你有幸在很小的时候就被告知这一点，并身体力行，那么这会是一个非常不同的人生起点。

比如股神巴菲特，他父亲一再对他说："尊重你的感觉，你的感觉越是别具一格，别人越喜欢对你说三道四。而这时候，你就更需要相信你自己的感觉。"

巴菲特说："这是我生命中最宝贵的教诲。"这种教诲深入骨髓，他才能做到"别人贪婪的时候我恐惧，别人恐惧的时候我贪婪"。

尊重自己的感觉，这是成功人士的共同特点。

动漫之王宫崎骏说："我从来不考虑观众。"

德川幕府的开创者德川家康说："过于揣测别人的想法，就会失去自己的立场。"

作为宅男，我最初关注的多是这种众所周知的"大神"级人物。后来，作为记者和心理咨询师，见的人越来越多后则发现，身边的"强人"们普遍有一个特点：强烈的自我意识。

他们很小，如初中、小学甚至刚记事起，就有了一个意识——我要过什么什么样的生活！几十年过去后，他们的人生也的确活成了他们想要的样子。

比如一个女强人，在她2岁半时对父母失望至极，于是对自己说："我发誓这辈子不再靠任何人。"现在，她是成功的企业家，非常独立。当然，回避依赖也导致她的亲密关系会出问题。

又如我的一个朋友，60岁了看着还年轻、貌美，她没多高的社会地位和经济收入，但她活得惬意，生活一直在按她的意愿前行。虽然她有过那个年代的人容易遇到的一些很"凶险"的选择，但她都能逢凶化吉。

她之所以能做到这一点，是因为每到一个重要的选择关头，她都没有随波逐流（别人怎么过，我也怎么过；别人要什么，我也要什么），而是强烈地知道"我想要什么"。

聆听这些"强人"的故事，很容易得出一个结论：一个人的外在现实，是由他的内在意识所决定的。特别是放到几十年甚至一生的长度去看，这个结论就更容易看到。

不只是"强人"们如此，普通人如此，所谓的"弱者"也是如此。作为资深的咨询师，我在和来访者的深度咨询中看到，他们的内在意识是如何决定了自己的一生。

同时，我一直在做自我分析，也在稳定地找精神分析师给我做分析。这也让我深刻地体会到，我的外在人生是我内在想象的展现。

谁都如此，只是"强人"们在他们有所成就的领域里，没有从众（即听从别人的意志），而是一直在坚持自己在这方面的自我意识。其他人则向外寻找一种生活标准，而遗忘了自我。

对此，我最喜爱的诗人鲁米说：

经年累月，复制他人，我试图了解我自己。
内心深处，我不知何去何从。
无法看到，只听得我的名字被唤起。
就这样，我走到了外面。

你，是一切的根源。

强烈的自我意识是一个基础，这相当于人生的起跑线，而能否做自我归因与自我觉知又是一个关键。

我们一生中，势必会遇到各种挫败。而挫败中，有人会为了维护自恋，而去做外部归因——是别人或环境让我不成功，有人则倾向于做自我归因——是不是我自己的哪些方面出了问题导致了失败。

做外部归因的人，会一时爽，但因此失去了升级自我的机会。

做自我归因的人，看似难受，但他的自我会因此"松动"，而有了被"淬炼"的可能。

归因方式的不同，导致了不同的人生：做外部归因的人，他的心理逻辑基本没发生过改变，于是不断有同样的轮回；做自我归因的人，随着内在意识的升维，他的外在人生也在升级。

这样讲，就好像我要讲成功学似的。

当然，成功学也很重要，从孩童到青少年，再到成年，一个人要不断地增强自己。但能否做自己，其实还有非常复杂微妙的种种表现。

比如，拖延、迟到、宅、好忘事、效率低下，乃至皮肤病、耳聋眼花等，都可能是因为不能在外部世界做自己。

不能在外部世界做自己的生命，就会倾向于将自己适当地封闭起来，好在一个相对封闭的内向世界里自己说了算。

又如，一些人的自毁，是因为他们发现，他们的生命几乎都是父母说了算，因此他们想毁掉自己的人生，以此证明父母的意志是错的。同时也证明了，他们至少可以通过自毁来证明他们有说了算的地方。

所以，你必须去为自己的生命争取一个空间。在这个空间里，你说了算。

马斯洛的"自我实现"概念深入人心，而拥有一个你说了算的人生，是基础。

特别重要的一点是，幸福感的主要源头是人际关系的深度，但当你在人际关系中不能做自己时，你不会去构建太有深度的关系。你需要从关系中撤离一部分自我，好保护你做自己的空间。

到现在，我写了十几本书，文字已有几百万字，文章总数已有上千篇，也开始讲视频和音频，一直贯穿其中的精神就是：成为你自己。

大学本科时，"人本主义心理学"的这个概念就特别深入我心。后来，我发现自己所有的学习和努力，都是为了贯彻这一精神。

一个人活着，是为了"实现"自己，而不是其他。你必须知道，你有多宝贵。美国现代舞创始人玛莎·格雷厄姆说：

> 有股活力、生命力、能量经你而实现。从古至今只有一个你，这份表达独一无二。如果你卡住了，它便失去了，再也无法以其他方式存在。世界会失掉它。它有多好或与他人比起来如何，与你无关。保持管道开放才是你的事。

成为你自己，这是简单的哲学。但将它活出来，殊为不易，特别是当我们的教育一直是听话哲学时。

我从在北京大学读心理学本科开始就明确地思考这个问题，到现在已有25年。

并且，我从未被父母教育过听话，我一生没挨过父母一次打骂，他们也不会左右我的选择，所以我是难得的有一个在原生家庭里就可以自己说了算的空间。

我不仅一直在身体力行这一哲学，还借助心理学工作，有了大量细致入微的真切理解。

2017年7月，我借助"得到"的平台，将这份哲学用音频和文字的形式讲出来。我足足花了半年的时间做准备工作，梳理出了一个简单的思想体系。在整理过程中，我感觉到自己的意识再一次升维，并在专栏结束后，对整体内容进行梳理、修订、精选，形成了《拥有一个你说了算的人生》，分活出自我篇和终身成长篇。

我所认为的心理学，就是集中在一个生命如何成为他自己上。我也的确认为，这是最为根本的生命动力，它演化出了一切人性。

不过，我现在仍然在路上，所以并不是在教大家如何走路，而是与大家一起探讨：如果我们想成为自己，该如何前行。

活出自己是一件很美的事。

一旦你活出了自己，你会发现，你对外界的善恶感知，其实源自内在的善恶；你所看到的外界的黑暗与光明，其实是源自你内在的黑暗与光明。

成为自己是一条长路，约瑟夫·坎贝尔称为"英雄之旅"。完成了这个旅程的人，会彻悟到这一点。比如，王阳明在死之前指着自己的心说："此心光明，亦复何言。"

相反，那些没有活出自己的生命，他们有太多能量在潜意识的黑暗中，也因此滋生出大量的恶来。

所有关于生命的哲学，都不是哲理这么简单，它是活生生的现实。你会体验到，当真正发现自己、成为自己时，你会喜极而泣，你会看到：原来这才是你自己，原来你就是生命。

再分享一首鲁米的诗：

> 那一天将会到来
> 带着喜悦，你问候自己
> 到达你自己的门口，看着你自己的镜子
> 你们彼此向着对方微笑，说，请坐，请吃吧
> 你将再一次爱上这个陌生人
> 他，就是你自己
> 给他美酒、食物
> 将你的心再度交还给他
> 给这个爱了你一生的陌生人
> 以前，你忽略了这个陌生人，为了其他人。

第一章 命运

自我实现的预言

自我实现的预言，是指一个人常说的那些话可能会成为他自己的生命预言。因为人是非常自恋的动物，一旦说了一句话，你就会爱上自己的这个说法，就会倾向于证明"我说的"这句话是对的，于是将事情朝这个方向去推动。

我们的外在人生，也就是命运，常常是我们的内在意识花了很多年去这样推动的结果。

所以，注意你常说的那些话，它们可能有非同寻常的意义。

> 注意看那些
> 在窗户光线里移动的尘屑。
> 它们的舞蹈就是我们的舞蹈。
> 我们鲜少用心倾听我们内在的音乐，
> 但我们莫不随着它起舞。
>
> ——鲁米[①]

[①] 鲁米（Molana Jalaluddin Rumi，1207—1273）：伊斯兰教苏菲派圣哲，天才诗人，美国当代最受欢迎的心灵导师。

潜意识就是命运

我们的外在命运和内在想象是互为镜子的。通过外在命运，可以看到我们的内在想象；而通过一个人的内在想象，又可以看清楚他的外在命运。

并且，我们越是能懂得我们的内在想象，就越是能看到一个人的内心（内在现实）是怎样决定一个人的外在现实的。同样，如果你想改变自己的外在现实，就需要去认识并改变你的内在现实。

那么，什么是命运？

先讲一个我现在常用的谈话技巧：在短时间内，如果一个人把一句话说了三遍以上，那么我就会知道，这句话非常重要。我就会去和对方探讨，这句话到底意味着什么。

这种技巧发展起来是因为十多年前的一个故事。当时，我的一个初中同学找我聊天，说他有很痛苦的事找我咨询。原来，他处在三角关系中，他家中有妻子，还有一个貌美的情人。他和妻子频繁因为这个三角关系而吵架、打架，对父母和孩子都造成了非常不好的影响。

一讲到这儿，我想很多人会认为，情人是第三者。不，恰恰相反，他是先和情人认识的。他们是初恋，二十几岁时就在一起了。他很爱这个美女，美女也一心想嫁给他，但他不相信她是真心的。后来，他通过相亲认识了现在的妻子。虽然他对她不满意，但他们还是迅速走向了婚姻。

他在讲他的故事时不断地说"这是命"。

这句话太普通了，所以，他第一次讲的时候，我没有当回事，以为就是一般性的、对命运的感慨。他第二次讲时，我还是没当回事。但不到10分钟，他第三次说"这是命"的时候，我突然意识到，这句我认为很普通的命运感慨，可能对他来说有非常特殊的意义。于是，我问他："你不断说'这是命'，是什么意思呢？"

他回答说，他和妻子的相亲过程有些诡异，似乎是某种命运一般的外在力量推动他做了这一选择，而不是他自己有意识地做了这个选择。他有过三十多次相亲，最后一次相亲，一进房间，看到有几个女孩在，其中一个最丑。他心里一"咯噔"，对自己说："千万不要是她。"没想到相亲对象就是她，但奇怪的是，他答应了。本来他对相貌很在意的，何况他已经和那么漂亮的女孩谈过恋爱。

我说："这明明是你做的选择啊。"他说，这看起来是，但他觉得，如果是脑子清醒的话，他绝不会做这个选择，是他糊涂了，是"命"的力量让他做了这个选择。

这种事我见过太多了，明明是自己内在意识做的合理选择，但因为自己头脑没有特别好地理解到，于是归因成外在命运。

在这种认识中，藏着一个假设：我们做任何选择都是为了追求好处。

我请他设想："你真的和美女结婚了，那会是什么感觉？"

他想了一会儿说："这很好啊，有这样的老婆，真的是赏心悦目，而且会很爱很爱她，会非常用心对她。"只是面对她，他会免不了自卑，于是有点儿不自在。

说到这儿，答案就出来了。

对他而言，美女像"女神"。和"女神"一起过日子，会一直被自卑折磨着，这会让他很不舒服。

相反，和丑妻一起，这份自卑就没有了。他想说什么就说什么，不高兴了就吵，再不高兴就打。虽然家暴很不好，外人会非议他，但外人同时也会说："这人找了一个这样的老婆，真的是让人同情啊，他本来可以找更好的。"

于是，不仅他自己可以将自卑甩到妻子身上，外人也会这么看。而他妻子自我不够强大的话，容易被这种投射伤害。

如此一来，他没有和美女结婚，而是和丑妻结了婚。这真的是一个很狡猾的选择。他多数时间和妻子在一起，而他地位高，于是有了一份优越感。同时，他又继续和美女保持情爱关系。偶尔见一下，可以满足对美女的各种期待，又不必天天活在自卑中。

有人会说："自卑算什么？如果可以和一个自己很爱的美女结婚，那我愿意承受和她在一起时的自卑。"这样说，是因为这份自卑你能承受。而对他而言，这份自卑是他消化不了的"毒"。当一份"毒"我们消化不了的时候，很容易做出的选择是将它甩到别人身上。

从道德角度来看，这有些卑鄙。但是，从心理学角度来看，这是一种很难避免的选择，甚至都不是一个自主选择。所以，他一再说"这是命"，是有道理的。

当把故事厘清后，这个哥们儿就再也不说"这是命"了。

这是一个简单的故事，可以说明，一个人认为的外在力量决定着的命运，其实很可能是内在想象驱动着自己所做的选择。

在内在想象中，包括意识和潜意识。有时候，我们能意识到，我们是如何清晰地塑造我们的人生的，但在很大程度上，是潜意识塑造着我们的人生。

并且，可能对于多数人来说，潜意识的力量太强大了。于是，我们难以认识到，潜意识的想象如何决定着自己的命运。

关于这一点，心理学家荣格说："你的潜意识指引着你的人生，而你称其为'命运'。"

这句话听起来让人觉得无力，而荣格还有另一句话："当潜意识被呈现，命运就被改写了。"

潜意识，最早是精神分析学派的鼻祖弗洛伊德提出的。弗洛伊德有很多理论，也引起了很多争议，特别是他的恋父和恋母情结、泛性论，并未得到一致承认，但他提出的潜意识控制着很多心理行为的理论，是他最容易被承认的巨大贡献。

意识层面的东西，因为我们都能看到，所以我们会说，这是"我"做的选择；潜意识层面的东西，因为我们不能够看到，所以我们容易认为，这不是"我"做的选择，是命运一般的外在力量推动的结果。

不过，当我们扩大了觉知范围，觉知到了潜意识的部分时，潜意识就变成意识层面的东西了。通过这种努力，你扩大了你的觉知领域，因此可以更好地去做选择，更好地去掌控自己，你的自我也会变得更为成熟而强大。

自我实现的预言

潜意识是命运的一个铺垫，是为了引出"自我实现的预言"这一概念。

一旦形成了"自我实现的预言"这一概念，我们看人的眼光就会犀利起来。

比如，我读高中的时候，我们班成绩最好的哥们儿，他常考年级第一名。按照他的成绩，他考北京大学、清华大学绰绰有余，而考北京大学也是他的梦想，因为他的叔叔上了清华大学,总瞧不起他们家,他很想为家里争一口气。

他有这样的实力,但他常说:"北大不好考啊,我能考上南开大学就很满足了。"结果,他高考发挥失常,果真考上了南开大学。

我们很喜欢使用"正能量"一词,但太多的心理学家发现,活得幸福、快乐的人真的不多。美国当代著名的心理学大师欧文·亚隆说,每年他都会和妻子玩一个想象游戏:请那些他俩都认为健康、幸福、快乐的人来参加聚会。但他们发现,每年能来的人都凑不够一个圆桌。

因为人太自恋了,而自恋,也的确容易成为幸福、快乐的大敌。

前面讲到的案例中,至少藏着两层自恋:

(1)我是对的。我说了事情是怎样的,就会把事情朝那个方向推动,以此证明,我说的是对的。我的同学"如愿"考上了南开大学,他不得不接受这个现实。

(2)我比你强。在关系中,我要一份这样的自恋——我高过你。所以,当我地位高而你地位低时,这种格局我才会自在、舒服。因此,我的哥们儿不找初恋美女做老婆,而找一个他认为远不如自己的人做妻子。

在寓言小说《盔甲骑士》(书名也翻译成《为自己出征》)中,讲了一个伟大骑士的自我醒悟过程。其中一个细节是,他突然明白,当妻子酗酒时,他看上去很恼火,但其实有一份高兴在。因为这样,他就可以把他们关系中的问题都推给妻子了,而他这位伟大的骑士就没有问题了。

"命运"这个词,常意味着一种痛苦与悲观。当我们在关系中追求这样的自恋时,自然会痛苦,而我们自己,就是痛苦命运的亲手缔造者。

不过,我也必须澄清,我绝对不是反对自恋。自恋有它很深的合理性,我们都是要从满满的自恋开始,而后走出自恋,发现我和你都是好的。这时,才能拥有幸福和快乐。

我们看到了,消极的自我实现的预言,消极的意识和潜意识,的确会变成外在现实。那么,我们怎样改变这一点呢?或者说,我们如何给自己营造出更积极的自我实现的预言呢?

改变，从体验开始

有道理很容易，但真正被触动，是非常难的事。被触动，就意味着理性的知识和你自身的体验结合在了一起，成为你自己的东西了。

就拿我自己来说，"自我实现的预言"这个概念，我在北京大学读心理学系本科的时候就知道，但第一次真正理解到它，却是在十余年后。

那是 2005 年或 2006 年的一天，当时有几件大事进展得很好，傍晚，我走在广州的滨江东路上，心情很好。但走着走着，我看到珠江里有一条运沙船。它有点儿漏油，拖着一条长长的油污带，在夕阳的照耀下，五彩斑斓，分外刺眼。

那一瞬间，我心中有一股强烈的悲伤涌起，不禁感叹了一句："这真是一个无可救药的世界！"

这句话说出来后，我吓了一跳。虽然我自诩环保主义者，对环境污染常有愤慨，可是就拿这一天而言，我在工作和恋爱上都有非常好的进展，这两件事对我来说分量很重，而这条运沙船造成的污染对我的影响，应远不及这两件好事的百分之一，但为什么，我的好心情好像一扫而光呢？这件不好的事给我造成的负面心情，竟然彻底压倒了好心情呢？

我停下脚步，安静下来，回想刚才那一刻到底发生了什么。

很快，我观察到，我看起来是悲观的，是一个为全世界着想的好人，但其实藏着浓浓的自恋：看吧，这个世界上谁有我聪明？我早就预言过，这是一个无可救药的世界，这条运沙船证明了我是对的。

这份自恋非常强烈，但因为它会让我觉得自己不好，所以以前没意识到，只意识到了自己有环保意识的好人的一面。而觉知到这份被我忽略的自恋后，我第一次真切地体验到，什么是自我实现的预言。

这种心理机制，可以称为"选择性注意"[1]，这是自我实现的预言的关键机制。

---

[1] 选择性注意：是指视觉系统在每时每刻都会收到大量信息，注意的过程需要选择重要的信息来进行优化加工，注意一个而抑制其他。通俗来说，是指在外界诸多刺激中仅仅注意到某些刺激或刺激的某些方面，而忽略了其他刺激。

选择性不注意，即在外界诸多刺激中仅抑制（忽略）某些刺激或刺激的某些方面。

我发出一个预言后，为了维护"我是对的"这份自恋，我的注意力会集中在那些符合我预言的信息上。而那些不符合我预言的信息，就被我忽略了。因此，我看到的世界就符合了我的预言。

觉知，需要有体验。想改变，也一样。

我曾给我好友的表弟做高考辅导，他的愿望是考南京大学。而他一贯的成绩是可以上南大的，但高考时发挥失常，只能上普通本科。他不愿上，选择了复读。

可是，复读中几次考试又失常，以致他产生了严重的自我怀疑，并预感自己第二次高考也注定会糟糕。这是他认同了自己消极的体验，由此产生了更消极的预言。我让他回忆了他曾经获得最好成绩时的体验和状态，通过这种方式帮助他改变那个消极的自我实现的预言。

当时是春节，我对他说："你曾经达到的高度，就是你能达到的高度。这种愿景的改变，是非常关键的一步。"这次聊天对他的帮助很大，他第二次高考时发挥正常，考上了南大。

改变自我实现的预言的一些原则和方法：

（1）要知道自我实现的预言，就是想象在指引现实。

（2）预言其实大部分是对体验的提炼和总结，所以不管是觉知你的预言，还是要改变，都需要从体验入手。

（3）如果想要更积极的自我实现的预言，就需要寻找机会，让自己体验到这个预言。

（4）你可以问问自己，你希望的那种"自我实现的预言"是什么，过去什么时候体验过？然后好好调动回忆，让自己去体验这份体验。

比如，出去讲课前，我会花几分钟时间让自己闭上眼睛，安静下来，回忆一下我以前成功的讲课经历，让自己去感受在这些经历中的体验。

一些优秀的推销员在开展一天的工作时，会先去找一些优质的客户，或者推销一些容易卖的产品，这样去制造一些成功体验。这份体验会帮助他们更好地开展一天的工作。

（5）你可以去接近有类似体验的人，在他们身上学习。想要什么样的人生，就去和什么样的人接触，他们的体验很容易感染到你。这是扩大自己体验的一个重要方式。

互动：不要太急着说"是"

在与网友的互动中，我经常会看到大量的评论，并有了一个经验性总结：我们太容易说"是"了！

很多朋友说，他说得最多的是这样的口头禅：无所谓、没关系、都可以、都行、好、OK、对……

这让我想起，我有一次上"中英班"——中国和英国联合开办的精神分析课。课程是由邀请的英国老师来讲，其中一个老师说，据统计显示，英国孩子学会说的第一句话里，出现最多的字就是"不"。

"不"，是一个美妙的字。当一个孩子说出这个字的时候，就相当于在他自己和养育者之间划了一刀。他告诉养育者，我"不"想按照你的意愿来，在我自己的事情上，我想自己说了算。

就这件事情，我发了条微博，一位网友回复说：

"不"真的是最美的内在语言了，因为它代表着自我意志，代表着内心最真实的自己。

被弄丢的"不"

我相信，无数孩子开口说的第一个字是"不"。然而，在后来的成长过程中，我们把"不"给弄丢了。为什么会这样？

因为，我们的家庭教育太希望孩子听话了，以至于孩子变得容易说"是"，逐渐忘了内心是多么想自己说了算。我在做咨询的过程中，也有很多体验。很多来访者在讲完一句话后，就会眼巴巴地盯着我看。如果我不迅速、立即地回应，他们就会不安。在最初咨询的时候，受这份压力的驱使，有的时候也是因为缺乏觉知，我们的对话像两个人打机关枪一样，快得不行。

现在，我就常常让自己处于沉默中，把来访者的不安给逼出来。然后，我会跟对方一起来看看，这份不安中都藏着什么。这份不安通常是这样的：如果你不立即回应，或者没有听我的话，我会觉得，我刚才哪句话说错了，你不喜欢我，我生气、我恨你，但我不敢承认我恨你，所以觉得是你恨我，才不回应我……

当我们太容易说"是"，而不能说"不"的时候，我们在关系中会表现得貌似很友善，但在态度上则会是消极、被动、封闭的，甚至是"沉睡"的。

有朋友说，因为不想浪费时间，所以不与人交往，但远离人群，或许才是最大的浪费时间。我们可以设想，如果就在孤僻中过一生，等临死的时候，回顾一生会不会觉得太苍白？

有一个寓言：一位亿万富翁死后，灵魂到了天堂。天使问他想要什么，还说他能在他想要的环境中待一千年。于是，他说："给我最好的房间，能看见世界上最美的风景，身边有最好的食物，就可以了。"

之后，他的愿望实现了，他在这样的地方待了一千年。一千年后，天使过来见他，他恸哭说："这哪里是天堂，这简直是地狱。"天使回答说："这就是地狱啊！"

因为没有"关系"，因为只有孤独，那么一切美好都没有了意义。

生命是非常矛盾的，我们需要有说了算的感觉，但同时又要活在关系中。能处理好这两者的矛盾，才能感觉到幸福、美好。

所以，我们必须进入关系，同时还要学习如何在关系中，至少在自己的事情上有说了算的空间。能做到这一点，我们就会享受关系了。

不过，首先你得知道，不进入关系，生命就会被浪费，或许是最大的浪费。

Q[①]：**我的口头语是"我也不知道"，这也是我内心的真实写照，我这种真实的心理想法能改变吗？**

A："我也不知道"，这是一句特别值得品味的话。品味的时候，你会发现它意味深长。最容易看到的是：这很真诚啊，不知道就是不知道。不过深入一点儿会看到，如果它是你说得最多的一句话，甚至可能是常在交谈中说的第一句话，那么这句话就像一堵墙，在切断沟通和探索。

为什么会切断沟通和探索？我猜有两种可能：

（1）你无形中以为，完美的自己应该什么都知道，而不知道是一种羞耻；

（2）也许在你的家庭中，或者你童年时，总有人要过度询问你，要知道你的想法。

这让你有被入侵感，于是你要用"我也不知道"和"我真的是不知道"这样的两句话来抵挡入侵。"我也不知道"是给对方说的，而"我真的是不知道"是说给自己的。

也许第二种可能性更大一些。如果是这样，那你就应该意识到：你是多么讨厌别人的入侵，你可以理直气壮地拒绝对方。

我们的确常常在关系中、人生中不能做自己，缺少自己说了算的空间，因此变得被动、消极。并且可以看到，很多朋友发现自己说的很多话，只有别人能记住，而你自己却记不住。

如果我们在关系中说得最多的话，是不走心的应酬的话，这也许可以说明：我们在最初的关系里（童年时的家庭里），不能做自己，而总是要围绕着家人的意志转。

当我们这样做时，显得被动、消极、心不在焉，看上去有些不好，但请

---

① Q 为读者提问，A 为武志红回复。下同。

你看到，其实这紧扣着我们这套书的主题——拥有一个你说了算的人生。这是因为在最初的关系中，不能自己说了算，于是就把自己藏起来。藏起来，是为了保护自己，也是为了等待合适的时机，再次去争取自己说了算的机会。

所以，别恨自己的消极，要去理解它，给它以拥抱、耐心和爱。

最后，我想说的一句话是："别着急，我们才刚刚开始。"认识自己，成为自己，是一条长路。你那些重要的疑问，可以一直留着它们，不急着寻找答案，不急着立即改变，而是不断地从各种角度去理解它们，这是一个宝贵的学习过程。

Q：我的口头语是"没办法，我太懒了""哪来那么多时间啊"，还有"算了，明天再说吧"。说自己懒，这大概是一种自我蒙蔽，假装让自己可以获得一种不让自己失望的状态。这样的状态我意识到是有问题的，该如何解决呢？

A：在回答这个问题的时候，我想，我们可以形成一个方法论，也就是我们是如何保护自己的"自恋"的。

懒，看似是因为惰性，但其实是不敢去尝试。因为，尝试意味着"我"得去做选择，然后"我"被暴露了。如果遭遇挫败，就意味着"我"是没有能力的。相对于"我是懒的"，我们更难接受"我是不行的"。因为，"懒"意味着，假如我勤快了，就能把事做好，所以懒惰是给"我能行"留了空间。

这是一个关于自恋的深度问题，罗振宇提到，解决的办法之一就是去行动，因为行动必然会打破你想象中的自恋。同时，又发展了你的真实能力，从而增强了你的真实自恋。

权威期待的力量

如果说自恋是人类的本质之一，那么每个人都需要别人对自己说："你是好的。"越是重要的人告诉你"你是好的"，影响力就越大，特别是在我们的自我还比较弱小的时候。假设我们把来自外界的反馈都比喻成镜子，那么在所有的镜子里，有一面会对人有巨大的影响力，这面镜子叫作"权威"。

当一面权威的镜子对一个自我比较弱小的人说："你是坏的，你是差劲儿的，你是糟糕的。"这个破坏力尤其巨大。

不可避免的是，最初养育我们的人（像父母）是重要的权威。他们对我们有什么样的期待，就成了我们最初的命运。

我们可以先来做一个小练习。

拿出一张纸写一下，或者在心里默默想一下，自己的父母（或者其他重要的权威人物）对你最常说的一句话。接着可以想想，这句话和你的人生有什么联系。

我们是镜子，也是镜中的容颜。

我们品尝此刻，来自永生的味道，

我们是苦痛，也是苦痛的救星。

我们是甜蜜、清凉的水，也是泼水的罐子。

——鲁米

罗森塔尔效应

自我实现的预言认为我们说的话就像是生命的预言一样，在影响着我们的人生。

我的一位来访者经常会说"男人都不是好东西"，她的命运像是一种轮回：她的爸爸打她妈妈，而她的三任丈夫都打她。

那么，所谓的"自我实现的预言"，会不会是这样一种东西：我们童年时有一种经历，我们从这个经历中总结出了一些话，因为自恋的心理机制，这些话就预言了我们未来的人生。事实上，所谓的"命运"，就是这样的东西。我们那些致命的自我预言，常常首先是来自他人对我们的预言。

罗森塔尔效应，也称"皮格马利翁效应"。皮格马利翁是古希腊神话中的塞浦路斯国王，性格孤僻，爱独居。他在寂寞中用象牙雕刻了一个美女，并爱上了这个雕像，祈求爱神阿芙洛狄忒赋予雕像生命。爱神被他的诚意感动了，赋予了这座雕像生命。皮格马利翁得偿所愿，并娶美女为妻。

美国心理学家罗森塔尔用实验证明了这一点。

这个实验发生在1968年，罗森塔尔带助手们来到一所乡村小学，从一到六年级每个年级选了三个班，并对这18个班的学生进行了"未来发展趋势测验"。之后，他将一份"最有发展前途者"的名单给了校方，并叮嘱他们务必保密，以免影响实验的正确性。

这个名单占了学生总人数的20%，但其实，名单上的学生是随机选的，罗森塔尔根本没有看测验成绩。

8个月后，对这18个班的学生测试后发现，上了名单的学生，成绩普遍有了显著提高，而且性格更外向，自信心、求知欲都变得更强。

罗森塔尔提出了一个词——"权威性谎言"。他认为，他对校方来说是权威，而校方对学生来说是权威，将"你最有发展前途"的"谎言"传递到那些作为实验对象的学生身上，最终将他们变成了这样的人。

并且，很有意思的是，这些学生并没有得到明确的语言性信息，老师们是通过情绪、态度而非语言的方式影响了这些学生。并不是所有人的期待都能对一个生灵发挥巨大的作用，在罗森塔尔的实验中，都是权威的期待发挥了力量。

什么是权威？有权力、有威望、有资源的那一方。像在这个学校的实验中，校长与老师对学生有巨大权威，他们可以评断一个学生的资质。最原始也是重要的权威，是父母。所以可以推断，父母对孩子的期待，可以在极大的程度上影响孩子，甚至达到皮格马利翁的神话级别。

读研究生的时候，我认识一个中央电视台的哥们儿。他多次问我："你怎么从来没有因为你是农民的孩子而自卑？"

当时，我虽然是心理学系的研究生了，但还未形成真正的心理学头脑，于是反问他说："我干吗要因为这个而自卑？"

如果是现在的话，我就可以回答说："我之所以不怎么自卑，是因为父母最初对我的积极期待，让我有了基本的自信。"

自信，是一种自我实现的预言。因为这样的自信，我常常能在人生关键的时刻爆发出力量来。但这份自我实现的预言，或者说自我期待，其实本源上是父母对我的积极期待。父母相信我，这内化到我心中，就形成了所谓的"自信"。

认识到这一点是极为重要的，这样你就会知道，你的那些所谓的"我的想法""我的认识""我的自我感知"，其实很少是单纯地来自你自己，很多是来自权威的影响，特别是父母这样的生命最初的权威给你的影响。

当特别清晰地去理解这个道理时，我们本来认为的、顽固的"我是谁，我是怎样的"等自我意识，就可以松动，甚至被改变了。

当自我意识改变后，你会看到，外在命运也会随之改变。

怎样带给别人积极的影响

我们广州工作室的一位老师,她儿子刚刚清华大学毕业,并去了美国最好的学府读研究生。二十多年前,她儿子刚出生时,她就有意识地使用了罗森塔尔效应。虽然那时她还不知道"罗森塔尔效应"这个概念,但她知道这个道理。

当时,儿子出生后,她觉得丈夫很爱批评人,而她虽然言语上很喜欢夸奖别人,但内心是比较苛刻的。她就担心,儿子从他俩这儿会得到太多的批评和不认可。

那该怎么解决这一问题呢?她想到了一个办法:如果能找一个由衷地喜欢她儿子的保姆呢?

后来,她果真找到了这样一个保姆。保姆打心眼儿里喜欢她儿子,见到小家伙就眉开眼笑,开心得不得了。虽然保姆没多少文化,但她的这份喜欢和满满的开心带给了她儿子非常好的影响。甚至可以说,这是每一个孩子最需要的宝贵礼物。

有意识的积极期待,还不是给孩子最好的礼物。实际上,父母对我的积极期待,是我的一个重担,我花了很多年才完整地看到这一点。比积极期待好上太多个层次的是满满的喜欢。其实,命运就是你会遇见谁:你总遇见贵人,就是好命;你总遇见"衰人",就是运气不好。生命最初,就遇到这样一个满心喜欢你的人,是最好的命运馈赠。

说到这儿,可能有人会纳闷:我是期待孩子成为卓越的人,但为什么我的孩子却非常普通,甚至是失败者?这是因为,你意识上认为是给了孩子正面期待,但你潜意识却给孩子传递了负面期待。

比如,一位悲观的父亲,希望自己的孩子是乐观的,而每当孩子悲观时,父亲都会说:"你怎么这么悲观?你为什么不乐观一点儿?"这种意识层面的期待,可能会有作用,但远不如潜意识层面的负面期待。对孩子来说,他感知到的是,他总是在悲观时被父亲注意到,父亲总是在贬低他。所以,他的感受是:我是不被喜欢的,我是差劲儿的。于是,他就很难乐观了。

至于那些期待孩子卓越的父母，也是类似的逻辑：他们很少会真正鼓励、认可孩子，他们只是在批评孩子不卓越，试图以此逼迫孩子变得卓越。他们多数人会失败，少数人就算表面上成功了，孩子果真在外在标准上变得卓越了，但内心深处却会变得无比自卑。因为这些孩子还是体验到，父母向他们扔过来的期待仍然是"你怎么这么差劲儿"。

其实，父母这么做时，他们没有觉知到，他们是在维护自己的自恋。他们在打击孩子的时候，体验到这种感觉："看吧，你不如我。我本来应该生出更优秀的孩子的，他才配做我的孩子，而你，真差劲儿！"

当父母用这种方式维护自恋时，可以想象，代价是昂贵的。

"一切都是为了利益。"当我们说这句话时，常常是想说人性的残酷之处。的确，如果你真心是为了利益，那么你的行为会合理很多。比如，如果你是一个企业家或高层管理者，你就知道，该好好使用罗森塔尔效应，对你的员工或下属表现出积极期待。

当你发现，自己就是做不到这一点时，你需要反思一下，自己到底是在追求利益还是在追求自恋。成熟的人追求利益，而不够成熟的人喜欢耍性子。我的一个朋友，智商很高，但他谈生意时比较随性。有一次，他有一个快过时的产品要售卖，价格已谈好了——2000万美元，但他因为对方的态度让他不爽，结果让这单生意黄了。他的合作伙伴非常气愤。最后，这个产品再也没有卖出去，白白浪费了。

你可以问问自己，在那些重要的关系中，你是如何期待别人的，你又是如何被期待的？如果你表现不出积极期待，你就可以看看自己是否被自恋裹挟着。

如果你的重要权威对你表现不出积极期待，你也可以看看，对方是不是太自恋。

一切努力，只为遇见你

自我实现的预言，是自己对生命的期待；罗森塔尔效应，是权威人物对我们的期待。这两者间，会构成什么样的联系和矛盾呢？

最好是，权威人物对你的期待和你对自己的期待正好是一致的。这时候，你的生命力会自然生发，没有多少矛盾。相反，假若权威人物对你的期待和你对自己的期待构成了矛盾，甚至是完全相反的力量，那么你就会变得很难办。

每个生命都想做自己，这是最天然的声音，而如果父母等权威人物发出的期待也是这样的声音，那就是一个人的幸事。

过于权威的领导者，需要通过打压别人的意志来捍卫自己的绝对权威，但这常常不再是现实需要，而是一种自恋需要了。而那些善于鼓励下属的权威领导者，则容易通过激发大家生命力的展现去达到更好的效果。

例如，通用电气的前 CEO 杰克·韦尔奇，他深信自己最重要的工作，是让每位员工相信他们最重要的东西是他们的构想。他也会激励大家去完成自己的构想，"只要你想，你就可以"。他说："给人以自信，是目前为止我所能做的最重要的事情。"

也就是说，人性中最深刻的渴求是赞美，特别是来自权威人士或重要他人的赞美。

我喜欢关于镜子的隐喻：每个人都要通过镜子，才能看到自己的容颜。所以，当能获得赞美时，我们就是从镜子里照见了自己是好的；而当获得批评时，我们就是从镜子里照见自己是坏的。

一些人之所以太喜欢批评别人，根本问题是他自身的自恋问题——他需要通过贬低别人来抬高自己，太喜欢批评别人的人，是因为从权威的镜子里照见自己是不好的，所以当他作为镜子时，照见的你也总是不好的。相反，喜欢给予赞美的，也是因为自己从权威的镜子里，照见过自己有多美。

美国心理学家科胡特创造了一个术语——"不含诱惑的深情"，认为人与人之间最美好的情感，是我深深地理解与接纳你，而不给你设置任何条件。条件，就是诱惑。诱惑，即你要达到我设置的条件，我才给你情感。

不含诱惑的深情境界太高，但其实，哪怕是一些诱惑，只要有深情就好。

电影《后天》，讲了一位男科学家，他读书无数，有人好奇他是怎么做到的。他说，最初读书的习惯是这样养成的：父亲每次出差前都会扔给他一本书，出差回来就会和他探讨书上的内容。

在这个故事中,书不仅是诱惑,也是父子之间建立情感联结的媒介和桥梁。他后来那么热爱读书,其实都是在通过读书感受父爱。在我看来,这是最为深刻的体验之一。如果你不断地体验到什么是深情,你会发现,你的生命力会源源不断地涌出,你会因此变得饱满而丰盛。

生命最重要的,就是这样三个命题:
(1)自恋,即做自己;
(2)满足别人的期待;
(3)超越自恋和满足别人的期待,体验到联结的深情。

用更简单的哲学语言来讲,即"我"要做自己,同时去寻找"你"。而一旦"我"与"你"有全然的联结,那时我们彼此都可以被证明。

互动:最好的期待,是"我相信你"

在大多数时候,父母这样的权威的期待和我们对自己的期待,也就是"自我实现的预言",具有一致性。相对而言,自我实现的预言还是比父母的权威期待要更加积极一些。

这也是人性吧,毕竟,人本来就是自恋的,都希望自己是好的。虽然权威的期待很重要,但当权威的期待太负面的时候,我们还是能调动自恋的力量,来维护"自己是好的"这份感觉。

尽管有那么多来自父母等权威的负面期待,我们还是能成长为一个相对成熟的人,这也是一份成就,并且绝对不容小觑。

每个人的生命都是有韧劲儿的,要为这份韧劲儿给自己鼓掌!

无论是权威的期待,还是自我的期待,积极的都好过消极的。积极的期待,是有重要区分的。一些朋友已经注意到了这个问题,他们在问,来自权威的太积极的期待,是不是会给一个人带来巨大的压力?

答案是肯定的，来自权威的过高期待，自然会带来压力。

积极期待其实有两种：

第一种是权威自恋的延伸——"我希望你能成为我希望的积极形象"。

第二种是权威对你的信任——"我相信你是最好的，你现在对自己有了怀疑，我就给予你积极的确认和支持"。

在第一种期待中，权威有一个目标，希望你成为他希望的样子。而在第二种期待中，权威就是纯粹地信任你。可以说，第二种期待是"知己"般的感觉。

如果权威的期待是知己般的信任，那就是巨大的力量源泉，而不是压力。

在心理学的精神分析领域有一个很好的词——"抱持"。精神分析领域认为，最好的养育环境是抱持性的。它具备这样两个基本特征：孩子发展好的时候，认可他；孩子受挫的时候，支持他。

支持包括积极期待，但这里面的积极期待是以孩子为中心的，而不是以父母头脑里的想象为中心的。父母的期待太高，会让孩子失去自己本来的生命诉求。

比如，我名字中的"红"，是来自父亲的梦。我出生后，他梦见自己在地里捡了一块红宝石，所以我的父母在潜意识深处，对我有着巨大的积极期待。

这种期待的确塑造了我，但同时也意味着，虽然他们从没有在意识上要求我去担负起振兴家庭的重担，但这的确成了我的重担。我在深度自我分析和找咨询师做治疗的时候，就觉知到了这个期待有多沉重。

Q：我觉得自己有些低级自恋的倾向，爱抱怨，还总想打压家人，怎样升级自己的自恋呢？

A：如何升级自恋，其实就是如何升级自己的人格。这必须是慢慢来的，其中非常关键的是，观察自己的时候，要有中立的态度。当然，最好是抱持的态度。也就是发现问题时，记得鼓励自己，而不是攻击自己。

如果做不到，找一个能抱持自己的他人，这一点很重要。如果有条件，找一位资深的心理咨询师，是一个好办法。我从 2014 年 10 月开始，一直在找一个资深的精神分析师做分析，受益匪浅。

首先，心理咨询师，特别是精神分析取向的咨询师，轻易不会给来访者提建议，也不给什么解决办法，只是试着去帮助来访者了解：你的内心发生了什么，你的内心是怎么运作的，有什么潜意识的东西被你忽略了吗？

例如，我找我的精神分析师做咨询，有一次，我莫名其妙地忘记了咨询。下一次我们探讨这件事时，他说："很可能你对我很愤怒，但你没有意识到这份愤怒，于是通过遗忘咨询来攻击我。"

我想了想说："这不可能吧，因为我实在找不到对你生气的理由。更何况，我一直都是一个好脾气的人，我怎么可能会因为一些鸡毛蒜皮的事生你的气？"

但咨询师还是一句话点破了我，让我发现，我潜意识中一直藏着一股强烈的怒火。我其实有非常容易暴怒的一面，只是这份暴怒，我这辈子一直都忽略它的存在。也就是说，无数次的暴怒，都没有进入我的意识。然后，这份暴怒立即像火山一样爆发了出来，我对着我的咨询师爆了粗口。而爆粗口的感觉，简直不要太爽。

于是，这次咨询我有了两个巨大的收获：第一，我深深地体验到了，不压抑愤怒的感觉有多爽；第二，我充分意识到，我其实太容易暴怒了，我是一个如此不好惹的人。

打赢你的内在比赛

内在比赛，是美国人提摩西·加尔韦首先提出来的。他最初是网球教练，后来将他的方法延伸到了各个领域。他发现，一个人能否赢得比赛，外在的竞技很重要，同样重要的是这个人的内在比赛（即这个人是如何感知比赛的）。

如何改善一个人的内在比赛呢？什么样的状态是好的内在比赛状态？加尔韦给出的答案是：放松而专注，让自己尽可能地活在当下。

也就是说，在比赛中，你的注意力是高度集中的，而你的心理状态却又是高度放松的。

不仅竞技体育，实际上整个世界都像是一个竞技场，我们需要在这个竞技场上激发出自己的潜能。这不仅会带来实际的好处，还会让你体验到：当你的潜能发挥得淋漓尽致时，你会有高峰体验，并最终走向自我实现。

> 如果你能摆脱
> 与你自身的纠葛，
> 所有天堂的精灵，
> 都会屈尊将你服侍。
> 如果你能猎获
> 你野兽般的自我，

你就获得了特权，

去掌握所罗门的王国。

——鲁米

警惕你的自我成就感

在提摩西·加尔韦的《身心合一的奇迹力量》一书中，有太多脍炙人口的句子和精妙的阐述，但让我印象最深刻的是这样一段话：

> 如果你以正确的方式击球，而且干得不错，就会产生一种自我满足感。因为你会觉得自己是控制者，能够掌控局面。但如果你只是顺其自然地发球，这似乎不能算是你的功劳，感觉就好像不是你在击球。你大概会对自己的身体能力感到骄傲，也许甚至对结果感到惊讶，但无法将这归功于自己，无法产生个人成就感，尽管也许会产生另一种类型的满足感。

加尔韦发现这个道理，是来自这样一个故事：他用他的教学法教一些女学员打网球，效果非常好，但没过多久，她们的水平又退回到原来的状态。在思考这一现象时，加尔韦发现，根本原因在于，他教的"身心合一"打球法，不能满足学员的"自我成就感"。

加尔韦说的"自我成就感"，也就是自恋："这是我的胜利"，只有这样，"我"才满足。相反，如果只是有成就，但不能提供这种感觉，"我"甚至不想要。

不是"我"的胜出会生出自我挫败感，而是它会成为阻碍你潜能发挥的根本原因。团队PK（如篮球）时，你可以将挫败感转嫁到队友身上，但这样这份挫败感就会破坏化学反应，影响团队的发挥；个人PK（如网球）时，挫败感会留在你体内，从而影响你的个人发挥。其实，团队发挥被破坏，也是最后的那些"背锅侠"被不能化解的挫败感给影响了。

加尔韦教的打球法，核心是"顺其自然地发球"。就是放下头脑的评判，打开身体的感官，将注意力放在球上，让身体自然而然地发挥，这样就可以有不可思议的效果。

我们常常追求的不是成就，而是"我"的成就，即自我成就感。自我成就感的对立面，就是自我挫败感，即遇到挫折时，我们会产生"这是'我'的失败"，这种自我挫败感会影响我们发挥自己的潜能。团队作战中，追求自我成就感的人，会试图将他的自我挫败感转嫁到队友身上，这会破坏团队的化学反应。要想发挥自己的全部潜能，就要放下头脑的评判，让注意力高度专注在事情上，并信任身体的自然反应。

放下头脑，信任身体

在前文中提到，当你追求自我成就感时，也会追求避免自我挫败感。而一旦产生自我挫败感，你就容易将它转嫁给队友。如果转嫁不出去，它就会影响你的发挥。

总之，这样做是为了追求"我是好的"这种感觉。

然而，自我成就感和自我挫败感中的"我"是什么？

在《身心合一的奇迹力量》一书中，加尔韦提出了一个有趣的概念，他说自我有两个。不过，他不是经典的心理学家，所以没有给出特别经典的学术性定义，而是称它们为"自我 1"和"自我 2"。

大致可以理解为：

自我 1，就是头脑和意识层面的自我，它的语言是文字。

自我 2，就是身体和潜意识层面的自我，它的语言是图像。

既然前者是意识层面，而后者是潜意识层面，那么很自然地，我们容易认同自我 1，将"我"等同为"头脑"。

头脑本来是工具，但一旦有了这个定义"我 = 头脑"，头脑就变成了主人，它就会干一件事——评判。"头脑我"会说：这样做是正确的，那样做是错误的。正确的，就要去追求，这时"我"是对的；错误的，就要去避免，因为这时"我"

也是错的，是该被谴责、被攻击、被否定的。

当头脑做了这种二元对立的评判工作，并用来指导身体时，身体就会变得紧张。紧张意味着，我们体内的能量流动被切断了。能量自然流动是潜能发挥的关键，甚至就是潜能发挥作用本身，所以紧张就会影响潜能发挥作用。

加尔韦发现了这一问题后，提出的解决方案非常简单：放下头脑对错的评判，信任身体，将注意力专注在网球上，让身体自由发挥就可以了。

比如，他在教学中会训练学员在打球时将目光聚焦在网球的接缝处，将意识放空，不去有意识地指挥身体，让身体顺其自然地发挥就好。当学员能做到这些时，他们就会有超常发挥。对此，加尔韦描绘说：

抛开一切想法，不去感受你意识的变化，也就是抛掉刚刚说的"自我1"，你不去批评自己不好的动作和表现，也不去表扬自己。在这种状态下，指挥你动作的是"自我2"，也就是你的潜意识。

用我的话来讲，超常发挥是你的"真我"与其他事物的"真我"直接相遇，并且合二为一。

又如，在NBA打篮球的华人球员林书豪，在尼克斯队掀起超级"林旋风"时，他说："我是在为上帝打球。"

比如，迈克尔·杰克逊说："我时常感觉，我只是一个通道，而上帝通过我来表达。"

……

这种高峰体验很难描绘，但它们的共同点就是好像"我"消失了。它还有一些特别的地方，就是时空感变了：打网球的人，会发现网球好像变大了，这是空间感变了；好像一切都变成了慢动作，这是时间感变了。

可以想象，当网球变大、时间变慢时，你的发挥自然就变得简单了很多。

至于篮球运动员，则常常这样讲，篮球的球筐好像大海一样宽广，怎么投怎么进。

我们很容易迷恋头脑，现代社会，多数人从事的也是头脑工作，这意味着我们多数时候像是在"自我1"的领域工作。而像竞技体育，因为是直接使用身体，所以超级运动员和教练反而会有更多来自高峰体验的领悟。

加尔韦总结说，秘诀就是：全然放松地专注。也就是说，全然专注，而身体和头脑全然放松。

这些境界，也许我们并不容易体验到，但至少我们需要知道，人太容易有一个心理陷阱——将思维与意识认同为"我"，而忽略了身体和潜意识。并且，因为陷入"思维我"对与错的游戏中，而变得紧张了。追求"思维我"的正确，其实也是我们前面讲的自我实现的预言。但是，如果从"思维我"和"自恋"编织的对与错的游戏中解脱出来，你就会步入不可思议之境。

这样说，就好像"思维"是个糟糕的东西似的。当然不是，只要将思维与意识当作工具，而不是将它认同为"我"就可以了。

互动：竞争，是最好的合作

竞争性，是重要的人性之一。众所周知，每个人都是亿万分之一的竞争胜利者，因为每次受孕，通常只有一颗精子在亿万个竞争对手中获胜。

一次，在看亚历山大大帝的一部电影时，看着他从希腊一路打到了印度，突然想到，他成为世界之王的努力，多像一颗精子想占领地球这个巨大的卵子。

卵子与精子，像是一个巨大的关于女人与男人的隐喻。很多哲学家和心理学家有过类似的表述，如英国心理学家温尼科特说：女人的品质是"做"，她只要存在着就非常重要；男人的品质是"干"，他必须做点儿什么，必须追求在某一方面出类拔萃，他才能找到存在感，并让周围人感觉到他的存在。

这也会引出母性与父性的不同。荣格认为，母性是无条件接纳孩子，母亲对孩子的一切都给予肯定回应，母子因此趋向融合；父性则提供秩序、界限与力量，因此将家庭撑起来，父亲必须有强烈的竞争性，他能赢。

如果父亲只是善良，却没有力量，那么很难被孩子认可。所以，竞争就好像是雄性的天性一般。

我的朋友周健文老师听过一个故事：父母离婚，是母亲提出来的，结果儿子对父亲说"你真没用，你被妈妈甩了"。

对此，黄玉玲老师则说，女人间的竞争一样激烈。她的两个女儿常常对她说："我比你好，我打败了你，你不如我……"

所以，不仅篮球场是竞技场，社会到处都是竞技场。家庭也一样，亲人间也存在着激烈的竞争。如果一个篮球队内部不允许竞争，都将竞争视为错误，那么这个球队也许会表现得很团结，但他们的战斗力会有问题。家庭也是，如果一个家庭把亲人间的竞争视为残酷的、不应该的，那会导致竞争被压制。

竞争有巨大的价值。在激烈的竞争中，我想比你强，你想比我强，因此大家的能力会不断上升。同时，在充分展开的竞争中，我们的人性会完全展开，被看见，去完善。王者之路不会容易，冠军们必然要经历失败的淬炼。在这些淬炼中，他们的人性会变得更完整。

谈起竞争来，我们的家庭、社会和文化容易"吞吞吐吐"，但我很想说，就去大胆地竞争，借竞争充分展开你的人性，这样你才有机会发现你是谁。

在心理咨询中，也许最重要的一个概念，是"共情"。共情最早是人本主义心理学大师罗杰斯提出来的，它的操作性定义是，设身处地地站在对方的立场，感人所感、想人所想。

我在北大读书的时候，对共情做了各种思考，但我觉得这玩意儿实在太难，还怀疑它简直不可能。我怎么能感受到对方的感受、想到对方的想法呢？我觉得，共情只是一个"澄清"技术吧，对方讲了一番话，我试着去理解他，并问对方："我这样理解你的话，不知道对不对？"

也就是说，我想在头脑层面达成共情，但这根本就不可能。现在，我明白因为头脑不能建立和对方的联结，只有身体和情感才行，而共情就是联结。

2008年，我去学催眠。催眠老师是催眠大师艾瑞克森的得意弟子斯蒂芬·吉利根，他在课上教我们，用身体去聆听别人说话。也就是说，试着留意聆听对方讲话时你身体的感受。

我震惊地发现，我竟然能在多数时候感受到对方身体的感受。当我头脑放松下来，全神贯注地聆听时，我的身体和情感，甚至能极为精妙地共振到对方身体和情感的转折、变化。

当能感人所感的时候，我也就能想人所想了。其中的技巧是，当有了一些身体感受时，我就展开想象：如果我进入了对方的身体，我还有着这样的感受，那我会想些什么。我也是在"放松而专注"地聆听对方讲话的时候，能够和对方共情。所以，"放松而专注"的秘诀，不仅仅是加尔韦在体育竞技中的发现，这其实也是一种生命哲学、一种朴素的技术。

Q：我们在3岁半的双胞胎儿子每次吃奶先后的问题上都采用比赛竞争的办法，这样能带来好的结果吗？能让他们爱上竞争吗？

A：竞争是存在一个三角关系的——我和你竞争，同时有一个裁判在。裁判怎么做，会决定这个竞争关系的走向。一个好的裁判，会让竞争良性发展；一个差的裁判，会让竞争恶性发展。不过，我个人的看法是，父母不要太过于使用自己的裁判角色，而去怂恿孩子竞争。因为我们的自恋性竞争的力量和热情已经够强大了，它不需要被加码，它只是别太被压抑即可。

父母对孩子，最好是不含诱惑的深情。妈妈是想利用吃奶顺序而诱导出更多竞争，这会让吃奶这件事变得太过于复杂，甚至可能会让孩子恨这件事。建议这位妈妈用我所写的心理学图书，自己去思考该怎么选择。世界上最宝贵的，就是选择权。

界限意识与共生关系

小时候，父母会说："你是我生的，日记就得给我看！"

长大了，恋人会说："谈恋爱这么久，手机密码为啥不让我知道？"

……

其实，你的空间已经被疯狂入侵了。要想掌握一个自己说了算的空间，你首先得弄清楚界限意识，这是基础和开始。

界限意识

有一次出国，我去了波兰的农村，看到那里一户人家和另一户人家距离很远，普遍没有围墙，就是木栅栏隔一下。

我是河北人，而河北的农村，是一排排紧挨着的房子。就像排队的时候，明明非常宽松的队，后面总会有人紧紧地贴着你。我对这种排法很紧张，有时候会回头看着这个人。他不明白，我会告诉他："请离我远一些，这让人很不舒服。"

可是，如果你去欧洲，就会发现那里的房子是有界限的。不仅仅是房子，这也是人际关系的象征。

有一位男性来访者，他上了很好的大学，但是毕业三周年的班级聚会上，他发现自己的收入最低。不仅如此，他还有一身的病。他说他的父母告诉他："我们很辛苦，我们养不起家了，你们仨（儿子），谁混得好，谁养家。"这让他很害怕，他为了不承担责任，变得不敢去追求优秀。然而，当缺乏界限意识时，也许这会导致你的内在并不愿意变卓越。如果你优秀了，你会背负着家庭的使命——家庭的未来都靠你了，而你不能独自享受优秀，整个家庭会依赖你。

界限意识，其实是地盘意识，你必须确立属于你的地盘、你的空间，才有可能走向最终的目标——拥有一个你说了算的人生。自己有界限意识，也要尊重别人的地盘。这两者结合在一起，是健康人际关系的基础。界限意识是人际关系极为重要的东西，有了明确的界限意识，一个人就可以活得简单、清爽、有力。

界限意识可以分为三种：地理界限、身体界限和心理界限。

地理界限是地盘意识。比如，你可以告诉别人：“我的房子在这里，周围是我的地盘，别人不要来打扰我。你来我家，如果我让你走，你不走，我就有权力驱赶你。”

回到身体上，一般环境下，动不动就摸别人是很不礼貌的事情。心理学认为，人的身体有一系列的防御机制。当不能在心理层面表达不快的时候，我就会在生理层面表达。

很多身体问题，如嗓子太容易发炎、肚子太容易痛、一些皮肤病、听力丧失、视觉损失，都是在用身体表达界限。

当人不能在空间上设置地理界限时，就意味着他守不住自己的界限了。然后，他会在身体上设置界限。不是我想拒绝你，而是我的身体太差了；我生病了，所以我不能按照你说的做了。当身体都不能守住时，他只好在心理上设置界限。于是，导致了这样的情形：他表面上非常坦诚，但内心深处的秘密对谁都不会说，甚至连他自己都意识不到。所以，必须学习在地理上守住自己的空间。

不是我想拒绝你，也不是你不好，而是客观因素导致我不能按照你说的做。这三句话的意思都是"我不"。当你能明确地表达出自己的拒绝时，你就有了一定的界限意识。

共生关系

界限意识的对立面，是共生。

共生，即我的事也是你的事，你的事也是我的事，一切都是我们的事。我们社会的人际关系，都带着共生性质，这是各种糊涂哲学的根源。

有人入侵了我的世界和空间，本质就是剥削。

心理学家玛格丽特·马勒，将6个月前的婴儿期称为"正常共生期"。意思是，只有这个阶段的共生，才是正常共生，以后的共生，都是病态共生。

正常共生的基础是，婴儿是无助的，能力是最差的，他必须和妈妈共生在一起，依赖妈妈的帮助，通过"剥削"妈妈才能生存下去。有些妈妈甚至可以感觉到：宝宝好像要完全霸占自己，时刻在一起。不过在婴儿时期，这是正常的。什么是病态共生呢？很多妈妈和爸爸会说："我家孩子没有秘密，什么事情都跟我说，日记也给我看。"其实，这样是不正常的。

共生关系中有两组心理矛盾：付出与剥削，控制与服从。即：谁剥削，谁被剥削；谁说了算，而谁只能听话。婴儿需要这种感觉：我在无情地剥削妈妈，我还说了算。这样，婴儿可以形成这种感觉——我可以自由地使用这个世界。

不过，婴儿一旦有了基本能力，那么，随着他能力的增强，母亲和其他养育者就需要不断地教他明白："我和你"之间有界限，你能自己搞定的事，尽可能自己去搞定，我不允许你继续无情地使用我。如果严重入侵别人，别人是不喜欢的、是愤怒的。有调查显示，婴儿小时候说话，说得最多的是"不"，这是婴儿在树立界限。

有一个关于催眠大师艾瑞克森的故事。他的一个外孙女骂了自己的妈妈，还打了艾瑞克森。艾瑞克森就要求小女孩道歉，小女孩不道歉，艾瑞克森就抓住她的手一直耗着，小女孩足足挣扎了几个小时，直到小女孩不行了，于是乖乖道歉。

其实，这是树立界限重要的部分，让孩子明白：世界不是完全按照你的想法运转的，中间是有界限的。

六招划出"界限"

1. 不含敌意的坚决

界限意识是要说"不"，如果你想影响我，我就要拒绝你。我读研究生的时候，妈妈逼问我什么时候结婚。我发现，我很想躲着她，我越躲，她就越着急。

终于，我躲避不了了，在一次回家前做了充分的准备，然后跟妈妈长谈。我主动讲了我为什么不结婚，结婚也未必生孩子。

三四天后，她就辩论不过我了。后来，她也就不再强求了。

2. 从小事开始

如果第一招不行，那就来第二招：从小事开始。

实际上，在一切共生关系中，都存在着严重的剥削。树立界限意识要从小事开始，从吃、喝、拉、撒、睡开始。这些事虽然很小，但传递了"我"很坚决的态度。

有一位母亲曾经有一次非要等孩子加班后回家吃饭，孩子告诉她不用等，结果当孩子晚上8点多回到家才发现家人都没吃饭，在等自己。这时，他有一种强烈的被绑架的感觉。其实，母亲潜意识是想用这种方式让孩子晚上早回家，而孩子直接对他们说："我今晚不吃晚饭了，以后再有这种情况我也不吃。"以后，母亲再也没有用这种行为"绑架"过孩子。

3. 尊重事实，驳回情绪

第一层，厘清事实。第二层，表达情绪。

如果情绪是好的，可以接过来；情绪是"垃圾"的时候，必须驳回去。

我有一个好朋友，在一家企业做老板的秘书。有一天，老板突然对她说："你爱谁谁呀，我一天挣的比你一年都多。"我朋友愣了一下，然后说："老板，你说得很对，我一辈子都挣不了你一年挣的钱，但是你很累，我不想这样。"从此之后，老板对她刮目相看，她也获得了特殊的位置。

4. 直击命门

共生绞杀中，有一个根本，我把事情弄得那么复杂，其实就是，"你为什么不听我的呢，为什么不按照我的来"。

我们把事情说得很复杂，其实就是为了控制对方，让对方按照我们说的做。说得再复杂，就是想让对方听你的。例如，一点小事，就上升到你是爱我还是不爱我的高度。这其实是打着爱的名义要入侵对方。所以，有时候谈恋爱谈的不是爱，而是"你听我的，还是不听我的"。

爱，其实是幌子，是为了让对方无条件地听你的，按照你说的做。有人说：

"天哪，武老师，我感觉每个女孩好像都有这样极端的一面吧。其实，男朋友未必是百依百顺才是好的。"

所以，当遇到界限不清、对方干涉你的时候，你可以跟对方说："你比我说得有道理，但是我的事情还是我的事情，还得我说了算。"

5. 让对方疼

第五招——让对方疼。当各种方法都不行时，就来这个。可能是心理疼，也可能是身体疼。

弗洛伊德说过：攻击性和恨是人类的本能，或者是真实的表达。如果你不能表达，就会生病。当别人进入你的世界，你就要告诉对方，不是他想怎样就可以怎样的。

有人觉得：我发出指令，别人就得按照我说的做。如果你被这样的人侵犯了，你得告诉他："我会让你疼，我和你想象的不一样，我会让你付出代价。"以此来树立自己的界限。人和人也是一样的，攻击和恨都是在树立界限。我爱你、你爱我，就是拉近联结。恨就是切断联结。

6. 在地理上保持界限

实际上，只要你在某一点做到了，前面均可省略，这就是第六招：在地理上保持界限。

我的来访者中，很多人离婚都是因为父母来到自己的小家庭，造成了侵犯。有个法官认为，90% 的离婚都与父母有关。而设立地理界限是最简单的避免冲突的方式。

我们其实都享有自己说了算的家，自己说了算的人生。希望大家在地理上、心理上、身体上，有这样的感觉——我的人生我说了算。

Q 罗胖（罗振宇）一问：人们在相处过程中，什么样的界限是合理的？又该如何把握合理的界限呢？

A: 边界意思过强，这里面其实包含了一种思想：整个世界都是"我"

的地盘，这个地盘上任何一种东西和"我"想象的不相符，都是对"我"的触犯。这就像一个极大延伸的界限。

但是，你需要懂得，界限不仅仅是在说"我"的地盘在哪儿，还有很重要的另外一部分："我"也要知道，"你"的地盘在哪里。一旦形成成熟的界限意识之后，"我"就能明白，"我"的地盘"我"说了算，但是在"我"的地盘之外，还有属于"你"的地盘。有时候会有共同交织的部分，那就要学会互相尊重。

界限通常是跟权力联系在一起的。在你的权力影响到的范围之内，你会觉得都是你的地盘，你会容易侵犯别人的界限。

当年波斯打希腊的时候，薛西斯二世率领大军，想把希腊一举打败。行军途中要跨过大海，他的军队在海上搭起了浮桥。没想到不一会儿却来了浪，把浮桥给冲毁了。薛西斯二世非常愤怒，他认为自己是"万王之王"，怎么可以有事物不顺他的意？结果，他就命令自己的士兵烧红铁链，抽打了大海三百下。

罗胖支招：每个人都需要界限意识，对方在侵犯你的时候，其实他心里也明白。你的拒绝很容易让他知道，噢，原来他是在侵犯你。

我在工作、生活中有一招很管用，就是：巧用"非正式话题的正式沟通"。

我们在工作中，其实不太适合正式沟通，我们是喜欢非正式沟通的。很多"正式"的事情，当你用非正式的沟通管道去说的时候，效果更好。比如说，你在走廊里遇见领导，稍微聊两句，其实是很有效的。不过，其实这个技巧也可以反过来用，非正式的话题，你能不能用正式的方法去沟通？

我们家的两个女儿出生之后，家里就有了两个保姆。因为生活方式不同，难免会有摩擦，我老婆偶尔会有意见。她之前的解决方式是，看到了就马上说。但后来发现没用，毕竟保姆之前的生活方式与我们不太一样，很难一下子改掉。

怎么办呢？有一天，我让老婆把一天的情况都看在眼里，等我下班，她再告诉我，我来解决。果然，那天下班后，我老婆攒了一天的罪状。

我就把两个保姆叫来，开家庭会议。我说："对你们二位之前的辛苦，我们表示感激。但今天的工作，我们来做一下复盘。我们发现二位在今天的工作过程中，有四点小的疏忽……不过没关系，这可能都是无心之失。那我们来谈一下整改方案吧，怎么样确保这四件事今后不会发生？"听完这些，她们就傻了。我接着开始提议整改方案，并告诉她们："以后发现其他问题，我仍然会这样正式地跟二位沟通。不过，如果刚刚说的这四件事再反复发生，怎么办呢？那过年额外的红包，我就不给了。"

在这样正式的交流结束后，保姆们对这些"界限"就很明确了，果然不再做不被允许的事情了。

这招很管用。其实，人人心中都有界限意识。你用正式的方式跟别人沟通，虽然都是小事，但也能跟对方明确：这堵墙在这里，不要过来。

从婴儿到大人都一样，大家在人际交往的过程中，都在不断地对对方进行试探。当你不用墙来设置界限时，对方就会越界。所以，再小的事情，也要用正式的方式立下正式的约定。甭管是情侣，还是单位领导，虽然大家更适应非正式沟通，但偶尔也要用正式的方式谈一谈界限的问题，这样的谈话效果会出人意料地好。

读懂你的人生脚本

"人生脚本",是美国心理学家埃里克·伯恩提出的概念。他认为,人生脚本是童年时对自己一生的规划。它有时候是意识层面的,我们能记得,但更多时候是潜意识层面的,我们并不能明确地意识到。

但是,我们可以通过各种方式去认识它,了解我们的内在意识是如何影响甚至决定了外在现实的。相反,通过外在现实,就可以去认识我们的内在意识。

我们都喜欢看戏,每个人也都有一些特别喜欢的电影、电视和小说。看起来你是在看别人的戏,但你有没有想过,这些你喜欢的别人的戏,极有可能也是你自己内心戏的剧本?

我们可以做一个练习。

拿一张纸,写下你记忆中最深刻的三件事,或者三个细节也可以。然后试着将这三件事或三个细节逐渐完善,写出它们发生的时间、地点、环境和人物,以及你在这三个情景中的身体感受和情绪、情感。

特别是在这三个情景中,你发出了什么样的心念吗?

然后你可以看看,这三个情景的图景与你的人生的联系。

生命是非常奇妙的,而它最奇妙的一个地方是,人性看似晦暗不明,但其实一切都有迹可循。

不要单单满足于听别人的故事，
不要单单满足于知道
发生在别人身上的事情。
展开你自己的神话，
让每个人都明白这句话的意义：
我们，打开了你。

——鲁米

一切都是自传

每个人讲的故事，都是在讲他自己。

日本小说家村上春树最受欢迎的小说《挪威的森林》，就是取材于他自己的真实人生。小说女主角绿子的个性，和他的夫人阳子是一样的。

他的小说，写的都是年轻人，多有自杀倾向和精神控制。而对于精神控制，村上春树干脆用身体里被别人装了一个什么东西来形容。他常写到井，多次写这样的情节：男主人公进入井底待着，后来发现，井底里有一条路，走出去，就是他要去的目的地。关于井，村上春树解释说："我的理想就是继续待在井底。"

我特别喜欢他关于井的隐喻，因此在给我的书签名时，我常使用这样一句话："深入你的潜意识之井。"也许，村上春树多次见过年轻的朋友自杀，这给他造成了巨大的冲击，于是他一生都在用小说化解这个伤痕。

心理学之所以这么迷人、这么受欢迎，在我看来，是因为我们觉得，心理学会帮我们看清楚这团雾或这口井到底是什么。

不同的心理学家会用不同的路径去研究人性的迷雾。心理学家埃里克·伯恩认为，每个人都在童年形成了一个"人生脚本"，像是一个人的人生剧本一样，会有开始、展开、高潮、结束和尾声。通常，如果不是很深地去认识自己的话，我们并不知道这个脚本是什么，只有当它展开了以后才会知道。

从这个术语来看，作家和导演写的剧本，原型就是他们自己的人生脚本。而他们那些最感人至深的故事，就不仅仅是他们自己的人生脚本，也是人类共同的故事脚本了。

那些伟大的导演和小说家都知道，他们的故事，必须是从自己潜意识深处发出的，才能打动受众。

日本"动漫之王"宫崎骏，在创作动漫时，就特别知道要向潜意识深处去寻找素材。例如，他获得奥斯卡奖的《千与千寻》中，有一个给河神洗澡的镜头，就是宫崎骏记起，他小时候常路过的一条河，在一次清理淤泥中，他看到，表面上非常清澈的河流，淤泥里竟然有那么多的东西，特别是还有一辆自行车。这让小宫崎骏印象深刻，而他就把这些素材用到了给河神洗澡的镜头中。

一旦形成这种意识—— 一个演员、导演和小说家最出彩的故事，常常就是他们的自传，也许你会看到很多东西。

比如周星驰，他所有的影片都有一个共同点：一个小人物被人践踏、被人瞧不起，后来经过奋斗，成为社会上的厉害角色。

这还只是比较表面的东西，更深一点儿的人生脚本，在《大话西游》和《西游降魔篇》中可以看到：面对最爱的女人，男主角一直在逃避并羞辱她，直到她用死证明了自己的爱，男主角才悲痛成"神"。

这是戏剧剧本，而在真实的生命剧本中，星爷也成了神一般的存在，同时也孤独至极。一谈起婚姻来，他就自卑得不得了，觉得自己不可能有婚姻了。也许他自己也没意识到，自己在多部重要作品中重复着同一个模式。

作为观众，我们在观看这些故事，一些故事深深地打动了我们，但请别把看电影、电视、小说当作一个简单的娱乐。其实在被触动的时候，你需要问问自己：

为什么这些故事触动了我？天啊，难道是因为，这也是我的故事吗？

重复体验，是为了疗愈

命运，总是和轮回联系在一起。轮回通常指的是前世今生意义上的，但其实我们这一生，就是不断地在轮回。

弗洛伊德很早就发现了这一点。1920年，他发表了文章《超越快乐原则》，提出了"强迫性重复"的概念。他发现，孩子会把他最喜欢的玩具从小床中扔出去，再哭闹着把玩具要回来，不断重复这个过程。

弗洛伊德认为，在这个过程中，孩子是把玩具当成了妈妈的替代品。他们不断地扔掉这个玩具再得到，其实是不断地重复体验，妈妈时不时会离开的创伤。

这些重复体验是有价值的。

第一，妈妈时不时地离开，是孩子不能控制的，是妈妈在主导，而孩子在扔玩具时，是孩子在主导。他们用这种方式，将不能控制的创伤，变成了自己能部分控制的创伤。

我们成年人会知道其中的道理：与其在一个关系中被甩，不如主动甩掉别人，这样会保护自己的自恋。

第二，当不断体验这个创伤时，我们对创伤的耐受度可能会提高。

第三，在新的重复中，新的可能性会增大，而去疗愈这份旧的创伤。

必须强调一句，我们成长的一生，就是不断地经历各种创伤的一生，并且会在学习处理创伤时成长。在这个过程中，还可能包含了更美的哲理，如鲁米就有这样的诗句：伤口是光进入你内心的地方。

所以，不必对"创伤"这个词太敏感。

当知道"强迫性重复"这个概念后，我们就会知道，不要在同一个地方跌倒。这是很少有人能做到的。

强迫性重复讲的不仅是创伤与痛苦，也是任何一种重要情感。由此就可以得出一个简单的道理：我们多数人的人生，就是不断地重复同样的事情。

如果你得到了幸福，你就重复幸福；

如果你学会了信任，你就重复信任；

如果你得到了痛苦，你就复制痛苦；

如果你学会了敌意，你就重复敌意；

……

这就是命运！

人，或者说生命，是很容易固守已有的经验的。提摩西·加尔韦发现：你每次以特定方式挥动球拍时，再次这样挥拍的可能性就增大了。

神经科学将这一现象称为"印刻效应"，即神经回路每按同一种方式使用一次，刻痕就会变得更深。我们太容易处于自己追求的强迫性重复中了，这是一个极为重要的意识。

迄今为止，我生活中最佩服的人，是一位生命力极其顽强的来访者。她是非常成功的企业家，有无穷的精力，几乎从不言退，简直像有三头六臂一样，做着很多事情。但同时，她又非常理性，在她身上见不到歇斯底里和偏执。

她最让我佩服的是她小时候的事情。读小学时，她父亲离家出走，她母亲动不动就生病，常常以泪洗面，而她还有一个弟弟和一个妹妹，这个家庭简直要崩溃了。但她迸发出强大的生命力，积极、主动地去应对这一切，撑起了这个家。

一个女孩子怎么能做到支撑起这样一个家庭呢？她是想了很多办法的。

例如，有户邻居是老两口在家，儿子在城里当干部，她就去照顾这两位老人家。她照顾得非常周到，这家的干部儿子被打动了，后来承诺，她每过来一天就给她一块钱的报酬。要知道，当时的普通干部一个月也就几十元工资，所以一天一块钱是很可观的收入。她还在周末和偶尔逃学时去一个工厂做工，一天也能挣一块多钱。

她这种顽强的生命力延伸到了她人生的每一个角落，大家都很佩服她。但她发现，这种顽强的另一面是悲哀：大家都把她的能干、顽强视为了理所当然，于是她脆弱的时候很容易被忽视，她其实也是需要照顾的。

当生第二个孩子的时候，她彻底体验到了这份悲哀。当时，儿子出生后，所有人都涌向孩子的小床，而她因为麻药打得不对，再加上疼痛，身体非常不舒服，却没有一个人过来看望她、问候她。

所有人都无视她，这让她非常难过，但又因为麻药而说不出话来。她的身体越来越难受,开始发抖,床也跟着抖动。声音越来越大,直到她的一个闺密听到了,才转过身来注意到她。

咨询的时候,讲到这个细节,她忍不住哭了起来。这是我第一次见她哭,她说这也是她自己记忆中第一次哭。

等她的情绪平静下来后,我问她:"过去什么时候,特别是小时候,你也有过类似的痛苦、类似的情景吗?"

这个问题,一下子让她想起她最早的记忆。

那是她2岁半的时候,她的妈妈在镇卫生所生了弟弟,第二天就要从镇里走几公里山路回家。爸爸、妈妈、姑姑三个大人,还有她和弟弟两个孩子。爸爸和姑姑要照顾妈妈和弟弟,而她就被忽略了。

在她的记忆中,这份忽略太彻底了。路上,她太累了,几次向大人撒娇,求抱抱,但没被理会。一路上走走停停,她就这样靠自己的双脚走回了家。

这个过程很累,而被拒绝也给她带来了巨大的痛苦和羞耻。最后一次求抱抱被无视后,她发誓,她再也不依靠任何人了。

她的强悍,就此开始。但我们可以看到,这份强悍,是在严重的创伤中生出的。后来,她的生命每一次重复强悍时,常常也意味着,她在重复一份被忽视的痛苦。

所以,我们可以看到,在她的生命中,这两件事像是经典重复似的,感受和情景都非常相像:

都和生育有关;

都是母亲生了一个孩子;

她都被忽视了;

被忽视都带给她巨大的痛苦;

……

不同的是,在2岁半时的这份创伤情景中,她是被动的、资源匮乏的,她只能承受,并靠发下誓言而创造出了强悍这一人格特质,但在她生孩子时,她有着丰富的资源,她可以主动掌握自己的命运了。朋友过来帮了她忙,而她后来也找心理咨询师做咨询,由此解开了她的心结。

这件发生在 2 岁半时的事情，早已被她遗忘。她的强悍怎么来的，也被她遗忘，但通过成年后生孩子时的一个类似的、强迫性重复的痛苦，使她记起了原初的痛苦，彻底领悟到：她的强悍，是从被忽略的痛苦中产生的。

她还明白，她现在的处境已非常不同，她需要学习，重新发出渴望被照顾、被宠爱的需求。这样，她就可以活出女强人的对立面了。当她能这样做时，她就能够构建依恋和亲密关系了，而这一直是她的一个问题。

这是她的人生脚本，她需要在成年时，再一次重复 2 岁半时构建的这个人生脚本，借由成年后的资源和觉知能力来化解 2 岁半时的心结。

这就是强迫性重复，即轮回的价值。不过，必须配上觉知，它才有这份价值。否则，就成了单纯的重复。

你想要一个什么样的自传

我们以为的外在力量决定着的命运，其实在很大程度上，是我们自己的选择，问题只是我们对自己如何做的选择不够清楚。

既然说是自己的选择，那也就可以说，我们这一生，就像是活生生地在给自己写自传。只是，在这个自传还没有彻底展开前，我们是不是可以更好地认识它，从而改变这份自传呢？当然可以，这也是学习心理学的意义所在。

首先，你得认识自己的自传。那怎样认识自己的自传呢？我们介绍几个方法。

第一个方法最简单，设想一下你的墓志铭。想象你去世后，要在你的墓碑上刻下最简练的话，以概括你的人生。你会给自己的墓碑上刻上哪几个字？

这是美国心理学家欧文·亚隆发展出的一个治疗技术。我多次做过这个练习，多年来，我想象自己的墓志铭时，一直都是这句话："这是一个高明的旁观者。"但从 2015 年底开始，这句话终于可以改变了，它暂时可以是："他跳入过深渊，他安全返回，他品尝到了生命。"我更喜欢《红与黑》的作者、法国小说家司汤达的墓志铭："米兰人亨利·贝尔安眠于此。他活过，写过，爱过。"

所以，我一直在锲而不舍地认识自己，希望能活出真实的自己。一切皆自传，我的微博文字也是我的另一种自传。

墓志铭太简单了一点儿，如果想更细致地了解自己或别人呢？我可以介绍我在咨询中常用的一个技术，就是我们说的第二个方法：

（1）问来访者记忆最早的那件事或细节。

（2）问来访者童年记忆中最深的三件事或细节。

记忆最早的事，或记忆中最深的事，都是一个人的生命隐喻，也包括你印象最深刻的梦，或者一直做的梦。如果看不破这个隐喻，你的生命就会一直在打转。

在这个方法中，关键不是事情，关键是事情中你的情绪、情感，以及你因此而发出的心念。这个心念，就是一个强大的、自我实现的预言，将你的生命朝这个方向推动，于是演化成了你的人生。

不过，记忆最早、最深的事，除非我们有完整的记忆，并且有浓烈的情绪、情感，那样我们才会清晰地记得当时的心念。但关于记忆，我们可能会遗忘了理性的事实性信息，也可能会遗忘了当时的感受，于是难以清晰地去了解自己的生命隐喻。

但作为成年人，我们都可以使用一个办法：完整地观察你的一个重要的生命事件，观察它的开始、发展、高潮、结束与尾声，留意其中的所有重要时刻，以及你的重要感受与心念。

这就是在观察自己的人生脚本。最佳的观察对象是一段重要的关系，特别是恋爱关系，或者是一段重要的事业。就拿恋爱关系来说，你观察它是如何开始、如何发展、如何达到高潮的，又如何结束，结束后的尾声（即你和对方又会如何发展），留意整个过程中的所有重要时刻，以及你的感受和心念。特别是在关系结束后，你会生出什么样的心念来。

还可以想象，如果你是一个小说家，你会根据自己这段恋爱，写一部什么样的恋爱小说。

人都是不断地在同一个地方跌倒，所以通过截取一个完整的关系发展过程，观察它的从出生到死亡，就可以完整地观察一次我们的人生脚本。

如果你细致、完整地观察了一段关系的发展历程，然后再简单地去看看你其他关系的发展历程，你也许会被震惊到——它们竟然是如此相似。

事业也同样如此。

根据加尔韦两个自我的观点：自我 1 的语言是文字，而自我 2 的语言是图像。

这是关于人生脚本的另一个重点：必须是自我 2 层面的心念，必须是图像式的痛与爱、憎恨与憧憬，才能生出真正的外在图景来。

那么，你也可以就此问问自己：你憧憬着什么样的生活？如果不是写文字性的小说，而是为自己拍一部电影，那你会拍成什么样的画面？特别是，你要身处其中，你是绝对的主角。如果你真的身心一致地勾勒了新的人生图景，那么，它真的很可能会成为你新的自传。

这时，你就不只是在重复你童年时的人生脚本，还是自己命运的主人。

如何读懂自己的生命隐喻

关键性的生命细节，以及我认为的"生命隐喻"，的确需要你自己去解读。

读懂这些细节可以运用佛法中的"四念住"，不过我做了适当修改，把它变得心理学化了，变成身体感受、情绪、情感和思维。比如，你有了一个关键的生命事件，你想读懂这个生命隐喻，那么你可以根据我下面告诉你的五个要点，对照着做。

1. "具体化"回顾

先回顾这个事件中的细节，它发生的具体时间：是白天，还是晚上？具体是几点？回顾地点：周围都有些什么东西？它们的形状和色彩分别是什么？你还可以回顾一下这个事件里的人物，一样也是越细致越好。

为什么要做这样的回顾？这是为了让自己回到当时的情景中。你越是能回忆起更多的细节，就越能全方位地回到当时的时空里，并唤起当时的种种心理变化。

做催眠的时候，催眠师有时也会做这个工作。在咨询中，当来访者谈到了一件非常重要的事时，我也会使用这个方法，让来访者谈论关于这件事的种种细节。

2. 探究感受

当"具体化"的部分完成，你陷入当时的状态后会发现，你的内在活动有太多的东西，有时甚至会乱成一锅粥。这时，你可以使用"四念住"的方法来更系统化地观察自己的心理活动，你可以问自己三个问题：

我的身体感受是怎样的？这可以更具体化。比如，我的视觉、听觉、嗅觉、味觉和触觉分别是怎样的，还有我的内脏感觉等各种身体感受。

我的情绪、情感是怎样的？我有什么样的喜、怒、哀、乐、悲、恐、惊，我有什么样的爱恨情仇，等等。

我的思维是怎样的？也就是说，我在想些什么？特别要注意，我有一些关键性的想法出现吗？

3. 不带评判地去觉知

观察自己的时候，保持"法念住"，也就是中正、不带评判地去觉知。这份观察里出现怎样的东西，就是怎样的东西，不修改，如实如是。并且，始终保留觉知者的视角。无论当时的身体感受、情绪、情感和想法多么强烈，都不要把它认为是"我"自己。

这个原则，曾有人称之为"流动，而不成为"。就是让一切感受与想法流经自己，不压抑、不克制，任其自由流动，但不去认同。

当然，说"觉知"也许太轻巧了一些，因为当你敞开自己，完成了环境细节上的具体化，又让身体感受、情绪、情感和想法自由流动的时候，那很容易会变成非常巨大的能量在涌现，它会对你构成巨大的挑战。这时候，想保持"中正"的观察态度并不容易。

比如，大家关于童年的记忆，也常常是创伤性的，如被父母暴打。当你进入状态，去觉知身体感受、情绪、情感和想法的时候，你可能会体验到身体强烈的疼痛，还有强烈的无助、羞耻、怨恨、暴怒等情绪，也可能会发现自己的可怕想法——等我长大后要狠狠地报复你！这些事情，也许会让你觉得难以接受，这也正是人性探索时的复杂之处。但我们不必急于让自己进入自己头脑所远远不能接受的深渊，所以这时还有第四个原则，也是我们一再强调的原则：慢慢来。

4. 慢慢来

当觉得碰触到自己特别不愿意接受的身体感受、情绪、情感和可怕的想法时，可以让自己停下来。一般来讲，我们防御的，主要是不愉快的体验。我们把不愉快的体验和自己的意识隔离，所以导致了潜意识的产生。体验，在心理学的范畴中，就分为身体感受和情绪、情感。深入潜意识，就会真切地碰触自己体验的历程。这时候，绝对不能着急，只能像剥洋葱一样，一层一层来。

我虽然是在北京大学读的心理学本科和硕士，但其实直到我 2005 年开始在《广州日报》做"心理专栏"后，我的内在探索才真正有意识地开始，因为这个时候我才形成一个信念：不能逃避自己的任何体验，要拥抱它们，让它们流经自己。

最初是一些比较小的事务，如感到恐惧，然后我发现自己逃走了，于是拉自己回来，去体验这份恐惧。

后来，是比较大一点儿的事务。例如，可怕的噩梦。这时，把自己拉回来就有了难度，但我发现，觉知噩梦是特别好的办法。

具体操作方法是：

当你从噩梦中醒来，身体保持不动，让噩梦中的一切画面、体验和想法，都自然流动。因为噩梦普遍有特别强的能量，所以这个时候根本不需要做任何"具体化"技术，一切都会无比鲜明和强烈。

5. 找专业人士陪伴

如果发现自己太难进入状态，就可以去找专业人士陪伴自己走这条路，因为人性探索的确是一个深渊。我们知道那句著名的话："你注视深渊时，深渊也注视着你。"独自进入过深渊的人，有可能是"大牛"，也有可能走火入魔了。

这样说，把人性探索说得也太复杂了一些，听上去有些吓人，但你也不必太害怕，因为它无论如何都是要一步步走的路，你可以先从一个细节开始。并且，这是你的"生命隐喻"，我们别急着破解它。慢慢从各个角度出发，试着去理解它。

这样一来，这就是你的答案，而不是别人的。

第二章　**自我**

衡量自我的五个维度

自我是什么？这是每一个心理学从业人士、心理学爱好者，甚至是每个人都绕不过去的话题。

关于识人方面，我经历了一个自恋→怀疑→确信的过程。最初，我觉得自己在这方面很厉害，因此自恋得不得了。后来，发现自己有失手的时候，于是有了怀疑。现在，因为到全国各地开心理工作室，加上也有其他公司，需要不断地招人，因此不断地去面试求职者。我面试的功力，让我再一次确信了自己的识人本领。

以前，我是靠本能判断人，后来形成了一个简单的模型，就是"衡量自我的五个维度"：自我的稳定性、自我的灵活度、自我的疆界、自我的力量和自我的组织力。

自我的稳定性，分数越高，一个人的自我越稳定、结实；分数越低，一个人的自我就越脆弱、越容易瓦解。

自我的灵活度，分数越高，一个人就越容易及时调整；分数越低，一个人就越会固守着自我。

自我的疆界，即一个人会将自我延伸到多大的空间。

自我的力量，即一个人的力量程度，他是有"汹涌澎湃"的力量，还是只是"涓涓细流"。

自我的组织力，即一个人能否不断地完善自我，特别是：在"高压"下能否及时做调整；当自我被打碎后，能否得以疗愈。

注意每粒微尘的移动。

注意每个刚抵达的旅人。

注意他们每人想点的不同的菜。

注意星怎样沉，日怎样升，所有河流怎样共奔大海。

——鲁米

自我的稳定性与灵活度

我创办的武志红心理咨询中心，已发展到北京、上海、广州、厦门等城市，招聘了近百名咨询师，而我面试的咨询师已有数百位。

经常有人问我："你是怎么面试咨询师的？"除了专业方面的考量，我还会对一个咨询师的人格做出评估。我评估时最简单的两个标准，就是看一位咨询师的自我稳定性和自我灵活度。

如果把一个人比喻成一个容器，有外壳、有内在，自我稳定性就是指容器的外壳是否结实。

精神分析特别强调，父母要做孩子的容器，老师要做学生的容器，咨询师要做来访者的容器……容纳什么呢？就是对方的情绪，也包括活力。

比如，当来访者有强烈的情绪喷发时，你作为一名咨询师，你的自我能否像一个结实的容器那样承接住，而不至于被来访者的情绪给弄得濒临崩溃，即容器破碎，或出现大的裂缝。

由此可知，自我的稳定性对一位咨询师来讲多么重要。

容器的外壳，是有不同质地的。它最好是一层坚韧、有弹性的皮肤，这样不仅可以承接住情绪与活力，而且还有足够的敏感度。有些人的自我是很结实、稳定的，但他们的自我外壳不像是皮肤，而像是一些过于僵硬的东西，如树皮、石头、钢板或厚墙。这时，稳定性有了，但缺乏敏感性与灵活度。

你可以问问自己，你的自我外壳是什么材质的。自我稳定性低的话，就意味着一个人的自我外壳有了大裂缝，甚至自我是破碎的。

有两位来访者和我的一个朋友，都给我讲过同样的比喻：每天早上醒来，我都发现我的心（自我）碎了一地，然后我找了一个破网兜，把心的碎块捡起来，放到破网兜里，拎着去上班。这样上一天班，哪怕没遇上什么大事，他们也会累极了。还有一位来访者讲过更可怕的形容，她说："我没有皮肤，我的血肉直接裸露在风中，所以不管是凛冽的寒风，还是温暖的春风，都会给我带来剧痛。"

由此，我们可以理解，有些人为什么拒绝任何交际，哪怕看上去是对他们非常有好处的，因为也许他们也有这样的自我感知。

自我灵活度像是一个人自我的感性程度。如果一个人够感性，他的自我就像是流动的、灵活的，那么他就可以敏感地感知外部世界，并及时做出种种调整，包括调整自我状态。

自我状态可以有三种：父母、成人和儿童。比如，女性如果自我灵活度高的话，她可以在妈妈、女人和女孩这三种状态中自由切换，有时也可以切换到男性的相关角色上。

男性则是一个人可以在父亲、男人和男孩之间自由切换，也包括在关系中，姿态的高低、态度的强硬程度，等等。

自我灵活度高的人可以比较快速地做调整。

"自我稳定性"和"自我灵活度"，像是一对对立的概念。自我稳定性，讲的是在关系中，一个人如何能守住自我不崩塌；而自我灵活度，则是在关系中如何能敏感地感知对方并调整自我。

最好是，一个人既有高自我稳定性，又有高自我灵活度。比如，我的一位在外企做到全球级别职位的朋友，她可以同时处理几十件事，而且不觉得累。高自我稳定性，让她结实、有韧劲儿，能承受高强度工作；而高自我灵活度，则让她可以轻松处理复杂的人际关系与变化多端的工作环境。

如果是一位心理咨询师的话，高自我稳定性会让他是一个结实的容器，能承受来访者情绪的风暴，以及一些可怕的想象和现实。高自我灵活度则让这位咨询师可以敏感地感受与及时地调整。

一个有趣的现象是，自我太稳定的咨询师，有时候会缺乏一些犹如神来之笔的洞见力。洞见力是和直觉有关的，而直觉，似乎是自我不那么完整的人才会有的东西。

我常见到这种矛盾，一些自我外壳不结实甚至有大裂缝的咨询师，他们身上却有着天才的光辉。

此前，我引用过鲁米的诗——伤口是光可以照进来的地方。依照这句诗的哲理，就好像是隐藏于自我深处的灵性之光，要通过一个破碎的自我，才容易呈现出来。假如一个人的自我太完整了，这个灵性之光就被防御住了。

有时候在面试时，对这种自我似乎不够结实，但有着天才光辉的咨询师，我会小小地放宽一下尺度。相反，假若一位咨询师有高稳定性却缺乏灵活度，我反而倾向于拒绝。

大五人格理论

大五人格理论，即人格的大五模型（OCEAN）。

我们所熟知的人格（自我）理论，多是理论家的个性化构建。比如，最广为人知的弗洛伊德的人格结构理论——一个人的人格，由本我、自我和超我这三部分组成，而人格发展过程，分五个阶段：口欲期、肛欲期、俄狄浦斯期、潜伏期和生殖期。

大五理论，是通过对描述人格的词语的统计分析而提出的。研究者通过复杂的统计分析，找出了人格的五个特质，这五个特质组合在一起对人格有完整的解释力。而每个特质，在统计学上又有最大的独立性，即不同特质的相互掺杂性是最低的。1981年，美国心理学家戈尔德伯格（Lew Goldberg）给这五个因素起了个绰号叫"大五"（Big Five）。

这五个特质分别是：

外倾性（Extraversion），即外向和内向；

神经质（Neuroticism），即情绪稳定性；

开放性（Openness to Experience），是富于想象与变化，还是务实与墨守成规；

宜人性（Agreeableness），是热心信任，还是无情、多疑；

尽责性（Conscientiousness），是有序、谨慎、细心、自律，还是无序、粗心大意与意志薄弱。

自我的力量和疆界

自我的力量很好理解，就是一个人的人格中蕴含的力量。

自我的疆界，是一个人的自我可以伸展开的空间。自我疆界小的人，他的自我只能笼罩一个很小的范围；而自我疆界大的人，他的自我能伸展得很宽广。

如果从关系的角度去考量这一对维度，那么，自我的力量指的是一个人的人格中，"我"本来就具备的力量；而自我的疆界，讲的则是一个人对"你"，即外界的感知与态度。

如果一个人将外界感知为有敌意的，那他就会倾向于缩小自己的疆界。他们大多是好人，有点儿封闭、被动、消极，对旅游缺乏兴趣。如果你硬把他们拉到旅游胜地，你会发现，他们不去看风景、不去品尝美食、不去尝试有趣的事情，而是更喜欢在旅馆里待着，或者一直看手机，对你的计划缺乏热情，还时不时地说些扫兴的话。

这是因为他们自我的疆界不够，他们觉得，只有在自己家的地盘上才能伸展自我。甚至在家里，他们都不能伸展自己，而是让自己和手机、书籍、报纸、网络、股票捆在一起，他们的自我只能延伸到这儿。至于家以外的广阔世界，他们有敌意的感知。他们觉得外部世界是不够友好的，他们不能在外部世界很好地做自己。

在陌生的世界里，他们总是很累。这会让积极、主动的你感到非常不解，你发现，你在奔跑，你在筹划，你比这个被动、消极的家人做了太多的事，为什么你都不累，而这个没怎么做事的人，却总是喊累呢？

因为你的自我疆界更为宽广。到了一个新地盘，你有要占领的欲望，至少你觉得，在这个新世界里，你是能基本控制局面的。所以，你不紧张，而是兴奋，和新鲜事物或人建立起新的关系，都让你感觉你的自我变得更饱满。

这是很重要的差异。

关于自我疆界，我知道一个经典的故事。一位老人家，他的作息时间非常精准，你简直可以根据他的作息来对你的表。哪怕儿子结婚、女儿出嫁的日子，他也不想改变。这时，要被老伴骂一顿才能脱离自己固有的轨道，去做一些基本的调整。

他应该是一位自闭症患者，四五岁时才开口说话。不过，老爷子的象棋功力非常高。在他八十二三岁的时候，他的小女儿为了表达孝心，把他和老伴从小城市接到了大城市。

没想到，刚搬到小女儿家没几天，老爷子就中风了，身体半瘫，必须躺在床上。同时，也像得了老年痴呆症一样，不记事也不认人了。也就是说，他的身体和心理都瘫痪了。几个月后，老爷子的老伴——极有活力的老奶奶，因在女儿家住不惯，决心回家。奇迹发生了，他们回家不到一个星期，老爷子的身体瘫痪和老年痴呆症竟然好了，他又可以恢复钟表一样的生活了。

我自己形成"自我疆界"这个概念和这件不可思议的事关系很大。

我的理解是，老爷子的自我和他疆界内的时空紧密结合在了一起，他的房子、周围的那些地方、老年人活动中心，这些空间和他的作息时间，都成了他自我的一部分，就像是蜗牛的壳一样。一旦剥离了这些，就像是剥离了蜗牛的壳，这只蜗牛就瘫痪了。

自闭症患者都有这样的问题，他们的自我是紧密地和他们时空中的一切绑在一起的。他们不能去自我疆界外的地方，而他们自我疆界内的时空也不能发生变化，否则他们的自我就会停止正常运作。

但是，自我力量这个维度是一个根本性指标，特别是你要识人、用人的话，你需要好好考量它。

我发现，一个人的自我力量好像是一个很难改变的东西。如果一个人有"汹涌澎湃"的力量，那么这股力量会一直在。问题只是，这股力量能否被驯服，然后被驾驭。如果一个人的自我力量是比较弱的，那么你就很难指望他会迸发出洪荒之力。

我喜欢读各种文字作品，有些作者的写作风格会发生变化，但他们文字中的自我力量很难改变。文字如涓涓细流的人，永远是涓涓细流，这股细流可以是直直地一往无前，也可以是千回百转，但却成不了大江大河。

相反，有些作者的文字，就是大江大河甚至如海洋般浩瀚。最初，这股力道他们难以很好地掌握，以致表达时会出问题，但你可以期待，随着对这股力道的掌握越来越纯熟，他们的表达会变得很不同。

用人时，自我力量会是一个重要的考量标准。如果一个人的自我力量偏弱，那么你给他太重的任务，他可能承受不住这份重量。相反，如果一个人有很强的自我力量，而你又愿意给对方试错的空间，那么可以期待，这个人经过各种淬炼后，会胜任这份工作。

自我疆界则是一个容易改变的因素。如果你发现自己的自我疆界太过于狭窄，你想拓展它，那么，可以好好去觉知自己对外部世界的敌意感知。也可以不断地尝试各种新环境，去和这些新环境中的人建立起良好的关系。当你能建立起真实的良好关系时，你头脑和潜意识中想象的敌意关系就被改变了。

自我的组织力

自我的组织力，指的是自我重组能力，即当一个人的自我在"高压"下感觉要散架时，或被击溃而瓦解时，能否重新组织起来。有一个含义相近的词是"自我疗愈力"，自我疗愈力高的人，能够在遭受重大的打击后更好地痊愈。在自我的五个维度中，自我组织力堪称是最重要的一个维度。其最高的表现，是哪怕自我还没有被重创，这个人就已经认识到，自己固有的人格结构不大对，于是主动重构自我。

现在有一个流行词——"认知迭代"。自我也一样，一个人的自我能否"迭代"，能否"升维"，取决于自我组织力的强弱。

对于多数人而言，自我组织力最有价值的表现，是当我们处于"高压"的环境时，我们会有什么样的表现。

自我组织力差的人，在高压下，会担心自我瓦解，于是尽力去维护自恋。这时，他就只能听进去满足自恋的信息，而排斥伤害自恋的信息。因此，他就看不到事情的真相，而失去判断力，并做出错误的选择。

例如，著名的花剌子模国国王和信使的故事。花剌子模国国王摩诃末苏丹本是有雄才大略之人，他的军队屠杀了成吉思汗的商队，因此与蒙古发生了战争。第一场仗，作为常胜国王，他亲自参战，却遭到惨败。蒙古军队的可怕吓到了苏丹。

此后，他一直躲在遥远的都城，再也不敢和蒙古军队对垒了。不仅如此，他还将报来不好消息的信使送去喂老虎，而报来好消息的信使则得以升官发财。结果，花剌子模国被蒙古彻底毁灭，九成国民被屠杀。

摩诃末苏丹这样做，就是因为他的自我基本被瓦解后，自我组织力不够强大，所以只能接受维护他自恋的好消息，而不能接受破坏他自恋的坏消息。

相反的经典例子是曹操。他多次遭遇毁灭性打击，但他总能重新振作起来。罗贯中在《三国演义》中把曹操的这一特点描绘得淋漓尽致。

赤壁之战失败后，曹操在乌林小路上奔逃，刚逃到一个安全的地方，他突然间放声大笑。他的谋士武将问："主公，我们几十万大军灰飞烟灭，你怎么还笑得出来？"

他回答说："我笑诸葛孔明和周瑜智谋不够。如果是我，我会在这个地方埋下一支兵马。"他话音刚落，一阵梆子响，赵云赵子龙冲了出来。

如果说曹操是高自我组织力，那么袁绍就是经典的低自我组织力。无论是在《三国演义》小说中，还是在《三国志》的史实中，都显示了这一对比：自从官渡之战后，强大的袁绍好像没做对过一件事，而弱小的曹操却总能在危急中把握住关键机会，最后反败为胜。

为什么会这样？一个关键性差异是，袁绍只能接受阿谀奉承，而曹操却能纳谏如流。同样在"高压"下，自我组织力差的袁绍，就和花剌子模国的摩诃末苏丹一样，只能接受维护自恋的好消息；而自我组织力强的曹操，却能在极为不利的情形下，接受破坏自恋的真实坏消息。他一直活在真相中，并能及时做出正确的判断。

这些故事都是枭雄在生死关头的表现，虽然那都是顶级的压力状态，但它们很有说服力。如果想成就一番大事业，你就得注意，你跟随的领导，有没有高自我组织力。在危机状态下，他的心理能量，是维护自恋去了，还是一直能清醒地活在真实中。

简单来讲就是，在"高压"下，你是维护自恋，还是看到并尊重事实本身。

至于普通人，我们一样有各种压力状态，比如考试焦虑，特别是高考时的考试焦虑。我从小学升初中时发现，我总是能在大的考试中超常发挥。我小学五年级的成绩是全班第七名，但一到了小升初就成了第一名。高考则是，最后一次模拟考试和高考都是全班第一，但却是高中三年仅有的两次进入全班前十名。

基本上，在重大压力的状态下，我的身心会进入一种良好的应激状态，会睡得更好，吃得更香，而且做起决断来，也是迅速、果断，和我平时犹犹豫豫的感觉很不一样。

相反，考试焦虑严重的人，就会在这个时候吃饭、睡觉都出问题。这是因为压力已大到自我结构有点儿岌岌可危了，于是和自我紧密相关的身体、心理状态都出了问题。

既然自我组织力会导致一个人在"高压"状态下截然不同的表现，那么，我们该如何使用这个概念呢？

首先，要选择对的人，在对的位置。那些很容易有压力的环境，不适合自我组织力差的人。特别是，你想跟着一个领导做一番大事业，那得问问自己，他是像曹操，还是像袁绍？ 其次，如果你不幸跟从了一个花剌子模国国王，那么，就不要傻乎乎地非要去进谏坏消息。这时候，就要懂得保护自己。

资深精神分析师都知道，必须根据来访者的不同自我发展水平，做不同的治疗方案。对于自我脆弱的来访者，以支持为主，给予认可和鼓励，不做或少做分析与解释。其实就是，多对来访者传递信息说"你很好"。

对于自我尚可的来访者，可以给出适当的分析与解释。可以对来访者说：你的"自我"的运行机制可能有这种问题、那种问题，我们来看看。

对于自我完整的来访者才可以做标准的精神分析。标准精神分析就是一个星期数次，并且咨询师经常是长时间的沉默，而且给出解释时也常常是"血淋淋"

的，提供一些"匮乏性的环境"，逼出来访者在"高压"下的一些心理机制，于是可以做更细致的觉知。

精神分析治疗的这三种境界，是基于人性的规律而发展出来的。我们也是一样，不要和人性较劲儿，看到自我组织力差的，要多鼓励、少批评；对于自我组织力强的，则可以多去冲撞他们，与他们建立起结实而有深度的关系，也可以给他们各种重任。

互动：找到适合你的回应

我在读者留言里，观察到两种现象：

第一，我说自己有表现欲，忍不住就会多写，而你们说这样很好；

第二，有朋友提了问题，就非常希望我能够回答问题。

在这两种现象中，说明了同一个道理："我"发出了声音，就希望得到一个好的回应。这里的"我"，就是指我们心中的那个"自我"。如果说自恋是人类最本质的需求，那么这个需求衍生出来的，也是非常直接和本质的需求。就是当"我"发出了声音，这个声音可能是表达、欲望、需求，也可能是快乐的分享，"我"都希望能听到"你"的回应。

"你"在，所以"我"存在。"你"给出了"你"的回应时，"我"才能确认，"我"是存在的。所以，想完善自我的朋友，可以看到这个最简单的道理：每个人都需要在丰富的关系中，借助各种好的回应来完善自己。

自我聚合程度不同的人，需要不同的回应，这是人性使然。比如，婴儿都是脆弱的，他们最需要的就是积极的回应。不管婴儿发出什么信号，养育者都要给予他们及时的回应，并传递出这个信号——"宝宝你太好、太可爱了，你怎么样都可爱"。在良好的养育下，通常在孩子3岁的时候就可以形成一个小小的自我。这时候的孩子就能承受一些打击了，父母不必全给予他们积极的回应。等孩子的自我变得更强大的时候，就可以对他"直指人心"了。

大家可以根据自己的情形寻找适合自己的朋友，比如：

如果你的自我非常脆弱，自我稳定性只有一两分，那么你就可以多去结交温和、善良、喜欢鼓励别人的人。

如果你的自我越来越强，就可以交一些诤友了。

但是，现实常常相反，自我越是脆弱的人，越容易去交那种总是无情攻击自己的朋友。你可以反思一下，要不要换个结交朋友的思路。

Q：自我稳定度以及自我灵活度也是动态可调的，能否介绍一些调节方法呢？

A：在自我的五个维度中，我认为，除了自我力量，其他四个维度都比较容易提升。

自我灵活度的提升，我的经验是，关键在于感性。因为灵活度差的人，常常会用理性的头脑把自己包裹起来，所以要通过不断地去学习变得更感性。

自我稳定性的提升，可以借助于外部方法。比如，交往稳定性高的朋友，去找环境稳定的工作，还可以让自己的日常作息保持稳定，等等。这样就是给自己制造了一个稳定的外部容器，然后，这个稳定的外部容器会慢慢内化，让自我变得更稳定。

特别重要的是，形成成熟的时空观。也就是说，你要知道，任何真正重要的事情，都是需要通过时间的累积和空间的转换，用积极投入来换取积极回应的。

这是基本的哲学观。既然我们都渴望"我"只要发出声音，世界就能积极回应，那么你可以相信一个道理：你如果能持续地发出声音，锲而不舍，那么世界也会积极地回应你。

只是，别着急，因为我们都知道，"江山易改，本性难移"。如果你想提升，那么请做好时间上的准备，一两年是必需的。

Q：人自我的稳定性会因为所处情境不同而不同吗？比如，我感觉在学习认知方面稳定性强，但在感情方面则不行。

A：当然会这样的。不同的情境，人的自我稳定性和灵活度都会有不同的表现。

比如，我在考试中、工作中，常常能做到稳如泰山一般，但在情感中和关系中就不行。

不过，你仍然能感知到，一个人的自我稳定性程度是有基本差异的。比如，我虽然在关系中处理问题的能力比较差，但我的基本自我还是可以让我在这种环境中保持一个基本水准。哪怕这个水准有点儿低，但它相对稳定。在特殊情形下，我的这个水准还会提高，这都有赖于我的自我稳定性和自我组织性。

相反，有些朋友的情商看起来很高，但一遇到挑战性环境，行为表现就会立即大打折扣，这就是自我稳定性和组织力差导致的。

Q：我是个理性的人，面对他人情绪的冲击总能扛得住，甚至有点儿置身于事外，可是自己却总是被小情绪干扰。在灵活度方面，我认为是我最需要加强的部分。我总想着工作中的事务，还带着工作上的情绪回家，我担心自己将来能否成为一个好爸爸，可以放下工作专心照顾家庭。对这方面有没有什么建议呢？

A：你的自我稳定性是通过让自己变得迟钝而实现的，但当你自己有情绪产生，又没办法回避的时候，你的自我稳定性就会变得脆弱。

通常，工作对我们情绪反应的影响相对较弱，因为工作中要的是解决问题。但你再能挣钱、解决问题的能力再牛，回到家庭中，还是要表达情绪和处理情绪的。

所以，首先要看到自己的这个特点，然后逐渐学习，让自己对情绪更敏感一些。我们最容易回避的情绪是愤怒和无助。比如，你带回家的情绪，也许大多是工作中让你感觉到愤怒或无助的地方。假设这一点成立，那么，如果你能学会在工作中合理地表达愤怒和无助，你的状态就会好很多。

心理大家的自我理论

我们借心理大家们的一些理论，来谈谈自我（或人格）到底是怎么回事。

这些理论中，最广为人知的就是弗洛伊德的人格结构理论，即一个人的人格可以分成三部分：本我、自我和超我。

准确地理解弗洛伊德的本意，也许会有些难度，但我想，"本我"和"超我"这两个词，已经传播出了它们自身的含义：本我，就是本能；超我，就是道德。

还可以说：本我，就是野性；超我，就是德行。

刘慈欣在他的科幻小说《三体3》中，写了一句非常有名的话："失去人性，失去很多；失去兽性，失去一切。"

写这句话，刘慈欣有他小说的背景，也有基于这个背景的理解，但这句话传播如此深远，有了超出他的小说文本的独立生命力。

如果深入去看不同心理大家的思考，你会发现，他们都是从不同的视角讲同一个东西。

如果我们能人手一根蜡烛，

齐步走入黑室，

自能看出

象的全貌。

——鲁米

本我、超我和自我

弗洛伊德认为，人的人格是由三部分组成，即本我、超我和自我，英文分别为 Id、Superego、Ego。

本我即本能，由各种欲望组成，如性欲和攻击欲，以及后来弗洛伊德提出的生本能和死本能。它是一个人的人格基础，是燃料，也是能源。本我所遵循的原则，是享乐原则。如果一个人只有本我，那这个人就会不顾一切地寻求各种欲望的满足，如同野兽（不过，这是一个说法而已。实际上，野兽也并不是只有兽性，人类认为的野兽的兽性，我认为这是对动物的一种严重贬低）。

超我，相当于是人格中的管制者，代表着道德。超我所遵循的原则，是道德原则。道德，即一个集体所认同的规范，它有家庭、社会、国家、民族和文化共同体等不同层面。当然，也有超出所有个人和集体之外的普世道德，或抽象道德。如果一个人只有超我，那这个人的所有行为的出发点，首先是它是否符合道德规范。

在弗洛伊德看来，超我就是一个人内化的父亲形象，也包括类似父亲形象的社会文化规范。现代社会是男权社会，一个社会文化的规范，也像是由男性权威制定的。

这个说法特别能说明男孩的心理发展过程。

男孩有情欲指向母亲，并想与父亲竞争，但因为担心被父亲惩罚，转而认同父亲的形象，将父亲内化到自己的人格中，化为超我，并学会了遵守由父亲为主制定的家庭道德。以我做咨询的经验来看，女孩也是类似的逻辑，女孩因为不能与母亲竞争，于是也要向母亲认同。

本我则是孩子自身的欲望。由此，本我和超我，就像是"内在的小孩"和"内在的父亲"的关系。

有的精神分析师并不那么认同弗洛伊德这个说法，认为超我也可以由母亲制定。由此，本我和超我的关系，就变成了"内在的小孩"和"内在的父母"的关系。

我的《为何家会伤人》一书，就基本引用了"内在小孩"和"内在父母"的说法，这算是本我和超我说法的一种形象化。

再次重复前文中提到的提摩西·加尔韦的自我理论：自我1是头脑和意识层面的，它的语言是文字；自我2是身体和潜意识层面的，它的语言是图像。当我们使用"本我"和"超我"这样的词语时，就是在用文字说话；而当使用"内在的小孩"和"内在的父母"时，就是在用图像说话。

可以说："本我是野性，超我是德行。"它们两者之间存在着直接冲突。这就需要一个协调者，即自我。

心理学的词语，有时很难统一。必须交代一下，在弗洛伊德人格结构中谈到的自我，有些不同于我平时谈到的自我。

在这里，我将一贯称的自我改成了人格。作为协调者，自我奉行的是现实原则，即环境允许一个人做什么，这个人就做什么。如果环境特别强调道德，那一个人的自我就将呈现出来的人格朝超我的方向调节一下。

相反，如果环境是鼓励个性解放与自由的，那自我就将呈现出来的人格朝本我的方向调节一下。

比如，弗洛伊德所在的时代，是严重倾向于性压抑的，于是人们所呈现出来的样子，就像是超我占了上风；而第二次世界大战后的性解放时代，人们所呈现出来的样子，就像是本我占了上风。

自我如何协调本我和超我呢？这需要借助于自我防御机制，自我防御机制其实就是自我欺骗。一个人的自我，可以通过忽略本我，或者忽略超我的一些内容，以试图在本我和超我之间制造平衡。

如此看来，弗洛伊德讲的是一种平衡，有本我，有超我，还有来协调本我和超我冲突的自我，以及复杂的自我防御体系。

你可以问问自己，你的本我、超我和自我，这三者关系如何？如果将本我视为野性，将超我视为德行，那么，野性和德行，在你呈现出来的自我形象中，各占多少呢？如果你想理解自己的本我和超我的关系，的确，一个常见的线索，是去看看你孩童时，你作为一个孩子，与父母的关系是怎样的。

有一本书叫《象与骑象人》，就把人看作两部分：桀骜不驯的大象和理智的骑象人。骑象人可以驯服大象，但大象才具有"汹涌澎湃"的力量。作者的这个比喻，其实是将人的自我分成了两部分：

第一部分，理性的头脑，也就是骑象人；

第二部分，非理性的本能，也就是那头象，是"自我"的代名词。

这是关于人格结构的二元论。将大象比喻成"本我"，那么，弗洛伊德说的超我、自我，和骑象人又有什么联系呢？

要说明白这一点，我们可以讲一个有名的寓言：

爷孙俩牵着一头驴上路了，爷爷让孙子骑驴，他走路。有路人说："哎呀，小孩子怎么不懂得尊老呢？让老人走路，你骑驴，真不懂事！"他俩一听觉得有道理，于是变成孙子走路，爷爷骑驴，又有人说："哎呀，老家伙怎么不懂得爱幼呢？"他俩一听觉得也有道理，于是，两个人都不骑驴了，都走路。结果，又有人说："你看这两个傻子，有驴不骑。"于是，爷孙俩都骑到了驴身上。可是，又有人说："哎呀，这两人怎么这么忍心，欺负驴。"然后，他俩蒙圈了，干脆把驴放倒捆起来，他俩抬着驴走……

在这个寓言故事中，我们可以看到：旁观者的存在，旁观者的议论，直接进入了爷孙俩的大脑，影响了他们的想法和决定。

把这个道理放到骑象人和象的关系中，我们就需要问：骑象人如果代表着理智，那么一些具体的想法从哪里来呢？

你可以问自己，你头脑中的那些想法，真的就是"你"的吗？

未必，甚至并不是。苹果公司的创始人乔布斯在他斯坦福大学演讲时说："要遵从你的感觉，而不是按照教条生活，因为教条，都是别人思考过的东西。"

也就是说，你是骑象人，而你脑海中的那些关于如何对待象的想法，其实是其他人灌输给你的教条思想。

我们常常只注意到了象与骑象人，也就是本我和自我的关系。比如，身体的欲望冲动在涌动，但头脑却要管束它。并且，我们还会以为头脑中的想法都是自己的。但其实，这些想法大多来自权威提供的信条。

我，是一切体验的总和

罗杰斯和另一位心理学家马斯洛并称为美国人本主义心理学的两位宗师。人本主义心理学之所以能成为心理治疗的三大流派之一，他们两个人的贡献最大。不过，马斯洛是一名研究者，他不做心理咨询，但罗杰斯一直都在做心理咨询。

罗杰斯特别重视咨询关系，也就是心理咨询师和来访者之间的关系。他强调咨询师对来访者要能共情、无条件积极关注和真诚，还提出了"来访者中心疗法"[①]。

心理咨询和治疗的流派有很多，除了精神分析、人本主义和认知行为这三个大流派，还有很多其他流派，但所有的流派都承认罗杰斯是对心理治疗影响最大的心理学家。

我在上大学的时候，特别喜欢罗杰斯。我总是倡导"成为你自己"，英文是 be yourself，这个说法就来自罗杰斯。

人本主义心理学认为，无论是成为你自己，还是自我实现，其中都有一个关于自我的看法：人最宝贵的，就是你自己。所以，生命中最重要的，就是把你自己活出来，而不是被文化规范所教化。

那么，"你自己"是什么呢？

---

① 来访者中心疗法：相信人在正常情况下有无限的成长潜力，在很大程度上能够理解自己。不需要通过心理咨询师的帮助，就能自己解决自己的问题，并能通过自我引导来实现成长。

弗洛伊德讲的本我，是一个人的自身、是本能；而超我，是权威与文化的规范。但是，本我和超我是有冲突的。如果真是这样，那就不能做到"成为你自己"了，因为本我中的兽性，像极端的性欲、攻击欲等。所以，要倡导"成为你自己"这个想法的时候，你本身应该抱着这样一个假设：你"自己"就是非常好的。这也是人本主义的假定，人本主义相信人性本善。自我实现者，或成为自己的人，都是道德高尚的人，而不是自私、以自我为中心的人。

罗杰斯还有一个非常有意思的诠释，他说："我，是一切体验的总和。"

这个诠释看着简单，其实特别有深意。弗洛伊德的本我、超我、自我理论深入人心，但是在你的人格中，有哪一块是本我，哪一块是超我，哪一块是自我呢？根本没有。这个人格结构说，是弗洛伊德的理论构建，可以帮助我们理解人是怎么一回事，但不能说我们的心灵就可以分为这三个部分。

罗杰斯对自我的定义，就像是描绘真相。他说的"我"是往时空里一切体验的总和。这里的一切体验，包含着三个部分："我""你"和我们之间的动力。这个"你"，指的是万事万物，总之，是"我"之外的一切存在。一个人对另外一个人说"我很开心"，这好像是说他自己很开心，但其实不是这样，这里肯定是在说"我在和你的关系中很开心"。

罗杰斯这个对"自我"的定义，特别强调了"体验"这两个字。在他看来，定义一个人是谁，要看他的体验，而不是思想。现实中，我们在了解一个人的时候，一般对思想特别重视，但会忽略体验。因为思想是有迹可循的，但体验好像不容易捕捉，看起来还是一种可怕的存在，像深渊一样。思想可以用文字来表达，可以有逻辑结构，这让思想有了一种美感，还可以让人对思想产生控制感。但罗杰斯认为思想是体验的镜像，就像我们必须通过照镜子才能看到自己的脸一样。这个镜子中的形象就是镜像，但是镜像不是我们自身。所以，一个人的思想再重要，也不能忽视体验。

如果我们将思维与逻辑看成一个人的本质，而忽略了体验，就是忽视了"自己"。

既然罗杰斯说"我"是过去一切体验的总和，那怎样能认识一个人的"我"呢？

罗杰斯对这个问题提出了一个很有意思的概念——"现象场"。现象场就是一个人的体验和时空等环境因素的结合。在满一周岁的时候，发生了一件特别重要的事——妈妈给你断奶了，这自然会引起你强烈的体验。围绕这个体验就会有一个特定的现象场，这个现象场有三个特点：

（1）它发生在你和妈妈之间，可能还有其他人参与了，比如奶奶强烈建议妈妈给你断奶；

（2）它有特定的时间点，断奶这件事是你一岁的时候发生的；

（3）这件事有特定的空间，这是在你家里发生的。

事实上，你必须深入了解一个人的关键体验，还有这些体验发生时的现象场，你才能真正知道这个人是谁。如果你只是去理解这个人的本我、超我和自我，或者理解我说的"自我的五个维度"，那你并不能真正了解这个人。或者说，你根本碰触不到这个人。

美国的一个心理学家做了一个很有趣的相亲测试。这个测试设计了几十个问答题，要求相亲者在相亲中完成。最后，再让每一对男女四目相对，专注地看着彼此4分钟。最后的结果是，任何两个人都可能爱上彼此。需要说明的背景是，相亲活动中的这几十个问答题，全是对一个人生活历史的调查，而且调查的是我们众所周知的关键事件。比如，你什么时候上的小学，你在小学中最深刻的记忆是什么，等等。

其实，这个测试体现的就是罗杰斯的理念——体验是认识一个人的根本。而关于其中的现象场，是我一再提到的具体化。必须把一个体验发生时的现象场勾勒出来，一个人的记忆才会被提取，而深度体验才会被唤起。这样一来，我的体验就会被你看到。就相当于，我向你敞开了我自己，而你把我作为关系的中心，听到我的体验，给了我共情、无条件积极关注和真诚等，我认为这就是爱！

反过来说也是一样的。

可以用这个理解来解释一下相爱的过程。真正相爱的两个人，常常是几个月、几年，甚至一辈子去了解彼此的体验和现象场。他们又同时拥有彼此的现象场和共同的现象场，这就是爱产生的过程。心理学家对短时间相亲的设计，就是把这个可能漫长的历程给浓缩了。

长程精神分析治疗，也是这样一个过程，只是精神分析师不向来访者敞开自己的现象场。这让我有了一个特别根本的联想：

任何两个人如果全面了解了彼此的体验，都会爱上对方，那么，有没有这种可能：如果"我"能懂得任何一个人的全部体验，就会发现，"我"和"你"是一回事？所谓"我"爱上"你"，其实是通过"你"来看见"我"的一个过程。反过来说也是一样的。

让你的本能"喷涌而出"

温尼科特和弗洛伊德不同，他没有构建出一个理论体系，而是提出了很多经典术语。这些术语虽然没构成辉煌的理论大厦，但却影响非凡，让他成为精神分析学界极具影响力的人物之一。

"抱持"就是温尼科特提出的术语。他认为，好的父母会提供抱持性环境。当孩子表现好的时候给予认可，当孩子受到挫折的时候提供支持。这样的抱持性环境，就是孩子最初获得的一个外部容器，这样的抱持性容器被孩子内化到心中后，就形成高自我稳定性。并且，假如父母还做到允许孩子的活力在这个容器内肆意流动，那么孩子的自我灵活度、自我力量和自我组织力都会得到极大滋养。

他最有名的术语，该是"足够好的妈妈"，英文是 Good enough mother。妈妈不能是差劲儿的、匮乏性的妈妈，也不必是完美的妈妈，恰恰好就可以了。

有人说，精神分析学说，其实是育儿学。那么，该如何育儿呢？

长得特别像暖男的温尼科特，有一个狂野的表达，他说："需要一个不会报复的人，以滋养出这种感觉：世界准备好接受你的本能排山倒海般涌出。"

弗洛伊德认为，超我和本我必然是有冲突的。而温尼科特却认为，作为孩子最初超我的源头，父母应该支持孩子的本我，让孩子获得这种感觉——我的本能可以"汹涌澎湃"地涌出。如果这一点能实现，孩子的自我力量也可以得到极大的鼓励。

可以说，弗洛伊德将本我视为兽性，必须经由超我驯服，先是由父亲在家庭中树立规则，而后由社会文化这个大超我去驯服本我。但在温尼科特看来，本我的原始野性是非常宝贵的，如果原生家庭能提供抱持性的环境，让一个人获得这种感觉——"我"的本能可以"喷涌而出"，那么这个人既可以最终成为有道德的人，同时又不会失去他的原始野性。温尼科特曾说："如果我们只能够神经正常，那真的太可怜了。"

而温尼科特本人，也一直在干着一些有点儿出格的事。他75岁时去世，而在去世前，他还曾爬上自己家一棵树的最高端，砍下了一段树梢。他的妻子惊呼："天哪，你在那么高的地方干什么？"他说："这个嘛，我早就想把这段树梢砍掉了。它挡住了我们窗户的视野。"

温尼科特有一句祈祷文："噢！主啊！愿我到死时仍活出生命。"

他做到了。

比起弗洛伊德的本我与超我相冲突的理论，我更喜欢温尼科特的。他认为父母、老师和其他权威，特别是父母，可以鼓励孩子活出本我、活出野性，因为本我和野性才是生命，而超我永远不会是生命。大多数人都应该有很直观的感受吧，那些身上散发着野性的男人和女人会有一种致命的吸引力。

野性生命力或许正是生命力本身。所以，才有那句话："失去人性，失去很多；失去兽性，失去一切。"

这两年，我的身体和心理是这辈子最好的时候，而之所以如此，是我感觉原始野性的生命力在复苏。

诚然，温尼科特有一个很直观的形容："每个人的自我像是一个能量球，每个能量球都想伸展自己。"很自然地，温尼科特是鼓励每个人伸展自己的能量球。

在我的理解里，一个能量球可以有几个维度：

状态，是伸展的，还是萎缩的；

色泽，是多彩的，还是灰白的；

内在，是流动的、饱满的，还是僵硬的、干瘪的；

……

如果你的自我是一个能量球，你可以从这几个角度想象一下，你的能量球是怎样的。

进入别人的现象场

现象场，是一个人的体验和时空等环境因素的结合。假设一个人一生中有十个重大体验，这些体验都是发生在一个具体的时空中的，即每个体验都可以标记在一个特定的时空中。当然，每个特定的时空都有很多细致的环境因素。也像是我们学写作文时，老师建议我们考虑到的，如时间、地点、人物、环境等各种因素。每个重大体验，就是一个"现象"，而时空，就是现象发生时的"场"。它们结合起来，就是一个人的现象场。

如果我们进入了这个人的现象场，了解这个人的十个重大体验，就深刻地碰触到了他。

如果掌握了"现象场"这个概念，你就会发现，它有非常大的实用价值。

我有一个朋友，她的儿子2岁多时变得非常贪吃，好像怎么吃都吃不饱，想把世界上的一切都吞到自己小小的肚子里一般。去医院检查，没发现什么问题。实际上，小家伙并没有因此长胖，只是我这位朋友非常焦虑，她问我该怎么办。我给她提的建议是，你可以好好观察孩子狂吃东西时的样子，然后试着变成他那个样子，看看你会体验到什么。

我认为我的提议非常简单、清晰，但和大家一样，我的这位朋友一开始没有听明白我的建议是什么。她没有去做，而是后来又很焦虑，再次给我打了电话。我发现她好像没明白我的建议，于是，我给她提了一个非常具有操作性的建议：

（1）找到孩子的关键细节。让你印象最深的，孩子吃东西的样子是怎样的？

（2）标定这个细节所在的现象场，即它发生在什么时间、什么地点。

我这位朋友说，就发生在家里的饭桌上，孩子埋头狂吃，样子急不可耐。吃饱后的一小段时间，他满足得不得了，但接着有一点儿落寞。不久后，又说还想吃。

（3）进入孩子的这个现象场，成为他的样子，体验他的体验。

也就是说，还是在每天吃饭的那个时间点，你试着坐在孩子的位置上，想象你进入孩子小小的身体，用孩子吃饭的状态吃饭，看看会体验到什么样的感觉。

说得这么具体后，我的这位朋友才明白，然后她去做了。她体验到非常复杂的体验，然后明白了，这可能和这一年多来他们搬家次数太多有关。从孩子七八个月大开始，因为工作变动和买卖房子，他们搬了五六次家。我的这位朋友很累，但没想到这对孩子也造成了巨大影响。

这不难理解，孩子需要相对稳定且高质量的养育环境。这样到3岁时，他们才会发展出基本的安全感。在安全感没有发展出来前，频繁地搬家对孩子的心理造成了相当大的冲击。

接下来很有意思的事情是，我这位朋友"进入孩子的现象场"，体验到孩子的体验后，小家伙的贪食症竟然自动就没了。

这种事，看着有点儿神奇，但在幼小的孩子身上容易发生。常常只要父母理解到他的感受（即体验到他的体验），他的一些问题就会自动消失。他有这些问题，好像就是为了要让父母知道他的体验似的。

我对这个朋友提的建议，可以成为一个普遍性的练习，我们可以给它起一个完整的名称——进入他人的现象场，成为他人。

"进入他人的现象场"，也许略晦涩一些，我在开课的时候，涉及这方面的练习，我就直接称它为"成为某某"。比如，如果你想了解你的父亲，那这个练习就叫"成为你的父亲"；如果你想了解你的母亲，那就叫"成为你的母亲"；如果你想了解你的妻子，就叫"成为你的妻子"。

现象场的概念，我是从罗杰斯那里知道的，而真正体验到这个概念的威力，是在几年前，一位叫奥南朵老师的课上发生的。

当时，她引导我们做一个练习——成为你的母亲。我后来把这个练习发展得更为完整，具体操作如下：

（1）找一个宽敞的地方，站着，安静下来，闭上眼睛，感受你的身体。比如，感受你双脚踩在地上的感觉，感受你的双手，感受你的脊柱，感受你自然而然的呼吸——放松。

（2）想象母亲出现在你左边一步远的距离。尊重第一时间出现的画面，不要做任何头脑上的努力，比如修改想象。那么，在这个画面中，妈妈具体是什么样子，她的年龄、她的衣着、她的姿势、她的表情……看着妈妈的样子，看得越真切越好。

（3）仍然闭着眼睛，左跨一步，进入妈妈的身体，并做出妈妈的姿势，就好像你成了她。从现在起，你就是她。

（4）睁开眼睛，以妈妈走路的姿势走路，以妈妈说话的方式说话。

（5）你会自动想起，妈妈留给你的一些关键印象。那么，试着去体验妈妈在这些关键时刻的体验。

（6）进行10分钟后，停下来，站好，保持身体的自然直立。

（7）右跨一步，离开妈妈的身体，进入你自己的身体，重新成为你自己。

（8）闭上眼睛，感受你自己的身体，自然而然地呼吸，一两分钟后，睁开眼睛。

练习结束。

我本来认为，我对妈妈够了解了，但做这个练习时，我迅速地体验到了一些极为深刻的、我从来没有想过的东西。

然后，再做"成为你的父亲"的练习。做法与"成为你的母亲"是一样的，只是第2点和第7点不同，第2点要想象父亲出现在你的右侧，第7点要左跨一步。

这两个练习中产生的那些体验极为重大。我因此对我父母有了更为深刻的理解，然后我决定回一次家，和爸妈好好谈谈，去化解他们的这份体验。果然，我回家后，和父母一谈，已七十多岁的他们哭得泣不成声。

体验如深渊，我们之所以容易活在头脑中，是因为这样安全、好掌控。每个人的体验深处，都有自己不愿碰触的东西。所以，做这些练习时，别硬做。如果你非常抗拒，或者惧怕，那么可以不做。

在一些课程上，老师会引导两个学员之间做一个练习——模仿对方。即，一个人是怎样的，另一个人精准地模仿他。

这个练习会持续 15 分钟，然后，约三分之一的人会做到这一点：就好像某个通道被打开了一样，模仿者会彻底体验到被模仿者的体验。

互动：成为带着野性生命力的自己

Q：本我、超我是两个极端，野性、规矩也是两个极端。既然都存在，就说明其合理性。在培养孩子时应该如何把握好一个度？让抱持不会成为溺爱，让孩子不会成为野兽？野性中如何保有文明？中庸之道是否是种圆滑的处事之道？

A：一旦涉及"这个度该如何把握"时，我们都可以说，你也许陷入了一个辩证法的逻辑。其实，谁也不能真正把握住一个度。

当持有"一个人最好的发展是成为你自己"时，其中有一个假设"你自己"是值得信任的。罗杰斯和温尼科特都深信，一个成为自己的人，同时也是有道德的。所以，父母不需要把握一个度，而是相信孩子"自己"是值得信任的。

但是，如何不把孩子养成一个自私自利、以自我为中心的野兽呢？其实很简单，父母也要在和孩子的关系中做真实的自己。

在孩子幼小需要帮助的时候，父母要给孩子提供抱持性环境，但随着孩子的能力不断增长，父母就需要给孩子逐渐设立一些界限。其实很简单，就是说，我鼓励你伸展你的生命，活出你的野性，但我不会接受你严重攻击我。

还记得温尼科特的那句话吗？别忘了他开头是这么说的——"需要一个不报复的人"，首先指妈妈，而后指父母，而语境主要是指小孩子。小孩子有时会攻击父母，父母的身体会疼，心理上也可能会受伤，这时需要制止孩子的攻击，去向孩子反馈你的真实感受。让孩子知道，他和别人之间有界限。

你可以带着孩子去观察真正的野兽，比如有部动物纪录片《我们诞生在中国》，可以去看看雪豹母子和熊猫母女它们是如何互动的。豹子妈妈和熊猫妈妈都既有抱持，也有自己的兽性。

Q：如果本我的感觉来自自觉，超我来自外在的权威观念，那是否是自己的潜意识？如果是，那么我们的潜意识形成，也是来自外在的权威期待在时间上的积累？跟随自己的直觉本质上也属于外在的权威期待，还是我们个人在出生前天生的呢？

A：潜意识，主要是本我，但也有超我的部分，比如你所说的外在的权威期待。然而，"直觉"在我看来，只能是来自本我。或者说，只能是来自"内在小孩"的部分，而不能来自"内在父母"的部分。那么本我、"内在小孩"是什么？是基因吗？从科学角度来说，是。

从哲学角度来讲，如果"我"能凭直觉洞察到"你"，这其实是因为，我们有同一个本源，我们是一回事，所以才能这样。

弗洛伊德的人格发展理论

弗洛伊德认为，人天然就有性本能，而且性本能是生物性能量。会随着年龄的变化，有不同的性快感中心。这些性快感中心的变迁，随着一个人的人格变化可以分为五个发展阶段：口欲期、肛欲期、性器期（也被称为俄狄浦斯期）、潜伏期、生殖期。这因此被称为性心理发展阶段论，英文是 Psychosexual Development。

口欲期，英文是 oral stage，时间是 0～1 岁，快感中心集中在口腔部位；

肛欲期，anal stage，1～3 岁，快感中心集中在肛门部位；

性器期，phallic stage，3～6 岁，快感中心集中在生殖器上，儿童有时会碰触、抚摸自己的生殖器，以此来获得快感，并会对父母的异性一方产生情欲，而对父母的同性一方产生攻击性；

潜伏期，latent stage，6～12 岁，孩子的性欲突然间消失了一些，对异性的性欲隐藏了起来，而更重视和同性交往；

生殖期，genital stage，12～20 岁，即青春期，一个人的心理和生理都趋向成熟，最终做好了生殖的准备。

精神分析的核心技术不是分析，而是自由联想。所谓的"自由联想"，即从某个地方启动你的联想，你第一时间会想到什么，又会想到什么，还会想到什么……

那么，可以尝试做一个练习：从"性"这个字，你会第一时间想到什么，然后这个新想到的东西又让你想到什么，然后还会想到什么。先不用做太多，接连做三次联想就可以了。

> 不要问爱能成就什么！
> 色彩缤纷的世界就是答案。
> 河水同时在千万条河川里流动。
> 真理活跃在夏姆斯的脸上。
>
> ——鲁米

口欲期：吃货的源起

众所周知，弗洛伊德的理论被称为"泛性论"。同时，他否定了婴幼儿的纯洁论，并提出了"婴儿性欲论"，认为孩子一出生就带有性欲。

这都是颠覆性的观点，一直到现在，都没有被人们彻底接受，但他提出的"口欲期"概念已是共识。你如果去欧洲旅游的话，会发现，坐在婴儿车里的宝宝们很多都叼着一个奶嘴。这是弗洛伊德的"口欲期"这一概念被广泛接受的最佳证明。

在精神分析的圈子里，口欲期、肛欲期和性器期又被称为"前俄期"和"俄期"。所谓的"前俄期"，即口欲期和肛欲期的通称，"俄期"，即第三阶段的性器期。第三个阶段的译法，也是最多的，比如，还有"性蕾期"的译法，意思是性欲像花蕾一样刚萌发。而英文 Phallic stage，准确译法是"阳具期"。之所以又被称为"俄期"，是因为在这个阶段，儿童会形成俄狄浦斯情结。弗洛伊德自己的学说重点也放在了这一阶段，而后来的精神分析的理论发展，则集中在了前俄期。弗洛伊德认为，一个成年人的人格发展程度和各种复杂心理，可以在 6 岁前找到各种对应。

关于口欲期的心理，可以总结为三句话：

（1）婴儿要用嘴吃东西，这是婴儿的头号需求。如果在婴儿期，一个人常被饿着，那这个人长大后就容易成为一个严重的吃货。

（2）婴儿需要用嘴感知世界，他们对任何东西都感兴趣，都会往嘴里塞。这未必是要吞进去，而是要用嘴感知。例如，我前不久去一个朋友家，他们的孩子才几个月大，抓住旁边的一只猫的腿就往自己嘴里塞，用嘴咬了一下猫腿后就放下了。猫也很奇怪，整个过程都没有挣扎。

（3）这一阶段的意象，就是婴儿的嘴与妈妈的乳房这一对意象所构成的画面有着无限的含义。

弗洛伊德之后的客体关系心理学，也就是精神分析理论的第二阶段，特别重视婴儿与妈妈乳房的关系。认为这是婴儿和外部世界的原初关系，这会成为婴儿与整个世界关系的一种基石、一种隐喻，婴儿的一切人性都会展现在其中。所以，我们需要有意识地让小婴儿和妈妈的乳房建立一个良好的关系，这样婴儿就会感知到世界一开始是欢迎他的，一开始就是友好的。

围绕着人格发展的这五个阶段，有两种经典的现象：固着①和退行②。这在口欲期也最容易有所体现。

所以，固着与退行密切相关。

先说固着。一个人如果特别爱吃的话，那就有可能是固着在了口欲期。在动物身上，固着的这个道理也有体现。我养过四窝加菲猫。第一窝加菲猫，是一对兄妹，妹妹我起名字叫"小蝴蝶"，因它头上的花纹，就像蝴蝶的翅膀似的。

在出生的第一天晚上，小蝴蝶不知道为什么，找不到猫妈妈的乳头了。结果，它不停地叫，但我们凌晨时才发现这个问题。后来，我们拿棉签蘸了猫奶粉让它

---

① 固着（Fixation）：如果一个人在某个阶段得到的满足太少或太多，都会导致这个人的性心理固着在这一阶段。也就是说，其发展停滞在这个阶段，这个人会持续地寻求这个阶段的满足方式。

② 退行（Regression）：如果一个人在高级阶段受到了挫败，就会退行到低级阶段，去寻求低级阶段的满足。

尝尝，再把猫奶粉涂到猫妈妈的乳头上，帮它找到妈妈的乳头。它找到后，立即开始狂吃。后来，它成为一个严重的吃货，给它罐头，它会一头扎到里面，把自己弄得脏得不行，以至于要常给它洗澡。这一现象直到它几岁后才有好转。相反，它的猫哥哥，我起名叫"熊猫"，就完全没这个问题，因为它一开始就得到了口欲的满足。

但是，口欲和食欲不同。很多时候你要吃东西，不是胃要吃，也不是身体需要营养，而是你嘴馋。饿了要吃是食欲，嘴馋就是口欲了。

再说退行。例如，我写文章的时候，一旦受挫，就忍不住去找我心爱的饼干吃。写文章是高级阶段，而在高级阶段受挫后，就要退行到口欲期的满足中，去寻找安慰。这种退行比比皆是，如猫有"踏奶"的动作，即将它的两只前爪搭在"猫奴"身上，以一种稳定的节奏按来按去，嘴里则发出满意的"呼噜"声。这是口欲的退行，猫小时候吃奶的时候，需要用这种动作去挤猫妈妈的奶水。

口欲固着和退行的行为，是非常常见的。

典型如吸烟和接吻，便是口欲的固着。我不吸烟，所以写作缺灵感时，就去吃饼干找安慰，而很多作者是吸烟，吸烟就像吸吮乳头一样。并且，烟完全是自己能控制的。这种控制感和口欲满足，就会帮助作者找到灵感。我喜欢看篮球，常常会看到NBA的运动员（比如勒布朗·詹姆斯），就有在赛场上吸吮手指的行为。

我在咨询中，一个习惯性动作是用手托住下巴，而有时就会下意识地咬一下自己的手指。这时，仔细觉知的话会发现都是咨询遇到困难的时候。

肛欲期：金钱态度之源

2014年，我和一位师兄一起去了北极。一天上午，登陆一个小岛后，我和师兄一起散步，他说："志红啊，你不是解梦很厉害吗？你给我解一个梦吧。"什么梦呢？原来，他常梦见自己站在大便里，恶心得不得了。

听他说完，我说："师兄，你也学过精神分析，你难道忘了粪便就是金钱？"

听我这么一说，他恍然大悟说："噢，是啊，我怎么忘了。"

在前面的文章中，我引导大家简单地做了自由联想的练习。在自由联想中，你自由想到的内容很重要，不过你卡壳的地方也很重要。如果你突然间联想不下去了，精神分析师会问你："有什么东西是你不愿意想到的？有什么体验是你不想碰触的？"比如，对我的师兄来说，他非常专业，但这个重要的梦，他自己一直没有认真去解，而真想解时，也没有想到自己所学的东西。因为他不想碰触自己内心关于大便的体验，所以这个自由联想就没有很好地进行下去。

"不识庐山真面目，只缘身在此山中。"

我作为旁观者，就可以帮他轻松地看到这一点。这是心理咨询师们很常见的事，我也常这样。自己分析自己时，"吭哧吭哧"半天分析不清楚，而旁人却可以看得很明白。当然，我也必须说，自我分析的价值极高，这是根本。

下午，我们又在北极的一个小岛登陆后，他对我说："志红，我中午又做了一个关于金钱的梦，给你说说。"这个梦是，他梦见自己不仅站在大便里，而且双手都是大便。这让他感觉到非常恶心，然后一下子就醒了。

虽然他知道精神分析的基本道理，但这时候的自我分析还是不能很好地做下去，他要再借用我一下。于是，我问他："在你恶心的感觉产生之前，还有别的感觉吗？"他想了想说："嗯，手上的大便其实是干的，还很温暖。我感觉很好，很喜欢。"说完，他忍不住笑了起来。我对他说："恭喜啊，师兄，你手上有干货了。"

对话技术：向前找感觉，向后找态度

"在你这个感觉产生之前，还有别的感觉产生吗？"

这是心理咨询的一个谈话技术，为的是找出被我们隐藏的感觉，特别是找出刺激产生时的第一感觉。

这是向前找出更多的感觉，相对应地，还有一个向后找出更多感觉的对话技术，即问："对你这个感觉，你有什么感觉产生？"

这虽然说是感觉，但这更像是在找我们对一个感觉的态度。

所以，这一对谈话技术可以概括为：向前找感觉，向后找态度。

有一位女士，在对人性了解得越来越多后，过去像小白兔一样的她，开始能够很好地怼丈夫、怼孩子、怼父母了。不仅能怼人了，她还感觉自己能掌控别人了。而谈到这份掌控感时，她突然"断电"了，也就是说自由联想停在这儿了。

我问她："你刚才讲了你在关系中对别人的掌控感，这份掌控感让你有什么感觉吗？"

我这么一问，她忍不住得意地笑了起来，笑了好一会儿后说："哎呀，能掌控局势的感觉太好了，我好得意。但这种得意感又让我有了一点儿罪恶感，所以我想掩饰它。"

为什么我们对金钱的态度是源于对大便的态度呢？这就要谈谈肛欲期的奇妙心理了。

1岁前的口欲期时，婴儿其实是在剥削、在吸收，他不能自己创造东西。奶水固然是好的，可这是妈妈的乳房产生的，他是无能为力的。并且，这时候婴儿的大便，最初并未形成，6个月后渐渐成形，但还是软的。

1~3岁的肛欲期，幼儿的大便逐渐变硬。幼儿发现这是他自己的创造物，发现自己能控制它。

并且，因为此时的快感中心从口腔部位转移到了肛门部位，所以在控制大小便时，幼儿也会获得相当的性快感。一个自己能控制的创造物，并且还是自己的第一个创造物，这对幼儿来讲实在是太重大的事情了。

既然这是自己的第一个创造物，那么这也是我们对自己所有创造物态度的源起。也就是说，幼儿时对自己的大便是什么态度，长大后对自己的其他创造物也是什么态度。

有一件事可以说明我们成年人对大便这个自己的创造物有多留恋，即大便冲水前，大多数人会先看一眼再冲掉。这也是一种自恋。

这种态度也会发生变化。比如我是一位作家，我对自己的创造物，原来是相当不尊重、相当随便的。我 2005 年在《广州日报》写"心理专栏"，写了一两个月就出名了，就开始有人请我讲课，问怎么付费。我那时的回答是："你们看着给吧，你们的惯例是怎样的就怎样给我。"于是，一直到 2008 年，我的讲课费都是半天 1000～3000 元。2008 年，因为找了一个和我态度完全相反的女朋友（前女友），我的讲课费才迅速飙升。

我 2007 年出书，第一本书就是长销、畅销的《为何家会伤人》。当时和出版社签约时，我完全接受了出版社的原初条件。后来，也是借前女友的态度，才大幅度提高了我的版税。在版税率上翻番，还加上了其他一系列对我有利的条件。

在对待大便的态度上，我们的态度也完全不同。我们养猫，猫的屎、尿非常臭，我会及时清理，但清理时有严重的嫌弃心。而前女友会带着强烈的好奇心去研究它们的粪便，有时她觉得非常好玩。

大人将大便视为肮脏之物，觉得臭，认为不卫生，但小孩子是没有这种分别心的，他们会天然地爱上自己的第一创造物。我讲课时讲到肛欲期的心理，很多妈妈做了很多非常有趣的反馈。

一位妈妈说，她的孩子对她说："妈妈，妈妈，你看我的大便，多可爱啊！它们好不好看？"

一位孩子则说："妈妈，我的大便肯定很好吃，你想吃一口不？我想吃。"

一位学员则看到她的小侄子在吃自己的大便。

吃大便，会让人觉得很恶心，但吃大便的替代物——鼻屎，那就很常见了。一位咨询师说，她女儿会邀请父母一起吃她的鼻屎，并说："妈妈你吃，咸咸的，好好吃哦。"

这些故事，都发生在 1～3 岁的孩子身上。

当然，大便的确是臭的，的确不卫生，孩子需要学会控制自己的大便。但在训练孩子如何控制大小便上，不要太严厉，否则就会给孩子这种感觉：他的创造物是肮脏的、让人嫌弃的。不仅如此，因为肛欲期有强烈的性快感，所以对待大便的态度也会和对待性的态度联系在一起。严厉的大小便训练，也会破坏孩子以后的性享受。并且，孩子在学习控制自己的大小便时，也是在练习自我的控制能力，父母不要去破坏这个过程。

心理罪：俄狄浦斯期

古罗马的恺撒大帝，梦见和妈妈有性爱，惊醒。他问他的占梦师是怎么回事，占梦师说："做这种梦的男人，会征服世界。"恺撒大帝当然算是征服世界的人，然而，这是个无效的解释。因为在弗洛伊德看来，男人们都会有这样的梦，但征服世界的男人，永远是极少数。类似的解梦，我做过不少，来访者就不用说了，生活中和朋友聊天，也常常解这样的梦。

例如，一位做导演的朋友说："总梦见和一个面目不清楚的女人做爱，想知道这个梦是怎么回事。"

我问他："这个女人面目是不清楚的，但她总有其他细节是清晰的吧？那就从这些细节开始，你完善这个女人的形象，看看她是谁。"他进行了几秒钟后，突然身体打个寒战，进行不下去了。后来，他对我说，他也是做了和恺撒大帝一样的梦。

弗洛伊德认为，孩子在3~6岁时，会进入性器期。他们的性快感中心从口腔、肛门转移到了生殖器部位上。因此，孩子可能会有各种各样的性探索，像自慰。在心理上，孩子这时的情欲会指向异性父母，而对同性父母产生竞争和忌妒心。比如，我的一个朋友说，她5岁的女儿看到他们的结婚照时，非常生气。她把结婚照重重地举起来摔到地下说："妈妈，你这个狐狸精！"过了几天，他们和几家朋友出去旅游，她女儿当众宣称："长大了，我要嫁给爸爸！"

大家觉得童言无忌，于是把她的话当作笑话，都笑了起来。当作笑话对待，问题不大，但小女孩是在表达她要夺走妈妈的男人，她是很认真的。这是一个非常复杂的局面，前面我们一直讲鼓励本我和野性，但现在可以看到，如果本我和野性是这样的东西，那就太可怕了。

毕竟，性能量指向父母中的一个，攻击性指向父母中的另一个，都是违反人伦的极致，也是对人类社会的终极挑战。

精神分析和一些人类学家认为，道德规范是围绕着乱伦、禁忌而来的。既不能和父母发生关系，也不能杀死自己的父母，这是任何一个成型的社会都设立的禁忌。

这不仅是禁忌，也是一种真理。毕竟，"我"是父母所生，如果"我"竟然仇恨同性父母，甚至想杀死他们，夺走他们的爱人，这在背叛父母的同时，也背叛了自己。

如果孩子处于3～6岁的阶段，该如何处理这个复杂的难题呢？我的建议是："流动而不成为。"这句话的意思是，让孩子的本我、野性自然流动，不去压制它，但也不让它获得成功。也就是说，孩子可以亲近异性父母，在没有明确的性举动时，让他自然表达。当他对同性父母表达竞争和忌妒时，也不必大惊小怪，甚至大加斥责。但是，也不给孩子这种感觉：你赢了！

比如，妈妈不给儿子这种感觉：我爱你胜过爱你爸爸。爸爸则不给女儿这种感觉：我爱你胜过爱你妈妈。在具体行为上，要说明的一点是，在孩子进入3岁前，必须把他们从父母的床上赶走，特别是男孩。如果长大了还和妈妈在一张床上，这就是"流动，并且成为"了。在他们内心中，会觉得自己打败了同性父母，他们的俄狄浦斯情结得到了满足，这会让他们觉得暗爽。但是，这会让他们在成年后付出极大的代价，导致他们各种各样的性问题。

父母需要让孩子清楚家庭的序位[①]和现实。也就是说，我和你爸爸（妈妈）才是伴侣，我们是大人，大人才能一起去解决生活中的各种难题。我们还能保护你，而你就做你的小宝贝好了！掌握这个原则就好，有时候小小严厉一下，问题也不大。

在弗洛伊德看来，俄狄浦斯期的孩子和父母的三角关系是最终建立超我的关键。对男孩来讲，他想占有妈妈而打败爸爸。但在正常情形下，他知道，爸爸比他强大太多，是他打败不了的。并且，他很害怕在和爸爸竞争时，会被爸爸打败、阉割，甚至杀死。同时，他也因为想和父亲竞争母亲，而感觉到罪恶。

然后，男孩启动了"认同"的心理机制，去解决这个复杂的难题，即他决定成为和父亲一样的男人。那样他长大后，就可以娶像母亲一样的女人了。这样一

[①] 序位，每一个团体都会根据归属权开始的时间产生一个层级秩序，家庭中亦是如此。序位的含义是，第一个要处于第一个位置，第二个要处于第二个位置，以此类推。在家庭中，恰当的序位是：夫妻第一，孩子第二，自己的父母第三。

来，父亲的形象就内化到了孩子的心中，成为孩子的超我，也就是道德。

在弗洛伊德看来，社会文化规范也会成为超我的一部分。这可以理解，毕竟是男权社会，所谓的"社会文化规范"，是由一个文化中的"超级父亲"们所制定的。这样一来，在弗洛伊德的设想中，本我和野性真成了要被约束的力量，要被父亲和社会文化规范的超我所驯服，甚至像是压服。但如果真是压服的话，就会导致很多心理疾病。弗洛伊德认为，俄狄浦斯期导致的性压抑是多数心理疾病的源头。

后来的精神分析学家（比如温尼科特）则认为，3岁前的心理基础才是孩子顺利度过俄狄浦斯期的关键。因为，如果3岁前养育得好的话，孩子内心中的恨会比较少。这样在对同性父母表达竞争、忌妒和恨时，也就比较轻，于是就比较好化解了。如果一个人在3岁前得到了"足够好的妈妈"的养育，那么就可以免于各种心理疾病。

性心理发展的前三个阶段，每一阶段都有不同的心理主题。如果发展得好，就会发展出一些好的心理来。

口欲期，孩子发展的是信任。

肛欲期，孩子发展的是自主。

性器期，孩子发展的是竞争与合作。

口欲期，孩子需要"吃饱"，觉得可以从外部世界吸收到足够的好东西；肛欲期，孩子需要控制，通过自主地控制大小便来锻炼自我的力量。这两个基础打好后，孩子才有心理能量去竞争，并学会合作。

竞争性是一个人能否良好发展的关键，而俄狄浦斯期，孩子就是在家里发展他的竞争性的。这份竞争性，既需要得到鼓励，又需要得以控制。这样，孩子的本我中的野性生命力才可以变得人性化，但又不会失去它。

黄玉玲老师的两个女儿，正好都处于俄狄浦斯期，两个小家伙经常说："妈妈，我比你强！你怎么这么差劲儿！"她有时会配合孩子的这种自恋，说："哎哟，你们可不得了了，你们真是比妈妈厉害多了！"有时则和她们嬉戏、打闹，把强烈的竞争变成一场游戏。游戏到最后，女儿们有时会抱着她说："妈妈，我太爱你了，你和我一样强！"

有时，女儿们则说："妈妈，还是你厉害，我长大后能和你一样就好了。"说这样的话时，女儿是在对妈妈表达认同。于是，有时她们觉得自己强，有时是平等的，有时则清醒地认识到，她们是孩子，妈妈是强大的大人。这是竞争性完整的表达。

潜伏期和生殖期

危险的俄狄浦斯期，因为想和我们的同性父母竞争，以赢得异性父母，会导致我们有很深的罪恶感。

这是一个经典的三角关系，是复杂人际关系的源头。它可以让孩子形成这种基本感知：你不能独占一个人，爱是要分享的。

并且，如果这一阶段发展得好的话，一个人会形成这种感知：我可以表达我的竞争欲，但我也可以接受别人有他的竞争欲，我们可以充分PK。我可以充分展现我的力量，也可以接受自己的失败。这时，我还会认同对方的强大。

我看NBA的比赛时就是这种感觉。他们每个球员都可以自恋爆棚，坦然说自己是最好的球员，在赛场上尽情地表现自己，但失败后也多能祝福对方。

潜伏期是性心理发展的第四个阶段，是6~12岁这个年龄段，对应的是我们的小学阶段。

我小时候印象最深的是"三八线"。如果男孩和女孩是同桌，就要在桌子上画一条泾渭分明的"三八线"。你逾越了这条线，我就毫不客气地把你"赶"回去。这是潜伏期的经典心理。这个阶段，一个人的性欲突然间没了一样，至少是对异性的强烈欲望被压制了，反而表现得对同性更感兴趣。整天是男孩和男孩一起玩，女孩和女孩一起玩，谁如果整天去黏着异性，就容易被嘲笑，甚至被无情地隔离。

这像是潜伏期的一个规则一样。这一阶段，最重要的任务是发展和同性合作的能力。如果没法形成这一点的话，无论是男人还是女人，以后都很难在社会上立足。我听过一些个案，是女孩在小学时被严重孤立，达到了校园欺凌的级别。可是，和她们谈的时候你会发现，她们像是在潜伏期没注意到"不要靠近异性"的规则，还是和男孩公开要好，结果被其他女孩联合起来孤立。

在男孩身上也是一样的。如果男孩这时候太过于接近女孩，就会被其他男孩笑话。这不仅是心理上的演变，也和性能量有关。潜伏期的性能量，也像是隐藏了起来。这一阶段可以被视为一个准备期。先学会如何和同性合作，然后再在后面性能量大爆炸时期，能更好地度过。

这个性能量大爆炸时期，就是 12 ~ 20 岁的生殖期，也就是我们通常说的青春期。青春期时，青少年的第二性征会显露无遗，生殖器会发育，男孩长出喉结、胡子等。女孩的第二性征更为明显，她们的臀部和乳房会明显发育。即便臀部和乳房发育不明显，还有再明显不过的月经。这些都在提醒他们，他们的性别是什么。从生理上来讲，生殖期这个阶段，是男女在生理上做好生育准备的阶段。

同时，还有特别重要的一点是，在体形上，处于生殖期的青少年也逐渐接近成年人。这意味着，他们终于有了可以平等打败同性父母的生理条件。

原生家庭，其实是孩子人性的练习场。这是原生家庭对一个孩子的重要价值。

6 岁前，孩子主要是生活在家庭里，他要吸收营养，要自主控制排泄，还要学习竞争与合作。

父母最好是提供一个抱持性环境，让孩子在原生家庭中相对肆意地发展自己的能力，以便有了温尼科特说的那个标准——世界准备好接受你的本能排山倒海般涌出。当然，孩子也必须学会尊重界限的存在，其实就是学会尊重别人。这样的话，孩子就在原生家庭的练习场中获得了最初的宝贵经验。然后，就可以进入社会大熔炉了。

6 岁后，孩子要进入学校了。这时，学校和社会还是会把他们视为孩子，而给予优待和保护。但他们再也不可能像在原生家庭那样，可以得到很好的抱持了。

12 岁后，孩子的身体和能量都在急剧向成年人发展，他们所呈现出来的性能量和攻击能量会让大人都害怕。如果处理不好，孩子就会进入所谓的"残酷青春"。

如何能比较好地度过青春期？自然是一个在抱持性环境下长大的青少年更容易度过。他既能展现自己的力量，又懂得尊重别人。简单说就是，他既能竞争，又能合作。

生殖期仍然算是一个练习场，但已经是最接近社会的练习场了。离开这个练习场后，一个人就要进入真实的社会了，在其中淬炼自己，并且最终既要实现他的性欲——找到合适的性伴侣，又要实现他的攻击欲——成为这个社会有基本竞争力的人。

互动：给觉知留下空间

理解自己时的原则：给觉知留下空间，先去好好觉知、充分觉知，要把觉知这件事做足、做够。

怎样做会破坏觉知的空间呢？常见的有两点：

（1）批判自己。"哎呀，不好，我看到了自己的一个缺点，我怎么这么差劲儿，我太不好了……"批判自己时，批判就像是往水流里放了一个木桩。当然，如果水流特别足，一个木桩问题不大。但是，当觉知还比较弱，水流还不够强时，可能一个木桩就把觉知的水流给打断了。

（2）急着改变。发现一个问题，立即问："怎么改变呢？"当急着改变时，自然就失去了充分觉知的空间。

我是这样对待"发现缺点"这件事的：噢，原来我是这样的。然后，我会有一股欣喜——我对自己的了解又增多了！我能这样做，其实是因为没有批判，不会觉得这是"缺点"，而会觉得这只是一个"特点"。

当你彻底不去做评判的时候，就会容易进入真正的觉知——你不仅在头脑上有了理解，还会有深刻的体验。比如，作为咨询师，当来访者呈现巨大的情绪、情感时，无论是正向的还是负向的，我都能让它在我这里自由流动。于是，每一份巨大的体验都可以变得非常享受。

这份体验太强烈时，我就有点儿理解庄子的一个故事了。他老婆去世了，他却鼓盆而歌。有人觉得他太不近人情了，但庄子说，死亡是再自然不过的事了，为什么要呜呜地哭呢？庄子能做到这一点，至少是因为他没有一个评判说——死亡是坏事。

这境界也许有点儿高，但我们至少可以试试，当发现了自己的一个特点，比如说发现自己原来有点儿吝啬，就可以想"哎呀，原来我是这样的"。然后就到此为止，甚至可以去喝杯酒庆祝一下——我对自己的了解又多了一些。

Q：我隔壁有个小女孩有一个怪癖，去上幼儿园早教班时要带一个小被子（这是自她懂事起一直陪着她的）。第二天早上，她妈妈特地把被子藏起来。她发现少了什么，就一直哭。最后没办法了，她妈妈只得还给她。武老师，这个现象背后有什么深刻的道理吗？

A：这是一个极为深刻的现象，温尼科特就这种现象提出了一个概念——"过渡客体"。大致可以理解为，这个小被子，有"替代妈妈"的作用。通常是因为孩子在小时候和妈妈一起盖过这个小被子，这个被子有妈妈的一部分特征，比如妈妈的味道。等找不到妈妈的时候，孩子就会找这个被子来安慰自己。所以，这样的被子、毯子、枕头、公仔，甚至可能只是妈妈衣服或毯子上的一缕毛线，对孩子来讲都具有极其重要的价值。你不能剥夺孩子的这个东西，等孩子有了安全感后，自己就会放下它。

Q：肛欲期是否与爆粗口、说脏话、发泄情绪有关？

A：肛欲期的大便，有几个意义：

（1）孩子的第一个创造物，这是对待自己的作品和金钱的态度的源头；

（2）因肛门部位有强烈的快感，孩子在控制大便时，会享受到自主控制的自恋感和性快感；

（3）我们没有展开的一点是，的确，大小便作为肮脏的排泄物，是有情绪宣泄和施虐的含义。

情绪宣泄指的是负面情绪，这常被心理学家视为像是排泄物的象征。将负面情绪宣泄给别人，自然有施虐之意。将大小便弄在别人身上，也有这个含义。我们可以在孩子身上观察到这一点，他们有时尿床，就是在表达他们的不满。

成为你自己

"成为你自己"是我使用最多的一句话，就像是我的心理学的一个标签一样。我最初是从罗杰斯那里听到这句话的，但无数人用无数种方式讲过这句话中的精神。

这一刻，我想起的是我从朋友那里听来的这样一段话："人生由几百、几千乃至几万个大大小小的选择构成，等你老了，回顾一生的时候，你发现最亏待的，恰恰是你自己。那你这一生，就白活了。"

我们来做一个调查，很简单，然而也许很致命：你能不能想起五件事，你特别想做，但却一直没有去做的。就按照自由联想的顺序，把这五件事写出来。这五件事，也许是很小的事，比如你一直想吃一种美食却一直没做。也可能是一件很大的事，比如你想去一趟南极。

如果是写给你自己的，这个清单就可以长一些。比如写十件，那会是怎样的十件事？

我一直倡导的还是前面提到的温尼科特那句话："世界准备好接受你的本能排山倒海般涌出。"

这份洪荒之力的感觉，最初是抱持性的父母，一直鼓励孩子表达本我的结果。我相信，很多朋友在原生家庭中没得到这个抱持性环境。但现在，你可以做你自己的父母，试试带着点儿偏执劲儿，去追逐一些你特别想追逐的事物，以此来滋养你的本我。

有一颗光的种子，种在你里面。

你必须用自己去浇灌它，否则它就会死亡。

——鲁米

内部动机和外部动机

我在上本科的时候，和一个认识了挺久的女孩聊天。聊着聊着，她非常惊讶地问我："武志红，你难道不是通过别人的评价来认识你自己的？"

问我时，她那种眼神就好像看到了一个外星人一样。

我很自然地反驳她说："我知道我是谁啊，我为什么要通过别人的评价来认识我自己？"

反驳完，我也是第一次意识到，地球上原来是有另一种人的，他们通过别人的评价来定义自己是谁。于是，我也像看外星人一样看着她。

后来，我不断地思考这类现象，就此提出了两个术语——"外部评价体系"和"内部评价体系"。

使用外部评价体系的人，对别人的评价特别在乎，甚至会内化别人对自己的评价，认为自己就是这样的。他们在做事情时，首先考虑的是别人怎么看、别人怎么认为，往往容易忽略自己的感觉，而更多地使用头脑层面的思考。他们做事情的动力，常是为了博取别人的认可、金钱等，这可以称为"外部动机"。

使用内部评价体系的人，对别人的评价不大在乎。他们做事情的动力来自自己的内心，这可以称为"内部动机"。使用内部评价体系的人，他们在做事情时，特别尊重自己的感觉。

这又回到了提摩西·加尔韦对自我的定义上，即使用内部评价体系的人，他们做事情时，常是在自我2的领域内，也就是在潜意识和身体层面。使用外部评价体系的人，做事情时，常是在自我1的领域内，也就是在意识和头脑层面。

这也是写作的一个秘诀。如果你想在写作上有不凡的表现，必须离开自我1

的规划，而听从自我 2 的指引。

例如，列夫·托尔斯泰在写《安娜·卡列尼娜》时，本来想写一个受人唾弃的放荡女人，没想到越写越爱她。可虽然这么爱，还是把安娜写死了，他因此而恸哭。他妻子说："你真奇怪，安娜在小说里的命运，不是你说了算吗？你不把她写死不就得了。"托尔斯泰说："不行，故事不受我控制。"

好的故事、好的东西，都是不受"我"（自我 1）控制的。自恋虽然是推动力，但真正的好东西都会突破"我"的自恋。

使用内部评价体系的人，按照自己的感觉把事情做好时，他会有由内而发的享受感。这是他们做事情的巨大动力。

对我而言，我之所以写了几百万字，首先是因为写作让我很享受。当能酣畅淋漓地把一个东西表达出来后，那感觉真是太好了。

这也导致我在写作时，不能接受被别人左右。

我在《广州日报》写"心理专栏"时，领导们找我谈过不知道多少次话，说我写得太深奥了，能不能更通俗一些，因为这才符合《广州日报》读者的需求。

这就是一种经典的外部评价体系的思路。读者需求多么重要啊，你当然要重视、要考虑。但对此，又有两个故事：

一个是，可口可乐对用户做过调查："你们希望可口可乐改变口味吗？"调查结果显示，多数人希望改变。然而，等口味改了后，可口可乐的销量大减。

另一个是，像乔布斯这样的人会说："消费者并不真正知道自己要什么，你可以创造出一些真正的好东西，然后消费者就需要它们了。"

这里面有很深刻的道理：如果你去调查，你调查的必然是意识层面的东西；而意识层面的东西，并不是那么有说服力。相反，那些奉行内部评价体系的人，因为进入了自己的潜意识深处，便由此创造出了一些东西。这些发自他们潜意识的东西一样可以触动别人的潜意识。

这样说，并不是在反对调查。如果调查的数据和设计思路对的话，当然有很大的说服力。不过，使用外部评价体系的人，他们的表达常常并非真的尊重数据。我在《广州日报》的"心理专栏"，写的第一篇文章就火了，以后的数据一直显示，我的专栏是最受欢迎的专栏。

所以，我可以直接反驳领导说："您看，数据一再显示，我的专栏就是这么受欢迎啊，还总列在第一名。"领导会说："是的，但如果你改变一下风格的话，你的专栏会更受欢迎。""可是，我的专栏已经是第一名了，我为什么要改呢？而且，改了，真的会更受欢迎吗？"

……

这样的争论，看似是观点之争，但其实常常是自恋之争。"虽然是你主持的专栏，但我作为领导，还是希望你按照我认为的正确方式来写。"

如果我使用的是外部评价体系，领导们的态度就会对我构成巨大的压力，我可能就会放弃我的风格。

但是，我在乎的是内部评价体系。如果换了写作风格，我就不能享受写作的乐趣了，所以我坚决不换。因为我这么坚决，也因为数据一直很好，当然还因为领导给了我基本的抱持性环境，所以我就一直按照自己的风格写下去了。我最初的名气和影响力，就是这么来的。

再多说说外部评价体系，这是一个危险的概念。

我读本科时，在一本教材中，看到了这样一个寓言故事：

一群孩子在一位老人家门前嬉闹，叫声连天。几天都是如此，老人难以忍受。

于是，他出来给了每个孩子25美分，说："你们让这儿变得很热闹，我觉得自己年轻了不少，这点儿钱表示谢意。"

孩子们很高兴，第二天又来了，一如既往地嬉闹。老人再出来，给了每个孩子15美分。他解释说，自己没有收入，只能少给一点儿。

15美分还可以吧，孩子仍然高兴地走了。

第三天，老人只给了每个孩子5美分。

孩子们勃然大怒："一天才5美分，知不知道我们多么辛苦！"他们向老人发誓，他们再也不会来玩了。

最初，驱动着孩子们玩耍的，是他们的内部动机——开心。但老人通过给他们发钱，成功地把他们的内部动机变成了外部动机——金钱，而金钱又控制在老人手中，所以就等于是老人控制了孩子们的行为。最终，他实现了把他们赶走的目的。这个寓言故事，可以有太多的引申。

比如，故事中的孩子和老人，是不是可以换成下属和领导的关系，是不是可以换成学生和老师的关系，是不是还可以换成孩子和家长的关系？你是否遗忘了自己的内部动机，而迷失在各种各样的外部动机中，并在无形中被别人给掌控了？

所以，莫忘初心！

哺育你的精神胚胎

精神胚胎，是意大利幼儿教育专家蒙特梭利提出的概念，可以概括成三句话：

第一，每个孩子一出生，就已经有一个精神胚胎了，就像是一粒种子。成长，就是这个精神胚胎发育的过程。

第二，植物种子的发育，需要阳光、空气、水和土壤等养料；而精神胚胎的发育，需要的养料是感觉。

第三，精神胚胎在发育过程中，会知道自己想要什么，它会驱动孩子去做各种各样的事，所以孩子的自发选择有深刻含义。

蒙特梭利教育法，可以提炼为"爱"和"自由"两个词。爱不必多解释，而自由就是尊重孩子的自发选择。

什么是感觉？无非是视觉、听觉、嗅觉、味觉、触觉、本体感觉[1]、第六感[2]和

---

[1] 本体感觉：是指肌、腱、关节等运动器官本身在不同状态（运动或静止）时产生的感觉（如人在闭眼时能感知身体各部的位置）。因位置较深，又称"深部感觉"。此外，在本体感觉传导通路中，还传导皮肤的精细触觉（如辨别两点距离和物体的纹理粗细等）。

简单地说，当我们闭上眼睛依然可以精准地摸到鼻子、耳朵，甚至可以手拿杯子喝水，这是本体感觉的作用。我们不靠眼睛就可以清楚地知道自己的身体肢段如何移动、出力、做动作的感觉。

[2] 第六感：是超出五官感知（视、听、嗅、味、触）的能力。心理学中常将第六感和直觉等列，但它其实有更大范畴的表达，即所有超出五官感觉的其他感觉。

第七感[①]，等等。

如果给感觉下定义的话，我喜欢印度哲人克里希那穆提的定义：感觉，就是"我"与其他事物建立关系一刹那的产物。正如视觉就是你的眼睛与其他事物建立关系时的产物。感觉，必然意味着你活在关系中，而思想却未必，思想常是孤独的。

这个定义看上去很简单，蒙特梭利的说法也简单：养育一个孩子，需要他活在丰富的感觉中。换一句我们常说的话，就是孩子需要丰富的刺激。

然而，大道至简。这个简单的定义和说法也有致命般的力量。那么，如果你的感觉被破坏了呢？

比如，我在广州，总能在夏天见到一些小孩子穿着长袖甚至厚衣服。如果问家长："为什么给孩子穿这么多？"他们会说："因为孩子体质差，得多穿点儿。"可是，这些孩子都汗流浃背，看上去非常难受。

又如，冬天来了，你准备出门，妈妈说："天冷，多穿点儿。"你说："我不冷。"妈妈会说："我都冷，你怎么会不冷？"

我相信，太多人有过后一种经历。这是一种著名的冷——"有一种冷，是妈妈觉得你冷"。当大人这样做时，孩子自身的感觉就被破坏了。

我有多名来访者说过这样的话："武老师，你不知道那有多可怕，你做任何一件事，身边都会有一个人，给你做一下纠正。"这种纠正，都是在破坏孩子和事物的直接关系，是将自己的判断挡在了孩子和事物之间。"我之所以这么相信我的感觉，原因很简单：我这份感觉没有被破坏过，我的父母不会把他们识人的看法强加在我的身上。

[①] 第七感：对相互连接的世界的感知力。

比如，我们用鼠标，就是通过一种外部的连接器，实现对世界的感知。又如：银行家看到一个钱数，马上就能思考怎样优化金融交易；搞制造业的人看到某个产品，脑子里马上就能知道它需要多少供应链；创业者看到一个现象，脑子里马上就能蹦出一个需要协同很多人的商业解决方案。

所有这些对连接的想象力、判断力和控制力，都是第七感。

另一种定义称，第七感，时间觉，简称"时觉"。意为对时间的灵敏感觉，也是心理上的时间感，即人的意识拥有基于过去的记忆来模拟未来、分析未来的功能。

国内最有名的蒙特梭利专家，叫孙瑞雪，居住在广州。我多次去她的幼儿园和她谈话，从她那儿听了很多关于孩子的经典故事。例如，一个孩子，有一个多星期的时间来幼儿园后什么也不干，就是重复听巴赫的一张唱片。

孩子的这个行为，老师们不知道是为什么，但他们所做的，就是尊重。这样的教学法，使他们幼儿园的孩子显得很不一样。有一次，一位老师到他们幼儿园来教英语，用很夸张的声调和姿势调动气氛。结果，孩子们不为所动，都冷静地看着他。最后，这位老师说，他被看得有些发毛，其他幼儿园的孩子不是这样的，他们会和他一起疯狂。这些孩子则对老师们说，他们觉得，这老师像猴子一样。

蒙特梭利教育法破坏了抚养者的自恋。大人容易认为，我懂得多，而你懂什么，所以我要指导你、管教你、约束你。总之，让你听我的。这样一来，会有各种好处，但必然伴随着一个坏处：孩子和事物的直接关系被破坏了，孩子的感觉被破坏了，孩子的精神胚胎因此难以充分发育。

父母在和孩子的关系中，需要警惕自己的自恋。只要你过多地管孩子，那么无论你的方法有多高明，都意味着，你切断了孩子和事物的直接联系。但是，孩子的确是需要保护、需要监护、需要适当管教的，该怎么把握这个平衡？我通常的建议是，把管教限制到最少的程度。

精神胚胎说有一个重要的假设：每个生命的精神胚胎充分发育的话，都会成为他们自己，都会很美。相反，管教理念则意味着，我不相信你的精神胚胎，我认为如果不去引导你、指引你，让你自由发展，那你就会成为一个坏人。

真自我和假自我

很多精神分析学家讲过真自我和假自我，意思基本一致：真自我的人，他的自我围绕着自己的感觉而构建；假自我的人，他的自我围绕着别人的感觉而构建。

如温尼科特，他一直关注的是母子关系。他认为，真自我和假自我的构建是从生命最初就开始的，而且也最关键。

如果妈妈愿意围绕着孩子的感觉转，以此养育孩子，那会很辛苦，但会哺育孩子的真自我。

如果妈妈希望孩子围绕着自己的感觉转，那就催生孩子的假自我。

这里一再提到的妈妈，其实说的是养育者，也经常被称为"母职"，就是执行母亲职能的那个人。

具体来讲，就是如果在口欲期的喂养、肛欲期的大小便、俄狄浦斯期的性欲和竞争欲的处理上，父母都是强求孩子按照他们的意志来，这就是在构建孩子的假自我；如果父母尊重孩子的节奏，愿意按照孩子的节奏来，这就是在哺育孩子的真自我。

有真自我的人，他会尊重自己的感觉，不会太为难自己；有假自我的人，则会自动去寻找别人的感觉，并围着别人的感觉转，为别人而活。他们对别人的感觉敏感，却对自己的感觉很不敏感。

所以，太懂事的孩子极可能是假自我，而能折腾的熊孩子则可能是真自我。

我的一位来访者非常唯唯诺诺，有些驼背。和任何人相处，他都会第一时间去捕捉对方的感觉。他一次只能和一个人相处，如果同时面对两个人，他就"完蛋"了。因为他不能同时去捕捉两个人的感觉，那会特别累。

我和他做咨询时，有时会觉得他是不是有"他心通"，因为他常常能说出我下一句要说的话。他的这个能力，最初就是在和他妈妈的关系中练出来的。他忽略自己的感觉，但对妈妈的感觉却极为敏感。特别是妈妈一不高兴，他就会想办法去抚平。他就这样活了17年。在17岁上高二的时候，他有了完全不同的体验：在七天的时间里，他彻底体验了一次完全以自己的感觉为中心而活是什么滋味。

那七天，是劳动周。

劳动周的第一天，班主任先在教室里宣布：劳动周开始了，你们去学校操场集合，待会儿会给你们分派任务。班主任的宣言，让他脑子里的一根弦突然松了。他感慨地说："终于可以不学习了。"

这句感慨的意思是：学习就是终极任务，父母、老师和同学都盯着你的学习。我们前面讲了外部评价体系，这就是外部评价体系的头号标准。但现在这个标准突然失效了——这一个星期可以彻底不用学习了。

他出了教室，走在路上，脑海里又跳出一句话："你们喜欢我也好，不喜欢我也好，那是你们的事。"这句话是他对朋友说的，他在朋友面前太战战兢兢、太讨好了，而这句话一下子让他感觉，脑子里另一根弦也松了。

走着走着，他的脑海里又跳出了第三句话："你爱我也好，不爱我也好，那是你的事。"这句话是对女朋友说的，他的女友和他在同一个城市，但不是同一所学校，离得很远。

到了操场后，大家集合，被分派任务，给他分派的任务是和两个男生一起去管自行车车棚。然后，解散。解散后，他在和两个男生去车棚的路上，脑子里突然间跳出了一句话："我就是我！"

这句话跳出来后，他整个人突然间变了。一股气从身体里涌起，他的腰直了起来，背也不驼了。本来一个唯唯诺诺、脸上总带着讨好神情的男孩，一下子变得意气风发。然后，自动地，那两个男生成了他的跟班。

他说，他这七天完全不用头脑思考，一切都听从自己的感觉，但总能做出一些非同寻常的举动来。

最深刻的一件事是，邻班一个男生在自行车车棚里丢了一块手表，该男生是学校里大哥级的那种人。照我的来访者以往的性格，他会屁颠屁颠地主动把手表送过去，并且心里还会觉得，他好像做错了什么似的。但这次，他想起了这个男生欺负过他。他的第一感觉是要报复这个人，所以把手表放到了一个车棚的抽屉里，不是藏起来，只是随意放在那儿。

如果是以往，他肯定会被丢手表的男生"修理"。但这次很有意思，先是有消息传到了那个男生的耳朵里，这个男生知道手表丢在了车棚而过来问他要时，他说："我没捡到。"这个男生悻悻地走了，随即找人说和，说"对不起，过去小弟多有得罪，请见谅"，然后还请他和几个相熟的同学吃了一顿赔礼饭。在饭桌上，他话也不多。等快结束时，他把手表拿出来，放在桌子上，仍是没多说话。

另一件事是，管自行车车棚的三个男生用扑克牌小赌，赌注是一盘草莓。他如有神助，一次都没输，很快就把草莓都赢过来了。但他随即说不打了，接着把草莓分成三份，对那两个同学说"这给你，这给你"。他们也乖乖地接受了。其间，他女朋友过来找过他。本来他们的关系是女友地位高，他地位低，但这次女友看见他，目瞪口呆，立即有了一副超崇拜的神情，对他爱得不得了。

就这样过了七天，到了第八天的上午，开始上课了。他的时空感发生了变化。他看老师写字，每个字都有一尺大，闪闪发光，并且不像是写在黑板上，而是直接写到了他心里。他脑子不用主动思考，但一切都明白。这种感觉持续了一个上午，他觉得，如果这样下去，他门门课都能考满分。

然后到了中午，女友过来找他，而他第一感觉是不想去。但想想女友跑这么远过来，不去见于心不忍，于是去见了。立即，他的完美感觉就从100分跌到了70分。而在见到女友的一瞬间，他内心发生了不可思议的变化，然后跌到了零分以下。

从此以后，他开始找心理咨询师。他说："我本来一直活在地狱里，但不自知，觉得这很正常。可体验过天堂的感觉后，就发现地狱是如此煎熬。"

他和我的咨询，持续了两年多。最后，他也没有回到100分的感觉，而是回到了60分，可以做一个正常人了。

他的故事像是达到了一种感官完全被打开的状态似的。不同的是，他是在人群中做了完全信任自己感觉的"黑老大"。好莱坞电影中也常有这样的表达，不过是借助了科学的名义，即一个人用了某种药物，或接受了某种射线的辐射后，变得感官完全被打开了，进入了一种超感知状态。

这样的故事，我在现实中见过多次，我自己也有一定的体验。这让我想到：如果一个人，彻底信任自己的感觉而活，他会进入一种什么样的生命状态？

马斯洛的"自我实现"，罗杰斯的"成为你自己"，温尼科特的"让你的本能排山倒海般涌出"，蒙特梭利的"精神胚胎论"，等等。我想，都有同一个意思，即一个人的自我本身，就是根本性的力量，我们的所谓"成长"，就是把这个自我活出来而已。当然，这个过程极为不易，只是靠"完美七天"这样的尝试还远远不够。我们彻底听从自己的感觉时，会体验到生命的不可思议。但生命最大的一个矛盾是，我们必须在关系中才能把这个不可思议活出来。

互动：尊重你的感觉，聆听你的心

Q：蒙特梭利法最多可以适用于多大年龄的孩子？比如，青春期的孩子大多数非常叛逆，这个时候也要依照蒙特梭利法，完全尊重他的感觉吗？如果蒙特梭利法适用于从小到大的孩子，那是否在一定程度上有点儿过于自由放任了？

A：这不仅是育儿观，也是哲学观，适用于每个人。"成为你自己"，其实和蒙特梭利教育法是一个观点。不同的是，对于孩子来讲，有时是孩子选择，父母负责，而随着孩子逐渐长大，这就变成，孩子"你选择，你负责"。孩子一旦充分意识到他要为自己的选择负终极责任，他们自己就会走向成熟。

实际上，自由不仅仅是释放，也是重担，所以著名的心理学家埃里希·弗洛姆写过《逃避自由》一书。成为自己的人，必然意味着，是可以自主选择也能为之负责的人。如果我们不让孩子做选择，孩子也就学不会负责。

第三章 关系

关系，即命运

关系，即命运。命运，就是你遇见了谁。遇见谁，我们容易认为是外在力量决定的命运，但我们会发现，现实常常是我们内心投射的结果。这样一来，我们对外在命运和内在想象的复杂关系必须有更细致的观察。

前文讲到过，我有一个识人的方法：从自我的稳定性、自我的灵活度、自我的疆界、自我的力量和自我的组织力去考量一个人。同时，这也为自己凭直觉看人提供了理论上的支持。但是，这些都还不是看人的绝招。无论看自己，还是看别人，我们都可以使用这个绝招：从关系的角度看问题。

也就是说，看任何一个关于人的问题，都试着把这个问题放到关系的框架里去思考：这个人这样做，是在构建一个什么样的关系呢？一旦形成这个视角，你再看单独一个人，或者人际关系时，就像是有了一双火眼金睛。

> 在世界的躯体中，
> 他们说，有着一个灵魂，
> 那个灵魂就是你。
> 不过，你我总是在彼此之中，
> 这一点，
> 倒是从来没有人想过。
>
> ——鲁米

性格是你的内在关系模式

性格，是一个人的内在关系模式。这是对客体关系理论的概括性表达。

客体关系理论（Object-relations Theory），是精神分析发展的第二阶段，可以概括为三句话：性格，在关系中形成；性格，在关系中展现；性格，在关系中改变。这三句话中的"性格"，可以改为"自我""人格"等同义词，也可以改为"问题"。理解了这三句话，就可以看到命运是如何轮回和被破解的。

客体关系理论认为，一个人和他最初的重要客体构建的关系，会内化到一个人的内心深处，成为一种内在的关系模式，这就是性格、人格或自我。也就是说，性格是在关系中形成的。

最初的时间是多久？客体关系理论特别重视3岁前。而完整的考量时间，可以放到6岁前。可以说，一个人的内在关系模式（性格），是在6岁前定型的。

什么是"客体"呢？与客体（Object）相对应的词语是主体（Subject）或自体（Self）。对任何人而言，这个世界上只有一个主体，那就是自己。当你发起一个动力时，你这个动力必然指向一个对象，这个对象就是客体。客体可以是人，也可以是物。不过，比较多的是指向所渴望的人，即你的意愿、情感、行为所指向的人。

最初的重要客体，首先有三个：妈妈的乳房、妈妈和爸爸。其他在你小时候出现的重要的人和物，如爷爷奶奶、外公外婆、兄弟姐妹、宠物和一直陪伴你的公仔等，也都可能成为你的重要客体。弗洛伊德认为，对婴儿而言，第一个存在的客体是妈妈的乳房，然后是妈妈，最后是使婴儿满足的其他人或事情。

一个人的重要客体很多，但正常养育下，父母具有极大的重要性。所以，内在关系模式可以视为"内在的父母"和"内在的小孩"之间的关系模式。

客体关系理论

弗洛伊德的理论被视为经典的精神分析，他的重点，是放在3~6岁的俄狄浦斯期，重视的是孩子和父母的三元关系。

客体关系理论，作为精神分析的第二阶段，重点放在了3岁前的母亲和孩子的二元关系上。经典的客体关系理论家会认为,这个阶段父亲对孩子的直接影响力不大,父亲的价值是给妻子提供支持。

精神分析的第三阶段,是自体心理学①,其重点放在了孩子自身上,因此可以视为研究的是孩子自身的一元关系。

很多人会问:"精神分析是怎样做研究的?"首先,精神分析师都是做心理咨询与治疗,他们因而会积攒大量的个案,这是他们思考研究的一个基础。其次,特别重要的是,从客体关系理论家们开始,精神分析特别重视对母子关系进行观察。像温尼科特,一生中就观察过6万对母子。

现在,学精神分析,"婴儿观察"已成为一个不可缺少的培训。方法是,精神分析学习者找到一个有新生儿的家庭,约好一个固定的时间,每周一次,至少持续一年的时间,观察这个婴儿。并且,只是中立地观察,不做任何干预。

婴儿观察带来了很多东西。例如,婴儿观察最初的个案是小约翰(Little John),他只有17个月大。他妈妈为了生二胎,把他放到了托儿所9天。研究人员拍摄了他这9天的表现,清晰地展现了他心理崩溃的过程。由此,研究人员提出了一个观点:3岁前,如果妈妈离开孩子两周以上,那就会对孩子的心理构成不可逆转的创伤。也就是说,不会因为妈妈回来,孩子就会自动痊愈,而是要妈妈做很多工作,才可能疗愈孩子的创伤。

需要介绍的背景是,作为世界上第一位精神分析师,甚至可以说是第一位真正的心理治疗师,弗洛伊德的病人主要是成人,他接触的孩子很少,并且没处理过3岁前的孩子。

而客体关系理论家则不同,多数是女性,并且都有大量的观察婴儿的经验。并且,他们还提出一个口号,认为这个世界上没有婴儿这回事,有的是母婴关系,

---

① 自体心理学(Self Psychology):由海因兹·科胡特(Heinz Kohut)和他的追随者创立,被视为精神分析发展的第三阶段,但这不等于精神分析发展的高级阶段。实际上,有些精神分析师并不那么认可自体心理学。

科胡特做的一个巨大贡献,是为"自恋"这个词正了名。在他以前,当精神分析师使用"自恋"这个词时,就像使用一个贬义词一样,但在他以后,自恋被视为一种基本的、不可或缺的人性动力。

婴儿总是要和他的妈妈（这里指的是养育者）一起成为观察、研究的对象才行。

同时，客体关系理论特别重视母亲的乳房。认为在婴儿早期，婴儿没有能力将妈妈视为一个完整客体①，而是将妈妈的乳房视为一个独立存在的客体，而没有意识到，乳房只是妈妈的一部分。所以说，妈妈如何哺乳，是一个生命的头号原初关系，极为关键。

"性格，在关系中呈现。"这句话的意思是，一个人在新的关系中，总是寻求将他的内在关系模式投射进来，想把它变成符合他内在关系模式的关系。也就是说，他6岁前和父母等人建立的关系模式。

父母等养育者如何对你，会导致你不断地重复构建类似的关系模式，这就构成了命运。

不过，在新的关系中，你想重复你的内在关系模式，而对方也想重复他的内在关系模式，两个人便会持续地进行较量。这就意味着，新的关系会提供改变的可能性。所以，就有了第三句话——"性格，在关系中改变。"

如果一位精神分析师对人际关系中的复杂动力特别清楚，并且也通过长期被分析，而充分疗愈了自己的内心——他的内在关系模式，那么，他就可以帮助来访者认识自己的内在关系模式，从而使来访者走向疗愈。于是，第三句话还可以这样表达："性格，在关系中疗愈。"

有时候，我会在饭桌上玩识人游戏，说"×××你是怎样的"，这常常会准得有点儿可怕。这种识人的准确度，是怎么来的呢？

---

① 完整客体（Whole Object）：是指把一个客体，作为一个完整的人的一种领悟。这意味着，领悟者具有一种处理矛盾心理的发展能力：能够既接受客体好的方面，又能接受客体坏的方面。

当婴儿能够体验到，客体既能给他带来满足，又会使其受挫等多面性时，他是将客体作为一个完整的整体在体验，这就是完整客体。

与完整客体对立的，是部分客体（Part Object），因为婴儿一开始仅能理解真实客体的某一特征。他所体验到的只是客体的部分特征，故称为"部分客体"。并且，部分客体要么"好"，要么"坏"，不能同时被知觉为有好有坏。这在成年人中也很常见，很多人喜欢你时，认为你全好；不喜欢你时，认为你全坏，这就是把你视为部分客体，而不能完整地认识你。

有两点：一个是我的直觉，另一个就是我有客体关系理论的基本素养。

你当下的关系模式反映了你内心的关系模式，也就是你童年时和父母等养育者的关系模式。

这有很强的对应性。比如，在吃这件事上，你当下和食物建立的关系模式，重复着你童年时和原初食物的关系模式。也就是说，你怎么吃饭，反映着你曾经怎么吃奶。

这还有更普遍的对应性。比如：你现在怎么和女人打交道，源于你小时候怎么和女性家人打交道；你现在怎么和男人打交道，常源于你小时候怎么和男性家人打交道。

通过一个人想在当下建立什么样的关系，你可以看到这个人有什么样的内在关系模式。真有了这个意识，你就有了一双精神分析师的眼睛。

认识关系奥秘的第三只眼

多年前，我要租房。在去看房子前，房东多次叮嘱我："不要把你不要的那些垃圾家具放到我家里来。"

我去看房子时，看到这套房子的一个储物间里堆满了不可能再使用的家具。看到这个细节时，我忍不住笑了一下，知道房东的那个说法说的是他自己。

这房子我非常满意，决定租下来。签约后，房东开始指点我，说这个家具该怎么用，那个家具该怎么摆。

房东的控制欲望太强了，于是我心平气和但态度坚决地对他说："您放心，您的家我会好好爱护的，至于家具怎么使用、怎么摆，这是我的事了。"

我的话他显然没听见，他继续指点我。

我再次重复我的话，他还是没听见。

当我说了三次，还是被他忽略后，我想，我该使出一个大招了。我直视着房东的眼睛，对他说："您的孩子肯定对您说过至少一百遍了——'老爸，你的控制欲望太强了！'"

我这句话说完后，他有点儿失控，但随即哈哈大笑起来，说："是啊，是啊，那我不管这么多了,相信你。"

我使用的这个招数,心理学家曾奇峰称之为"抄后路"。意思是,当你发现两个人之间的观点之争失效后,可以跳出来,观察一下对方为什么这么吵的心理策略,然后把它指出来。

精神分析技术中有一个术语"均匀悬浮注意"。意思是,在咨询过程中,咨询师要一直有"第三只眼",悬浮在咨询室的空中,像一个旁观者一样观察咨询师和来访者之间发生了什么。

在观察时,要有一个基本意识:来访者试图和咨询师构建的关系,再现了来访者内心的关系模式、他童年时和家人的关系模式,以及他现在和别人构建的关系。

这种对应关系,常常像尺子一样精确。而当我们没有意识到它时,它就有像命运一般的力量。

我有一位女性朋友,她总是和大她一点儿的女人合不来,而和比她小的女人相处,就不存在这个问题。了解了她的家庭关系后发现,她对姐姐是有强烈忌妒的。然而,姐姐并不忌妒她,所以她和年长女性的关系,就再现了她对姐姐的忌妒。而因为姐姐对她好,所以她也可以对比她小的女孩好。

这让我们初步有一个认识人际关系的方法论,可以概括为两点:

(1)当下的关系模式,是内在关系模式的再现,也是一个人童年关系模式的再现,它也会展现在这个人的各种关系中,是一种基本模式。

(2)这种再现,会有精准的对应。当下的女权威,对应着原生家庭的女性养育者;当下的男权威,对应着原生家庭的男性养育者;当下的兄弟姐妹关系,对应着原生家庭的兄弟姐妹关系。

如何构建健康的关系

我有一位好友,1995年大学毕业后,去了广东一家明星民营企业做老板的秘书。那一年,这个民营企业招了十几个应届大学毕业生,这在当时是很稀有的事,被当地的媒体一再报道。

只是，这个企业的老板对这十几个大学生的态度有点儿奇怪。他既会对他们委以重任，却又对他们格外挑剔，动不动就说："你们这些大学生不过如此，还不如我们这些没文化的。"

这位老板，自己是小学文化水平。

这样一说，我们就会明白，这位老板面对大学生有些自卑，而当发现大学生也不过如此时，他又会去"踩"他们，好把自卑传递给他们。

就此讲一个观点：那些用来描绘性格的词语，如"自卑""自信"等，我们很容易理解为这是一种个人特质，但实际上，它们表达的都是关系，都要借助关系的框架才能准确地理解它们。

比如自信，我们从习惯上来说，自信是"自己相信自己"。但从逻辑上来讲，是没有"A 相信 A"这回事的，有的只是"A 相信 B"，所以"自己相信自己"这个说法准确的意思是"自己的一部分相信自己的另一部分"。

用"内在父母"和"内在小孩"的概念来讲，自信就是"内在父母相信内在小孩"。如果在童年时，一个孩子从父母那里获得了足够的信任，他就会把这个关系模式内化到内心，从而形成了自信的内在关系模式。

同样，自卑就是"内在父母不相信内在小孩"。

至于倔强，则是"你又不爱我，凭什么让我听你的"。

任何一个用来描绘性格的词语，都可以放到关系的框架内去理解。

这位民营企业的老板，当他挑剔、打击大学生时，就是将他内在的自卑展现到了当下的关系中。

人和人谈话时，必然在传递两个层面的信息：事实和情绪。所以，我们要去辨析，对方传递的客观事实信息是什么，传递的主观情绪信息又是什么。客观事实要尊重，而谬误要驳回；主观情绪要共情，而"垃圾情绪"则要驳回或化解。

当我们分析清楚后，就可以先理性地使用其中的逻辑，而一旦我们有了一些成功体验后，这个工具也就逐渐成为我们自身的一部分。

在关系中，我们会玩各种自恋的游戏，去追逐"我是对的""我比你强"这种自恋感。可是，一旦有人在不破坏我们自恋的情况下，和我们构建了基本平等的关系，我们会发现，这才是我们真正想要的。这种关系，也是最舒服的。

所以，如何构建健康的关系，更准确地说应该是"如何构建平等的关系"。内在关系模式就是一个人的命运，那么，做父母的，和孩子构建一个平等而相互尊重的关系模式，这该是父母能给孩子的最好的礼物。这可以概括为三点：

（1）形成从关系的角度看问题的视角，知道当下的关系模式都是内在关系模式的展现，而内在关系模式则是内化了童年的关系模式的结果。

（2）当和对方的互动有问题时，可以从观点之争中跳出来，"抄后路"，即点出对方互动中的心理逻辑，点破他试图构建的内在关系模式。这是"破"。

（3）尊重事实，化解情绪，转而去构建平等的关系模式。这是"立"。

吃的隐喻

乳房是孩子的第一个客体，也是一个人最原初的客体关系，所以极具重要性。如果没有乳汁，甚至乳房怎么办？那是一个遗憾，但仍可以有奶粉等替代物，并且能很好地照顾孩子的话，一样可以把孩子养好。

有一次，在饭桌上遇到一个女孩，她身高超过165厘米，体重却不到90斤，而她有一个绰号"垃圾清扫工"，因为她常常会把饭桌上的剩菜吃光。她为什么吃这么多，却这么瘦呢？

实际上，她患有饮食障碍，经常暴饮暴食。在吃饭时，容易吃多、吃撑，而之后，会把吃掉的食物吐出来。饮食障碍常见于女性，她们有各种催吐方式。比如，用手抠嗓子眼儿，甚至用催吐药。吐到最后，甚至会把胃液和胆汁吐出来，很伤害身体，所以长不胖。

这样的女孩，还容易有体形认知障碍。她们明明很瘦，但总觉得自己太胖了。对心理学不了解的人，可能会觉得这个问题很好治，不就是"吃多了，再使劲儿吐吗"，那么，让她们少吃不吐，不就得了？

逻辑是这么简单，但严重的饮食障碍很难治疗，患者会控制不住她们的病态饮食行为。控制不住，就意味着，控制她们病态饮食的，不是意识而是潜意识。

什么是潜意识呢？既然说当下和食物的关系，是婴儿时和奶水的关系，那么她们病态的进食障碍，就再现了婴儿时痛苦的哺育方式。因为婴儿时，一个孩子没有形成语言，所以婴儿的记忆基本上都进入不了意识，所以只能停留在潜意识层面，于是变得很难沟通、很难觉知、很难被治疗。

口欲期的婴儿，他们最重要的就是吃，而这时比较好的养育，是按照他们的节奏去哺育。因为婴儿的新陈代谢很快，所以一天需要吃很多次，并且间隔时间不能太长。

然而，有些抚养者会觉得这样太辛苦，于是不按照婴儿的需求，而是按照大人的节奏去哺育。比如，一天喂奶三五次。从营养上来讲，这也许是够的，但这会让婴儿经常饥饿和口欲匮乏。

于是，当有机会吃奶时，他们就会狂吃。但是，因为严重没被满足，婴儿对奶水或奶水替代物又会有恨意，于是出现了吐奶行为。（吐奶和泛奶水不同。据说，90%的婴儿都有泛奶水现象，就是打个嗝，奶水就从嘴里流出来了，这很正常。而婴儿吐奶时，你会发现，这是一种使劲儿的主动行为）。

这种感觉，我们并不陌生，多少人在恋爱中就是这样。如果是我强烈地喜欢你，而你对我爱搭不理，我的自恋会受损。当没有一个强大的自我去化解这份自恋受损时，恨意就会产生。

有进食障碍的女性也是一样。贪婪进食展现了对饥饿和匮乏的恐惧，而病态呕吐表达了对食物的憎恨。

乳房既是真实的（有哺乳很好），又是象征性的，即指的是食物以及背后那个提供食物的客体。只要能让婴儿和食物提供者建立起一个良好的关系来，这就是一个好的命运原型，原则是要以孩子的需求为中心。

有朋友问："我小时候得到的哺育太差，该怎么办？"如果真到了进食障碍的级别，我建议一定要寻求专业人士进行治疗。

如果没这么严重，那么非常好的办法是，好好满足自己的口欲，但在满足自己时，一定要慢慢吃，去体会在吃的过程中，自己的各种感受，特别是匮乏感和恨意等负面情绪。

在饭桌上，我多次提醒过一些狂吃、快吃的人，对他们说："吃慢点儿。"然后，等慢慢吃时，他们很容易有眼泪流下来。

流泪很好，这是在对童年时的匮乏和创伤表达承认和哀伤。当哀伤表达得足够了，我们就可以不再固着在这个时期的创伤上，可以前行了。

互动：再怎么努力，伤害也不可避免

有的读者认为：知道了这些知识，可还是不知道如何去改变自己的命运，如何去疗愈自己。

类似这样的问题，我听到后，会有一些焦虑感。

那就拿我的焦虑感做例子来分析一下吧。

在没有形成从关系的角度看问题的意识前，我就会觉得，这个焦虑感是我的，因为我作为老师，有必要这样去解答大家的问题。

如果我是一个喜欢灌输知识的老师，那我可能就要绞尽脑汁去思考如何解答这样的问题了。

如果我是一个喜欢启发学生的老师，我可能就会反问："如果这个问题留给你自己来解答，你认为该如何解答？"

但是，在形成了从关系的角度来看问题的意识后，我就可以这样来思考这个问题了：

> 我感觉到的焦虑感，是读者传递给我的。借由这份焦虑感，他和我之间就建立了这样一种关系——"焦虑的提问者和无所不能的老师"。
>
> 如果我直接去解答这样的问题，这一刻就证明了我的无所不能。这时，就有很高级别的自恋满足。
>
> 如果我不能直接解答这样的问题，这一刻我会感觉到"我是无能的"，于是就有了自恋挫败感。

由此可以知道，提问的读者无形中可能是期待自己无所不能，至少是不愿意

承受"某一个时间段内,我是没有解决方案"的无能感。这样的无能感、无力感或无助感,会让这样的朋友觉得"我很不好",于是希望立即有一个解决方案,但暂时好像没有,而焦虑也由此而来。

相反,你还会看到很多读者的留言,主要就是在分享自己的领悟和觉知的。比如这样一段回复:

> 为什么我对所有同性都没有好感,甚至有点儿讨厌、憎恶,原来这种关系模式是我小时候与我父亲关系模式的再现。小时候,父亲经常对我控制、打骂、羞辱。只要父亲在工作、生活中一不顺心,就当我是出气筒。而我和异性的关系是我与妈妈关系模式的再现,难怪我觉得女性更好接触,没有敌意。现在,我也已为人父,为了让自己小孩不再有类似的事情发生,我知道要用"抱持"的态度去抚养我的孩子。

在这样的分享中,你能感觉到,有一个空间,容纳了自己的思考、觉知和体验,而太急着问"怎么解决""怎么破"时,是没有这样一个空间的。

所以,太急着找解决办法的朋友,不妨慢一点儿,再慢一点儿,看看我们的文章,激发了你怎样的一个内在过程。

不过,要强调一下,这样说,绝不是说第一种回复是不好的、不对的。我希望是,大家仍然可以按照你们的感觉,自由表达自己的观点。

Q:性格都是源于最初我们和客体的关系吗?性格和基因有多少关系?人们都说"江山易改,本性难移",那么性格在后天的关系中可以改变多少呢?

A:作为资深的心理咨询师,当我进入来访者的内心深处时,我发现,早期客体关系的影响,实在是太深刻了。作为资深的被分析对象,我找我的分析师做深度咨询时发现,我的早期客体关系对我的影响,也实在是深刻入骨。

分析清楚这些后，有些地方是会发生很大改变的。比如，我现在表达坏脾气比过去容易太多太多了，而且身体也因为脾气大了而变得更有活力和力量。

基因当然是存在的，在蒙特梭利的精神胚胎论中有个最简单的比喻：你不能让一粒苹果的种子长成橡树。

不过，"江山易改，本性难移"这句话中的"本性"，我觉得很大部分指的是6岁前形成的东西。性格在6岁前定型，但只是定型，并不是不可改变。

关系，就是一切

设想一下：如果整个世界只有一个你，再无其他生灵，那会是什么样的感觉？

经典影片《机器人总动员》就描绘了这种感觉。地球被人类制造的垃圾充满，没有人类，没有动物，也没有植物，只有一个机器人瓦力在日复一日地堆砌垃圾。

这是灰色无望的、毫无存在感的世界，直到一个女版机器人 Eve（伊芙）的出现，整个世界才变得有了色彩一般。瓦力也第一次有了存在感。

你在，所以我存在。

很多哲学家有过这样的表达：如果没有你，我也不复存在。任何一个人，如果体验过爱，也体验过彻骨的孤独，都会深刻地懂得这个道理。

> 我体内有个原型。
> 它是一面镜子，你的镜子。
> 你快乐，我也会快乐。
> 你愁苦，我也会愁苦。
> 我像绿茵地上柏树的影子，
> 与柏树不可须臾分离。
> 我像玫瑰的影子，
> 永远守在玫瑰近旁。
>
> ——鲁米

你存在，所以我存在

读研究生的时候，我认识一个哥们儿，大我几岁。认识了几个月后，我们成了非常密切的朋友，几乎每天都要见面。但必须说一句，主要是他找我，我其实想躲他。只是，那个时候，作为滥好人，我不能拒绝他。

渐渐地，我发现他有一个倾向：他恨不得把他每天发生的所有琐事都讲给我听。后来，我实在受不了他的这种倾诉欲望了，于是对他说："你那些破事有什么好说的，以后少给我讲这些，多讲点儿有意思的。"

他说，他也知道给我讲这些琐碎事会让我觉得无聊，但他就是恨不得把这一切都告诉我，让我知道。这股欲望，好像他控制不了似的。

我当时没弄明白他到底怎么回事。多年后，借助一个咨询的细节，我才弄明白了他的心理。

这个细节是，我问我的一位来访者，她最大的心愿是什么。她回答说，她最大的心愿，是希望有一双眼睛，能看到她的一切。

这位女士的回答，让我立即想起了我那位哥们儿的事。我知道，他们是同一种心理需求，都是希望有一双爱的眼睛，能看到他们的一举一动。

他们的心理问题，可以说都不轻，但在婴儿身上，这是非常正常的需求。婴儿会觉得，他和妈妈是一体的，而他的一举一动都必须被妈妈的眼睛看到，然后才存在。

如果不被看到，那么也就意味着，小婴儿会觉得，自己的一些举动，因为没有被看到，所以就等于不存在。

在电影《阿凡达》中，男女主角常说这样一句话："I see you."（我看见你了。）而看见，就是爱。

你看见我时，这一刻，有两层镜子的含义：

第一层很明显，你的眼睛，就像镜子，我从你的眼睛中，甚至可以看到我的镜像；

第二层则是，当你用心看到我时，你的整个灵魂的反应，就像是一个抽象的镜子一般，照出了我的存在。

没有镜子，我们看不到自己长什么样子。而从哲学上可以说，没有"你"的镜子的存在，也就没有"我"。

例如，对来访者而言，心理咨询师就是镜子。你可能听说过，心理咨询师最好是一面平滑的镜子，这样可以帮助来访者在咨询师这面镜子上，如实地看到自己的样子。

我再举个相反的例子来说明如果没有被镜子看见会是怎样。

我的一位来访者，高学历，工作也很好，但她的人际关系总是不大好。

一次，她对我讲起，她最近一直参加一个活动。渐渐地，她和大家的关系变得不大好了，而最初还是蛮不错的。

她讲了过程后，我给了一个很简单的反馈："看来在这个过程中，你对他们有了很多愤怒。"

她先是说："没有，我没有愤怒，没生他们的气。"但过了一会儿后，她说，"武老师，这就是愤怒吗？"

"是啊，"我说，"这是再明显不过的愤怒情绪了。"

她安静了好一会儿后说："武老师，我第一次知道，原来我的这种莫名的情绪叫愤怒。"

后来，我们探讨了一下，为什么她不知道这叫"愤怒"。总结的原因是，在她的家庭中，父母不允许她愤怒，所以当她有愤怒情绪产生时，父母都会忽略她的情绪。于是，她的愤怒情绪就从来没有在父母这面镜子里被照见过，所以就像是不存在一样。

愤怒是多么常见的情绪啊，竟然会有人不知道？！你可能会觉得这个例子太令人匪夷所思了，但在咨询中，这是常常会被见到的。

比如，有的来访者不知道总是笼罩着自己的那一团情绪叫"绝望"。当我对她的这团情绪说出"绝望"这个词后，她才第一次懂得，原来这就是绝望。

所以说，"I see you"这句简单的话里藏着如此深刻的含义：我的感受，必须经由你的看见，才开始存在。当没有被你这面镜子照见时，它就像是不存在一样。

当然，并不是我们所有的感受都得有赖于另外一个人看见。应该是，最初被看见的体验，就像是内化了一面镜子。这面内在的镜子让我们可以观察自己的体验，也能懂得别人的体验。

那么，怎样做呢？言语上指出来是一个方法，其他方法也非常多，我介绍两位催眠大师的做法。

艾瑞克森催眠治疗流派的创始人——米尔顿·艾瑞克森，是一个极为传奇的人物。他天生音盲、色盲，17 岁时还得了小儿麻痹症。但命运每为他关上一扇窗，他都会重新打开一扇门。例如，小儿麻痹症直接让他领悟到了催眠的真谛，而他靠自我催眠，花了三年的时间，他最终让自己重新站了起来。

他五六岁时，路过一个教堂，发现一群人发出极其难听的声音，但他们却非常开心——他们在唱颂歌，只是艾瑞克森不知道他们在做什么。为什么他们这么开心？他观察了一会儿发现：噢，这群人的呼吸，是同一个频率。于是，他认为这是一个快乐的秘诀，以后别人对他讲话，他就观察别人的呼吸，并试着和对方同频率。现在，这成了艾瑞克森流派的一个催眠技巧。

和别人保持同频呼吸，这样也就成了对方的镜像一般，但这仍然有难度或令人觉得怪吧。那还有一个更直接的办法，是我在艾瑞克森的弟子斯蒂芬·吉利根的课上学的。

吉利根说，父母呼应小婴儿很简单，就是当孩子"啊啊啊"的时候，你也和孩子一样"啊啊啊"；当孩子表达"嗒嗒嗒"的时候，你也跟着孩子一起说"嗒嗒嗒"。你会看到，仅仅是这样的呼应，孩子都会乐不可支。

这听起来很简单，但是你在成长过程中得到的往往是另外一种东西，就是不搭调，就是无情地切断你的这份表达。

比如，我的一位来访者的故事。一次，他考了 98 分，第一名，他很开心，对爸爸说："我考了 98 分。"爸爸反问："为什么不是 100 分？"下次他真的考了 100 分回来，很兴奋地说："爸爸，看，100 分！"而爸爸会说："别骄傲！"

又如，我的两位女性来访者有一个一模一样的回忆：她们小学的时候参加舞蹈表演，妈妈在台下看。有妈妈目光的注视，她们跳得格外好。表演一结束，她们兴奋地冲下台去，张开双臂扑向妈妈，而妈妈却来了一句："女孩，矜持点儿。"

他们的回忆都是，好像满腔热情被兜头泼了一盆冷水，并且嗓子都有被堵塞的感觉，这都是"看见"的反例。

家长们为什么这么做？我的理解是，他们惧怕爱、惧怕看见，惧怕和孩子一起同频共振时的美好感受，因此要使劲儿抵制，也去破坏孩子的感受。而之所以这么做，是因为他们也没有得到过爱。

心灵感应与深度同频

有一次，我在广州长隆游乐园看过一场很高级别的马戏表演。其中有一个大吊环的表演，就是一男一女在一个悬空的大吊环上做各种动作。

这是一个例行表演，我之前看过，觉得很好，但没有被震撼到。可这一次，两个演员似乎动作没有改变，我却热泪盈眶，不能自已。我当时感觉他们两个人虽然动作不同，但好像做到了一种绝对同频的状态。这种两个人像一个人的表演，唤醒了我内在的一些东西，让我无比感动。

我个人的理解是，在他们两个人之间，发生了深度的心灵感应。因为这种感应，他们才做到了那种仿佛是绝对的同频。

如果说两个人之间的沟通必须使用语言才行，那几个月大的婴儿不会说话，那他岂不是无论如何都不能把信息传递给妈妈了？

在上篇讲的两个故事中，一个是我朋友的，另一个是我的来访者的，他们都期待着有一双眼睛能够看到自己的一举一动。我认为他们在婴儿期遭遇了巨大的挫败，他们的母亲没办法接收到他们的信息。这导致他们最初的这个需求严重没得到满足，于是以后一直都在寻求。

相反，得到了部分满足的人，就不想要这个了。普通人的态度可能是："哇，要一个人盯着我的一举一动，这不是监视我吗？我还有自由吗？这太可怕了。"

没有固着在这种需求上的朋友，可以说，他们在婴儿期都得到了相当的满足。也就是说，他们的养育者（妈妈，或者其他执行母亲功能的人），在一定程度上接到了他们的信息，并且给予了他们质量还可以的照料。

前面提到过，温尼科特有"足够好的妈妈"（Good Enough Mother）这个概念。因为很容易被理解为"完美妈妈"，所以国内的心理学家曾奇峰把它干脆翻译成"60分妈妈"。

但是，"60分妈妈"这个译法一样不能准确地传达温尼科特的意思。他还说，足够好的妈妈，在婴儿初期，有一种特质，叫作"原始母爱贯注"。

原始母爱贯注（Primary Maternal Preoccupation），是说在婴儿与母亲关系的特别发展阶段中，"足够好的妈妈"给婴儿提供了他所需要的一切。母亲依据孩子需要的变化而做出调整和改变，但在孩子的依赖性增加时要逐渐减少对孩子的关爱。为了强调对于母亲所要求的变化，温尼科特用"原始母爱的全神贯注"这个词来表达母亲对儿童需要的领会。母亲的全神贯注，是紧随着孩子的需要的，要像是她自己的一部分需要一样。

有这种特质的母亲，会进入一种"病态"（当然是打引号的，对孩子的需求非常敏感，似乎有心灵感应一般，有时能直接感受到孩子的感受，因此可以及时回应婴儿）。不过，原始母爱贯注是有时间限制的，是分娩前后的几个星期，所以温尼科特将这种状态称为"病态"。意思是在正常状态下，人做不到这一点。

一个婴儿一开始来到这个世界上，还不能清晰、有力地表达时，他的妈妈能给予他敏感的回应和及时的满足，这是一个极大的礼物，是在对他说：这个世界欢迎你。

镜子这个说法太哲学性，在婴儿这里，更准确的表达是"及时回应"。当抚养者及时回应了婴儿，就相当于婴儿这一刻的呼声被听到了，婴儿也因此有了满足感、存在感。

我最初知道"原始母爱贯注"这个词时，吓了一跳，觉得温尼科特简直是在要求妈妈做上帝。这种带着心灵感应的敏感，怎么可能存在呢？

实际上，这份敏感并不是都得达到超越时空的心灵感应才行。能像吉利根说的，当婴儿"嗒嗒嗒"时，你也"嗒嗒嗒"，这就可以了。

当你有意识地去感受对方的感受，并给予回应时，对方也就会觉得，"我被看见了"。

当你全神贯注地关注一个人时，心灵感应发生的概率就高了很多。感受到对方的感受，甚至是两个人之间发生深度的心灵感应，这有着深刻的意义。在这种时刻，自我的壳好像被打破了，我的感受传递给了你。两个人，或两个生命体之间，好像建立了一种联结。而在这一刻，"我"和"你"仿佛都消失了一样。

有了这种感觉出现，才叫"爱"吧。当爱发生时，自我就可以被放下了。当然，这不是一蹴而就的，而是一个不断发生的过程，并且未必能彻底完成。

爱的彻底完成，就意味着，"我"的存在彻底被"你"证明了。反过来也一样，"你"的存在，彻底被"我"证明了。

所以说，关系就是一切，一切都是为了关系。

你真能保守住一个秘密吗

关系就是一切，看见就是爱。"我"渴望自己的一举一动都被一个"你"看见。这些说法如果成立，那么反过来就有一个问题：人，真的能保守住一个秘密吗？

答案是：不能！我经过很长时间的反思后，发现我几乎所有隐秘的事都至少与一个人分享过，而那些最隐秘的事情，即便还没有和谁分享，我也总有几乎遏制不住的冲动，想说给某个特定的人或随便哪个人听。

我们常说"享受孤独"，但这永远只是一个片断。有时，我们会在孤独中沉思，在孤独中汲取力量，在孤独中成长。但是最后，我们必然会渴望将自己在孤独中所获得的一切说给别人听。

17世纪，犹太人斯宾诺莎常把自己关在一个废弃的炉子里思考问题，他终其一生都没有与一个异性亲近过。然而，他还是留下了《伦理学》这样艰深晦涩的著作，让世人知道他在炉子里到底想了些什么。

在电影《花样年华》中，梁朝伟饰演的角色一直对他与剧中的张曼玉的婚外情守口如瓶，但最终他还是将这个故事倾诉给了吴哥窟的一个树洞。

心理咨询师也像是树洞一样的存在，而保密，是这个职业极为重要的职业道德。然而，心理咨询师们都能感到，当心中累积了太多秘密后，自己就会涌动出一种特殊的烦躁，这是心理咨询师特有的职业枯竭。对此，常见的理解是，心理咨询师心中有了太多的心理"垃圾",这严重影响了他们的内心和谐。

但是,在真正深通人性的心理咨询师那里,是不存在什么"垃圾"的。所以,"职业枯竭"更本质的道理或许是,心理咨询师也做不到绝对保密,也必须把他所听到的故事至少找一个人倾诉出去。

因此,心理咨询师有自己的咨询师,也会有专门给自己督导案例的水平更高的导师。至于那些水平极高、声誉极高的导师,也会通过授课、写书等途径,将自己心中隐藏的秘密提炼、升华后,再巧妙地诉说出去。

人都希望被看见,这是一种极为本质的需求。那么,我们可以怎样使用这一道理呢?

如果是刑警,就可以利用这一点,来引导罪犯说出他们的秘密。

如果是企业家,就必须注意,你的员工不仅仅是要物质利益,他也希望自己的工作被看见。

如果是老师或家长,你也需要懂得,那些问题孩子制造问题时,也的确常常是在寻求你的注意。而这时你要做的,不是故意忽略他,而是去好好地看见他。你带着积极能量的看见,可以转化他的问题行为,将之向积极的方向。

你也一样。你可以问问自己,你在用什么方式渴望被看见?

对此,我讲一个自己的笑话。我曾对一个朋友说,我写这么多文字只是为了分享知识,我对追求名声和影响力没有欲望。而她笑话我说:"对名声和影响力没有欲望的人,竟然一直在媒体和自媒体上活跃着。"

追逐名声和影响力,也是期待被看见吧。

自恋需求和被看见的需求,都是极为根本的。如果我们认为自己没有,那极可能是,我们没意识到而已。

全神贯注时,感应就会发生

我的一个朋友,她一岁多的时候,一天早晨,妈妈带她去小卖部买东西。买好东西后,妈妈转身就去上班了,把她忘在小卖部了。

结果,下班回家时,妈妈才发现孩子不见了,也根本没想起来自己把孩子丢在哪儿了。所幸，小卖部的老板是好人，一直在帮她看着孩子。

这种事发生一次，就够雷人了，但她妈妈多次把她弄丢。这就是所谓的"心中没孩子"的典范。

"心中没孩子"的人，常常体现着他们心里头谁都没有似的，他们心里最多只有他们自己。用客体关系理论来讲，就好像他们心中没有住着一个"客体"，没有谁进驻他们心中。

所以，"心中有孩子"并不简单。我们可以借用量子纠缠的术语说，"心中有孩子"就像是，母亲和孩子之间构建了一个纠缠关系。然后，母亲就会一直牵挂着孩子。而孩子发生一些事情时，母亲就会感应得到。

心中没孩子的人，可以通过什么努力，去和孩子建立纠缠关系吗？

或者说，心中没有住着谁的人，可以去和他人建立一个纠缠关系，也就是能心心相印的关系吗？

可以。办法就是，全神贯注地去和一个人在一起。

我的一个朋友，他是富豪，他家又是高知家庭。有一次，他请当地著名的心理咨询义工过去帮忙。原来，他家刚出生3个月的女儿天生肌无力，并且出生3个月了，一直在哭，基本没睡着过。整个家里的人都快崩溃了。

义工去了后发现，在小女孩的床周围安了四个摄像头。作为高知家庭，这家人很想搞明白，到底发生了什么。

心理咨询中有一个说法是"房间里的大象"。意思是说，心理问题有时候就像大象一样显眼，但是，当一个人或一个家庭自己看自己时，就会忽略这个"房间里的大象"。于是，自己看自己变得很难。

这个家庭也一样，他们安了四个摄像头，试图发现什么，但徒劳无功。而义工一去，就看到了这头"房间里的大象"。小女孩的妈妈和姥姥是带孩子的主力，她们一直抱着孩子，并且会使劲儿颠她，这样小女孩的哭声是最小的。可是，她们抱着孩子时，基本上和孩子没有四目相对。

义工想了一个办法，弄了一个小游泳池，给孩子套上一个游泳圈，她和孩子的姥姥，一人牵着孩子的一只小手，试图以此来安抚孩子。但是几分钟内，孩子的姥姥不断起立、坐下，还有三次短暂离开，根本不能全神贯注在孩子身上。

必须换掉姥姥，可是义工感觉，孩子的妈妈也是类似的状态。于是，她叫了孩子的爸爸换掉姥姥。孩子的爸爸和义工，能一边牵着孩子的手，一边把注意力完全放在孩子身上。然后奇迹发生了，几分钟后，孩子不哭了。

当孩子的哭声和啜泣都停下来时，一种巨大的安静就降临了，所有人都感觉到了不一样。接着，孩子有了困意。义工建议把孩子放到床上去睡觉，同时，她和孩子的爸爸仍然一人拉着孩子的一只小手，而孩子就安稳地睡了几个小时。这是这个孩子自出生3个月以来，第一次安稳地睡觉。

这就是全神贯注的力量。

全神贯注，和"你在，所以我存在"是一个意思。当你全神贯注地带着爱关注着我时，我也就感觉到了你的存在，同时我觉得我也存在了。然后，我的心神就可以安宁下来了。

所以说，"心中有孩子""心中有你"，这是一件多么重要的事情。

这个女孩3岁后再去诊断，就发现已不再肌无力了。虽然她的肌肉还是有些软，但已接近正常水平了。

不仅仅是小婴儿需要母亲的全神贯注，实际上，在任何关系中，如果两个人之间能有全神贯注，都可能会建立起高质量的关系。所谓的"心灵感应"，就是这个高质量关系的一个附带产物。

互动：失去自我的迷恋和忘我的爱

你体验过忘我的爱吗？那种两个人的自我都消失了，然后深深相遇的体验，这是"忘我的爱"，但多数朋友讲的，是"失去自我的迷恋"。

比如，下面这个匿名的分享：

> 初恋真的很忘我，根本就是无我。哪怕预感到他在电话里说一句可能的负面的话，都觉得心脏要破掉了、崩溃了。太可怕了，再也不想要那种状态了。

也有人讲了忘我的爱，如虹延的分享：

当孩子出生的那一刻，我的心里、眼里只有他。我觉得他很神奇，或者干脆就是一个奇迹：从一个胚胎，长成了会呼吸的、会哭的、躺在我身边的娃娃。我突然就想给他最好的，甚至想把全世界都给他。这种感情来得特别强烈！在他出生的前一天，我都没有这种想法，这一刻突然有了……

在我的理解中，忘我的爱，是关系双方的自我都消失了。这时候，我的本真遇到了你的本真，自我虽然消失了，但却有了真正的存在感。相反，"失去自我的迷恋"，是以对方为中心，而失去了自我。这时，对方的自我极为重要。就相当于，我的自我被对方的自我消灭了。不过，实际上，对方这时的体验常常是，他的自我被你的自我消灭了。

失去自我的迷恋，容易被视为一种病。《强迫的爱》是我非常喜欢的美国心理学家苏珊·福沃德的作品，写的是病态迷恋。自己有这个问题，或遭遇了病态迷恋者的朋友，可以看看这本书。

这让我想到，也许"失去自我的爱"也有重大的价值。这个价值就是，破坏你的自我和自恋。因为自我和自恋就像是一个壳那样包裹着真我，也切断了你和别人的联结，这个壳需要被撕裂、被破坏、被摧毁，然后光才能照进来。我从严重的、有点儿自闭症一样的宅男状态走出来，最初真是靠了迷恋的力量。

正如鲁米所说："伤口，是光可以照进来的地方。"

Q：一个从小没有被看见，习惯像隐形人一样活着的人，长大后怎样做到被别人看见？

A：隐形人，意味着在关系中总是隐藏自己，因此没有存在感。同时，因为碰触不到自己，也没办法去碰触别人。所以，会有可怕的孤独感。办法

是，努力去构建关系，将自己内心的各种渴望大胆地展现出来，伤痕累累也在所不惜。

当然，最好是去构建滋养性的关系，因此要去靠近那些温暖的、阳光的、善于理解和倾听的关系。如果在生活中很难构建，可以找心理咨询师。罗杰斯说，"我"是一切体验的总和。蒙特梭利说，精神胚胎的养料是你的感觉。所以，好好用心去体验一切。不仅是人际关系中的，也包括和万事万物的关系。正如鲁米在诗中所说：

> 让自己成为一个不名誉的人，
> 饮下你所有的激情。
> 闭起眼睛，以第三只眼睛观物，
> 伸出双臂，要是你希望被拥抱的话。

Q：我有了你，我才存在，真是哲学。与别人建立关系，我的存在才有意义，只是孤独的一个人，我便没有意义。但为什么人会享受孤独？我不需要你，反而独处会让我更舒服呢？

A：独处时，一切都是自己可以掌控的，这可以很好地满足自己的自恋。关系中，对方是自己没法掌控的，所以自恋容易受损。太孤独的人，可以说都是渴望爱而不得，于是退行到孤独中的。当然，独处时的自我掌控感非常重要。有时，独处就是最好的休息，但没有关系，生命就不能展开。可以说，独处再好，生命也是缺乏色彩的。

Q：人都有被看见的需求，但有时候我好像会因为做了一些私底下的恶作剧却不被大家发现而窃喜，这又是什么心理机制？世间也有些人乐于捐款，但却不愿意留名，如果行善本身让他收获快乐，如果被看见不是有双重

快乐吗？可是，他们却放弃了，这又是什么原因呢？

A：仍然要从关系的角度来看问题。做了恶作剧而不被大家发现，这时，你就成功地戏弄了大家，你的自恋被满足了。但如果你的恶作剧从来不被发现，你也会很难受吧。并且，相信你也会常常和别人分享你的恶作剧过程。

捐款而不留名，这样就显得"我"很不自恋。可是，这是表达给谁的呢？给了心中一个抽象的"你"。你的问题也是在质问我"没有谁能守住秘密"这个说法吧，这是很好的质问。你质问了，却显得像没有质问，这也像是"做了恶作剧而不被发现""捐款而没有留名"，就好像是把"我"给隐去了。

我与你，我与它

马丁·布伯[①]是20世纪重要的哲学家之一。他在他的《我与你》一书中说，关系有两种：一种是"我与你"，另一种是"我与它"。

当我把你视为实现我的目标的工具和对象的时候，关系就是"我与它"；当我放下了我的预期和目标，而带着我的全部本质与你的本质相遇，这时的关系就是"我与你"。

布伯对关系的这个二分法，是非常致命的，因为它是在说：不管我的目标多么伟大，当我把你视为实现目标的工具与对象时，构建的都是"我与它"的关系。

如果你接受了这个说法，看世界的眼光就会一下子变得清晰、透亮很多。因为这个世界上无数人或所有人，都会假借"我有一个正确的目标"的名义，去和你构建"我与它"的关系。

在人际关系中，最常见的，就是假借了爱的名义，却干着控制和剥削对方的事。

---

① 马丁·布伯（Martin Buber，1878—1965）：犹太人，出生于奥地利维也纳市，哲学家、翻译家、教育家，宗教存在主义的代表人物，主要著作有《我与你》《人与人之间》《两种类型的信仰》《善恶观念》等，是20世纪最著名的宗教哲学家。《我与你》是马丁·布伯的主要代表作。这本书对现代西方思想产生了巨大影响，已深入哲学、心理学、教育学以及各门社会科学之中。

在你的光辉中，我学会如何爱。

在你的美中，我学会写诗。

你在我的胸臆中起舞，别人看不见你，

但有时，我看得见，

那一瞥，成就了这件艺术。

——鲁米

世界的本质，是关系

马丁·布伯的哲学，整体上可以视为"关系本体论"，即世界的本体不是宇宙万物之"你"，也不是"我"，而是"我"和"你"之间，是关系。并且，关系分为两种：我与你，我与它。

需要澄清的一点是，马丁·布伯这时说的"你"是上帝。我通俗一点儿的个人化理解是，当我放下"我"的预判和期待，而碰触到你的本真时，那一刻既是遇到了你，又是遇到了神。

换句话说，当心灵感应真发生时，那一刻"我"不仅是和"你"相遇，也像是见到了上帝。

另外，在马丁·布伯看来，我们必然是处于"我与你"和"我与它"的双重世界里。为了我们自身的存在，我们不断地构建"我与它"的关系，利用其他客体为自己这个主体服务。可如果只有这个，人就会迷失，所以也要体验到"我与你"的关系的存在。

并且，马丁·布伯还论述说，"我与你"的关系是瞬间的，我们只能是偶尔进入这种关系中，而"我与它"的关系则是时时刻刻存在的。

不过，一旦进入了"我与你"的关系，那一瞥，就像是永恒。体验到"我与你"的关系真切存在后，再看这个世界，一个人会变得很不同。

"我与你"的关系，论述起来不容易，你必须真正体验到，才能知道它是怎么回事。

对于我来讲，特别关键的是"我与它"的关系论述。马丁·布伯说，不管你有着什么样的预判和期待，你构建的都是"我与它"的关系。比如，你可以有一个看起来恶劣的目标——我想骗你的钱。这时，你就是我骗钱的对象和工具。这时的关系是"我与它"。

但是，那些看起来崇高的目标呢？比如说，我想构建一个理想社会。那个世界充满了真善美，我带着这份预判和期待，强行把你拉进这个世界里。这时，我会和你构建一份什么样的关系呢？

一样是"我与它"的关系。

那么，如果我说，"我爱你，我带着这份预判与期待和你建立关系"，这难道不是很崇高的关系吗？

不行，这还是"我与它"的关系。

有人在恋爱中很容易从一件小事就上升到"你爱不爱我"的高度，但根本上是：如果你听我的、按照我说的做，这就叫"爱我"；如果你不听我的、不按照我说的做，就是不爱我。所以，这时想构建的，是"我与它"的关系，而言语中使用的却是"爱"这样的词，像是说要构建"我与你"的关系似的。

马丁·布伯的这个论述，戳破了关系中的大多数迷雾，因为关系中隐形的控制、利用和剥削实在是太多了。

我觉得，马丁·布伯的论述如同真理一般。所以，在心灵探索的历程中，有各种迷路的时候，特别是深入潜意识深处时，他的这个论述始终如灯塔一样给我指引着方向，让我只是暂时迷路，最终还是回到它的方向上。

我讲一下鲁米和夏姆斯的故事。

鲁米是成吉思汗时代的人，他出生于阿富汗，就是当时的花剌子模国。后来，为了躲避蒙古大军的入侵，先是迁居到伊拉克，后迁居到土耳其，并成为苏菲教派的宗教领袖，具有极高的声誉和地位。

苏菲教派有一个传承：找到你的灵魂伴侣，和他同修。

夏姆斯是一位默默无闻的苦行僧，一次走在沙漠中，有一个声音问他："我可以帮助你找到你的灵魂伴侣，为此，你愿意付出什么代价？"

夏姆斯毫不犹豫地说："我的头颅。"

之后，夏姆斯和鲁米相遇，他们深深地相爱，总是相伴在一起。这招致了鲁米身边人的嫉恨，夏姆斯被杀。而杀掉他的，据说是鲁米的儿子。他还将夏姆斯的头颅送给鲁米。夏姆斯果真付出了自己头颅的代价。之后，鲁米长时间陷入痛苦中，到处寻找夏姆斯的踪影，直到有一天彻悟：

我为什么要寻找他呢？

我不就是他吗？

他的本质透过我而显现。

我寻找的，只是我自己。

这个故事，你听着可能会觉得有些残忍，但它也揭示了爱的意义："我"全然地爱上"你"，而最终发现，你就是我，我就是你。你作为外在的存在，和我内在的存在，完全合二为一。最好的关系是，我没有失掉我的主体性，你也没有失掉你的主体性。我们的确不断地试着把彼此弄为"它"，但在关系中，我们不断产生"我与你"的瞬间，而最终全然相遇。

并且，夏姆斯付出头颅的代价，也有一个隐喻：自我1被灭掉了。我们追逐关系、追逐爱情，在最深的含义上，就是在追逐这样一个东西：我和你全然相遇。

珍惜规则与权力规则

早在读研究生时，我将一个人的世界分成两部分：以工作关系为核心的社会领域，以亲密关系为核心的私人领域。

两个领域都有各自的核心规则：社会领域的规则是权力，目的是争夺谁说了算，当然最好是我说了算；私人领域的规则是珍惜，即我尊重你的本真。

如果在社会领域主要使用珍惜规则，而摒弃权力规则，或在私人领域太多使用权力规则，都容易将我们的生活弄得一团糟。

并且，我把在私人领域使用权力规则称为"污染"。

人际关系的迷雾，主要是因为权力规则太多地侵入关系中所致。在工作中，因为明显有利益在，所以我们很容易认识到这一点，但在两性关系和亲子关系中，因为我们认为应该是珍惜规则，所以容易忽略权力规则的存在，甚至还将权力规则视为珍惜规则。

认识清楚了权力规则，并合理去运用，会避免我们在关系中沦为"它"的境地。

我的一位来访者来找我是因为她有严重的产后抑郁症。原因是她在现在的家庭和原生家庭中，都严重缺乏权力空间。

她出生在重男轻女的家庭，多次被父母抛弃，几次是送人，一次是送到了儿童福利院。这是她极为可怕的经历，并导致她的性格软弱，不能去争取话语权和利益。

她的婆家也是严重的重男轻女。虽然她生了一个儿子，但家中最有地位的是婆婆，然后是丈夫，接着是婆家的各种人（比如小姑子），而她的地位最低。

和她的咨询过程，称不上精彩，我主要是鼓励、认可和支持她，而她逐渐开始转变，最后成了一个有些"凶悍"的女人，把公婆请走，也严重警告了小姑子等婆家人："这是我的家，如果你们过来，请记住你们是客人，我才是主人。如果你们搞挑拨离间，别怪我不客气。"

对丈夫，她过去是言听计从，现在是常常主动争吵。丈夫对此很生气，但有一次坦诚地说："过去，你很听话，我觉得很好，但说实话，我看不起你，也不爱你。现在，你变得很凶，但你的能力强了很多，我发现越来越爱你了。"

后来，他们要生二胎，丈夫想请妈妈过来照顾她坐月子。婆婆也特想来，并且曾夸下海口说："这个家族里的所有孩子，都要是我带大的。"这样说，明显是为了争夺权力，以后就可以拿这个当资本，在整个家族里维护她至高无上的话语权。

我的来访者不想让婆婆来，因为之前婆婆照顾她坐月子的经历犹如噩梦，现在和婆婆关系也不算好。所以，她对丈夫说："那时候最需要照顾的人是我，但你妈根本就不会照顾我，我不想让她来。"

他们的关系一度陷入僵局。

生育和养育，都是权力。因为，新生命的出生，自然将改变整个家庭的权力格局。孩子亲谁、认可谁，就意味着谁的权力会增强。

作为生育者和养育者，母亲在这一点上具有极大优势。当然，这也是付出了极大的代价换来的。这时候，如果有人忌妒母亲的这个权力，要去争夺它，就会导致严重的家庭权力战争。

过去，我一直不能很好地明白，为什么女性生育后，按说最需要照顾的时候，却容易遭遇可怕的对待？为什么我见到的多数闹离婚的家庭，是孩子出生后开始的家庭大战？当清楚新生命就是权力，生育和养育就是权力时，这一点就看透彻了。

比如，来访者的婆婆当初嫁人时，可能也是她丈夫的整个家族都排斥她，她在家族里的地位是最末尾的一位。但她生了四个孩子，四个孩子逐渐长大后，她在自己的小家庭里就有了至高无上的地位。

婆婆的丈夫，在年轻时是被争夺的对象，并且儿子容易站在自己母亲那一边，于是会忽视妻子和孩子。等孩子长大了，孩子自然也不爱跟他，于是等他老了后，就成了整个家庭中可有可无的存在。

等这四个孩子都成家后，就意味着，婆婆生出了属于她自己的家族。这时候，品尝过权力变迁滋味的她，很容易要去和自己的儿媳妇争夺权力。

就像轮回一样，这时候，我的来访者的丈夫也容易站在妈妈这一边，但这个男人没意识到，新的权力变迁在发生。如果他只是单纯地维护母亲，而为难妻子和孩子，那么在自己的新家庭中，他将失去自己的权力。等他老了时，也会成为和自己父亲一样可有可无的存在。

把这些谈清楚了以后，我的来访者和她丈夫做了几次深谈，把这个权力游戏的变迁清晰、透彻地讲给了丈夫。丈夫听完被气得不得了，但之后，他不再叫他妈妈过来带老二了，也改变了对妻子和孩子的态度。于是，这位来访者的老二就成了她婆婆第一个没有带过的第三代的孩子。

经过这样的战争后，我的这位来访者才第一次清晰地感觉到，她终于成了自己家的女主人。这终于是一个四口之家了，她拥有了一个可以自己说了算的家。

她所谓的"产后抑郁症",至此也就彻底不存在了。

权力规则,其实就是"我与它"的关系。我将你视为达成我的目标的对象与工具,总之是试图建立一个我说了算的空间。

珍惜规则,实际就是"我与你"的关系。我别说控制你,甚至都不忍将我的各种知识和本领使用在你身上,我只想让那个带着本心的我和你的本真相遇。

著名科幻作家阿西莫夫在他的小说《基地》中讲了这样一个故事:丑陋无比的"骡"掌握了操控人心的能力,他能像调控一个有刻度的表盘那样,精准地去诱导出别人的各种情绪、情感,因此征服了宇宙,但他一直不忍心将他的这个本领用在他心爱的女人身上。那个女人,是唯一一个见到他的丑陋,却仍然关爱他的人。

那些能以本心行走在红尘中的人,都是非常可贵的人。

正如马丁·布伯所说,"我和它"时时刻刻存在,"我与你"是瞬间,而不是"我与你"才是对的,"我与它"不该存在。

对我而言,我深刻地认识到,只有当我能特别好地捍卫我的空间,成为一个有强大自我的人时,我才能更好地在某些时候放下自我,去构建"我与你"的关系。

关系怎样疗愈一个人

关系和自我有一个非常对立的矛盾:关系是滋养着你,还是损耗着你?

如果关系有很强的"我与你"的特质——因为珍惜规则的作用,那么关系就会有滋养的部分。

如果关系中,"我与它"成了主导,那么除非你拥有权力空间,这样你会在能力上变强,否则你会感觉到,关系在损耗着你。

马丁·布伯的哲学和罗杰斯的理论,有很多类似之处:

马丁·布伯的哲学叫"关系哲学",而罗杰斯的疗法叫"关系疗法"。

罗杰斯将心理咨询师和来访者的咨询关系视为治疗中最重要的因素,而不是咨询师的技术。用马丁·布伯的哲学术语，可以说，当咨询师使用技术时，就构建了"我与它"的关系；而当咨询师使用本心时，就构建了"我与你"的关系。

并且，罗杰斯特别强调，他的疗法是"来访者中心疗法"，即来访者才是咨询关系的中心，咨询师主要是理解并接纳来访者的感受。他有一句名言："爱是深深地理解和接纳。"

罗杰斯将对咨询关系的重视，提到了一个前所未有的高度。关于如何构建咨询关系，他提了几个非常简单的原则：

（1）真诚；

（2）共情；

（3）无条件积极关注。

真诚很好理解，但要做到并不容易，因为真诚意味着：我所说的，和我所想的是一致的；我所想的，和我所体验的是一致的。前半部分容易，是不骗别人就好；后半部分极难，因为要做到意识和潜意识的一致。

共情，就是设身处地地站到对方的角度上，感人所感、想人所想，更通俗的解释，其实就是深深地理解和接纳对方的感受。

无条件积极关注，它也基本等同于"无条件的爱"。就是我对你好，是没有任何附加条件的。父母对孩子，如果有一定的无条件的爱，那么孩子的自我就会被解放，他就遵从自己精神胚胎的声音，走向成为自己的道路。

相反，有条件的爱就是，我认可你、鼓励你、接受你，是有条件的，你必须达到这些条件，我才给你这些你想要的。如果你达不到，我就不给。

现在，任何一个治疗流派都接受了罗杰斯对治疗关系的论述，认为上述三个标准非常重要，但常认为这是治疗初期的事。而对罗杰斯来说，治疗关系就是全部。

他认为，一个高质量的治疗关系，越能使一个人安全、自然、无防御地呈现自己，越能接受自己的种种体验，治疗就越可能成功。而成功的定义就是帮助来访者更好地成为他自己。

为什么这样的治疗关系如此重要？因为在日常的关系互动中，人的本真自我很容易隐藏，乃至扭曲。

原因在于，人们获得的关注多是有条件的积极关注。它的逻辑是：你必须达到条件 A，我才能给你奖赏 B。在这样的逻辑下，一个人会获得这样的经验：只能表露别人或集体认为"好"的东西，否则就会被拒绝、排斥，乃至被伤害。于是，成长的过程就成了一个不断学习、修正自己的历程。

罗杰斯还说，一个人必须相信自己的"机体评价过程"，即选择时要听从你的机体——这可以理解为心和身体的总和，这远胜于听从你的智力。

如果我们理解了有条件积极关注，就会懂得，"你必须达到 A，我才能给予你 B"会植根于我们的大脑。如果你太相信头脑，你会以为头脑中的东西是你自己的，但其实常常是权威和文化传递给你的。

相反，如果你得到了足够多的无条件积极关注，你就会信任你的"机体评价过程"，也就是我前面讲过的"内部评价体系"。

但是，对于习惯了有条件关注的人来说，很难相信自己的机体评价过程。罗杰斯的关系治疗就是试图提供无条件积极关注，让来访者感受到，关系还可以是这个样子。

当来访者切身感受到这一点后，他在这个治疗关系里会感到安全，从而放下了防御，开始坦然、真诚地重新体验自己的重要体验，并慢慢地学会接受这些体验，不管它们多么另类。按照罗杰斯的定义、体验，就是逐渐接受了自己真正的"我"。

当来访者在治疗中做到这一点后，慢慢会获得一种勇气，从而在现实中也能依照"我"的机体评价过程做选择。

我的一个朋友从我这里知道"无条件积极关注"的概念后，他就变成：无论孩子做什么，他都能从中发现积极的因素，把无条件积极关注简直做到了登峰造极的地步。

比如，孩子的考试成绩不好，孩子非常有挫败感，在家里发脾气，那我的这位朋友会先对孩子的负面情绪进行共情。共情后，会对孩子说："你看，你这么生气，是因为太想考好了，那我们就研究一下，以后可以怎样学得更好。"

后来，他们移民国外，孩子在融入当地环境时有一年多的困难期，而他更是坚持无条件积极关注。首先是关注孩子遇到的事情，其次是寻找什么原因让他挫败，而挫败感背后的积极动力又是什么，最后去想怎么改变和解决。

他的这个做法起了很大的作用。现在，他儿子的心态很积极，并且总能在面对挫败时找到积极因素，在和朋友交往时也能很好地使用无条件积极关注。

关系就是一切，一切都是为了关系，我们不能离开关系而独活。但是，我们的确需要去看，一个关系，到底是滋养性的，还是损耗性的。衡量标准，是在这个关系中，有多少无条件积极关注，又有多少有条件关注；有多少"我与你"的成分，又有多少"我与它"的成分。

当对这些越来越明白后，我们就可以远离损耗性的关系，而去亲近滋养性的关系。我们还可以去创造滋养性的关系，减少关系中损耗的部分。

天才和情商有仇吗

情商高时，太会考虑别人，这时，自我就受限了；而情商低时，意味着把别人放到了一边，这时就可以无所顾忌地表达自己了。

但是，因为没考虑别人，那股创造力或生命力就缺乏人性化，于是就容易显得特别乃至怪异。特别或怪异，就是和大众不一致而已。

天才是特别的乃至怪异的，电影、电视和小说中常常有这样的描绘。而在现实中，也一样容易给人这种感觉吧。

例如，乔布斯。在电影《乔布斯传》中，乔布斯的扮演者走路的姿势就像是自闭症患者。而这个姿势，是直接模仿了乔布斯真实走路的样子。

艺术家就更常见了。像凡·高有精神病，情商低得没朋友，也追不到女人。毕加索，女人倒是换了一个又一个，而他对她们，堪称无情。

在读本科的时候，我觉得最大的收获之一，是常在校园里遇到各种各样的天才。但同时，北大学生的心理健康水准令人忧虑。我曾给三十多个北京理工大学的本科生做一项心理测试，他们的心理健康分数，平均正好 80 分。同时，我也给北大的本科生做了这个测试，平均正好是 60 分。

这些故事让我想到，天分或创造力，好像和人际关系能力是负相关，甚至可以夸张点儿说，创造力和人际关系能力，有时像是敌对关系。

为什么呢？用马丁·布伯的关系理论来理解，最关键的原因是，因为人际关系能力太强的人，可能在关系中沦为"它"的时候太多了。

并且，"我与它"的关系，是一个为主体，另一个为客体。用英文来讲，一个是"the one"，另一个是"the other"，"the other"翻译成"他者"最好。善于察言观色的人，在讨好别人的同时，丧失了自己的主体性，创造力也因此受损。

那些坚持在人际关系中做主体的（做自己的人），会显得情商低，并真会伤害到别人，而被别人抵触。但因为他们一直在做自己，和自己的本我有联结，因此一直保持着创造力。

幸福感，主要取决于亲密关系的质量。也就是，爱。

也就是说，关系的品质（即"我与你"的部分），决定了幸福感的高低。

所以，最好是在关系中既能做自己，又能爱别人。这两者同时做到很不容易。

我的一位来访者，在全球顶级的金融机构工作。他的能力很强，并谋划了一系列的动作，目标是取代自己的直接上司，升职一级。

在咨询中，他和我畅谈他的谋划时，越来越有感觉。但是，突然我们同时感觉到，好像有一股能量的旋涡在咨询室中流动，而他随即陷入了严重的恐慌中。

我请他放弃对恐慌的抵抗，和这股恐慌在一起，并去好好地感受那股能量的旋涡是怎么回事。

他感受了几分钟后说，他想到了两个字："无情"。

他说，如果他摈弃人类的情感，比如怜悯、同情、可怜、恐惧等，而去彻底忠于自己的目标，为了实现它而不择手段，就好像是皈依了无情似的。这时，他有一种无所不能的感觉，但这又让他感到害怕，并感觉自我好像被吞噬了一样，觉得自己好像不再是人。

谈着谈着，他的恐慌感减轻了不少。

之后，他果真实施了他的谋划，最终连升两级，并且没有"干掉"自己的直接上司。这是一个很理想的结果，但随后，他大病一场，休假了半个月。

我在找我的精神分析师做咨询时，曾有几次体验到这种无情。它真是一种非常巨大的力量，我想，如果我能接受它的驱使，真可以做出非凡的事业。但同时觉得，好像自己的人性会逐渐丧失。

当有了这些体验时，就有点儿理解了《道德经》中的一句话："天地不仁，以万物为刍狗。"

《清静经》中的一段话是更完整的表达："大道无形，生育天地；大道无情，运行日月；大道无名，长养万物。"

按照提摩西·加尔韦的术语，这样做时，有使命感的目标，是来自自我 2。而做事情时的无情，也是自我在发挥作用。所以，他们无情时看似绝对以自己为中心，但他们自己其实又是以这个有使命感的目标为中心，因此也放下了自恋。

每个人的身上都有这份矛盾，这也是人性中的一个矛盾。你如何在尊重自己别具一格的感受的同时，又能构建出一个良好的人际关系网呢？

可以说，对于"异端"，就需要寻求关系；而对于所谓的"正常人"，就需要穿越关系，去寻求那些属于自己的感受，而不能迷失在人际关系的迷雾中。

互动：我与你的关系，难以一蹴而就

Q：我努力让自己变得更好，也尽量把学习到的东西应用于生活中，可是如果只是自己单方面地用心，对方却依然是我行我素，那我是不是吃亏了？这样的想法是不是很自私、很恐怖？

A：这样的想法太常见了，也的确是妨碍我们进入"我与你"关系的一个关键原因。这涉及羞耻，如果我向你敞开我的真实，而你却是"坏的"，这时我就觉得自己实在太傻了，并且会觉得我低你一等，自恋受到了打击。

相爱，或者心灵成熟的过程，乃至能力增长的过程，就是自恋不断受打击的过程。但因为和其他存在建立的关系越来越深，所以有了能力、情感和存在感——这些都是深度关系的副产品。

Q：当我放下我所有的预判和期待，带着我的全部本真和你的本真相遇时，这时就构建了"我与你"的关系。我觉得这并非完全可行。如果对方是和我们差不多的人，那么他也有自己的想法、喜好。即便我放下我所有的预判和期待，带着我的全部本真和他相遇时，他的本真未必在那个时候就会显现。这时，也就未必能构建"我与你"的关系，除非我对面的你真的就是一个不存在的"神人"！

A：正常人都有这样的疑虑，所以建立"我与你"的关系是一个过程，时间非常重要。

比如咨询关系，需要很多次咨询，来访者和咨询师才可能建立这样的关系。

又如恋爱关系，一开始的一见钟情，常常并非是我与你的关系，而是经过时间的考验和一些淬炼，两个人才能彼此信任，然后才能敞开心扉。

如果有来访者第一次就向我完全敞开心扉，那常常是有过严重受虐经历的人。所以，我会制止他，告诉他："别着急，你要真的信任我之后，再慢慢向我敞开心扉。"但修行程度极高的人，能长时间处于"我与你"的关系境界的人，他们可以很容易就做到和别人或其他存在建立起"我与你"的关系。

Q：无条件地积极关注，其实是适用于对待所有人的，目的还是让自己从关系中得到滋养。因为有了目标后，是不是又变回"我与它"了？换句话说，无条件积极关注，这个操作的动力，应该源于什么？大部分人不能做到的因素是哪些呢？

A：对人而言，无条件积极关注其实太难，甚至还可能不成立。因为，在咨询关系中，来访者是需要付费的；父母和孩子之间，是有血缘关系的。

不过，在我看来，人之所以很难做到无条件的爱，是因为人有头脑和目标。头脑，即"我"认为的正确条件；而目标，即"我"不可避免地想使用"你"。从根本上来讲，无条件积极关注其实是在玩一个生死转化的游戏，即把对方的负能量，通过积极关注，转换成正能量。负能量意味着死亡力量，而正能量则意味着生的力量。

世界是相反的

"世界是相反的。"这句话更学术的表达,是荣格的"人格与阴影",即我们每个人都有一个外显的人格,而和这个人格对立的那些东西,就是"阴影"。它们藏在潜意识的深处,甚至是怎样努力都难以触及的地方。

我更喜欢的感性表达,是"当你看到了 A,就意味着你看到了 –A",即当你在一个人身上看到了这一面,就意味着你同时也看到了它的相反面。

比如,一个极其外向的人,他要找的配偶,往往是极其内向的。

比如,一个快乐得过分的人,你可以推测,他的内心可能是极度悲伤的。

比如,一个极其节俭的人,他的配偶或孩子,容易是败家子。

这是一个很简单的道理,但真能接受也不易。"从关系的角度来看问题,世界是相反的。"这句话也非常简单,但如果形成看问题的意识后,无论是看自己,还是看别人,我们的眼光都会犀利很多。

> 有一片田野,它位于
> 是非对错的界域之外。
> 我在那里等你。
> 当灵魂躺卧在那片青草地上时,
> 世界的丰盛,远超出能言的范围。

观念、言语，甚至像"你我"这样的语句，
都变得毫无意义可言。

——鲁米

"好我"与"坏我"

"好我"与"坏我"，这对词语有点儿学术味，而我更喜欢的感性表达是：世界是相反的。

2007年，我刚开始做咨询时，遇到了一个来访者。因为我是新手，没有很好地帮到她，但她的故事非常经典。

她是一位非常勤俭持家的女子，但她的前夫赌博成瘾。她受不了，和他离婚了。

在她离婚后的一年里，通过相亲，她认识了几个男人。这几个男人都有和她结婚的打算。比起她前夫，他们各有优点，可她总是想念她的前夫，而前夫也一样想她，于是两人商议复婚。商议时，她对前夫说："我只有一个条件，你戒赌。"前夫则说："除了这个，别的都可以谈。"

这位来访者在原生家庭中是老大，她想办法去获得父母的关注和爱。而勤俭持家，就是她作为老大找到的一个好办法。

勤俭持家，由此成了她的一个主人格，这也可以称为"好我"。一个人的"好我"，有可能是天性，但也很可能是在原生家庭中塑造出来的。这个"好我"，其实就是父母对你的期待。如果你符合这个期待，在父母眼里，你就是好的；当你不符合这个期待时，你就是坏的。

一个人执着于"好我"时，是执着于用这种方式，先是和父母等养育者，而后是和其他人建立关系。这是一个人认为的，和别人建立关系的习惯方式。

"好我"的对立面，会被一个人视为"坏我"，我们会想办法避免它。因为我们不仅头脑上认为它"坏"，也担心它一呈现，关系就会被破坏，别人会不喜欢自己。这也是从关系的角度来看人格的一种诠释。

对这位女士而言，勤俭持家就是她的"好我"。而相反的部分，大手大脚或奢侈、浪费，就是她的"坏我"。

这个特别不敢呈现的部分，就像在这位女士身上消失了一样。但其实，这不是消失，而是被压抑到潜意识深处了，成了她的意识不能碰触到的部分。

当一个人的意识和自我的一部分特质彻底失去联系时，这个人就会受潜意识的支配，去接近一个明显具备这一特质的人。通过和这个人联系，而去碰触自己内心的这一部分。

这是人的心灵无比深刻的一个规律，不管你是否能意识到，它都在发挥着作用。因此，这位勤俭持家的女子，找了一个赌博成瘾的老公。

作为新手咨询师，我当时和她咨询了四五次后，发现咨询总是不能深入。而我也找不到解决办法，于是对她说："抱歉，我的咨询能力仅限于此，我帮不到你了，你可以去找更有能力的咨询师。"

咨询结束的那一次，她对我说："武老师，你给我提一些建议吧。"

我说："你接下来，要学习大手大脚、奢侈、浪费。这时，你老公可能就会生你的气，担心你浪费钱，而来阻止你。"我的这个建议吓了她一跳，我继续解释说，"我是半开玩笑半认真的，不过我的确在想，你们这么在乎彼此，他应该很爱你。而他敢耗费金钱，也许就是爱你的一种方式。你也想奢侈、浪费，可你不敢，而他爱你，于是替你活出了这一部分。"

听我这么说，她沉默了一会儿，说："老师，你说的可能是对的。我老公本来不赌，是我们结婚两年后，他才开始赌博的，所以他的赌博很可能是因为我而起的。"

她这样说时，就有了"从关系的角度来看问题"的意识。这句话还可以说成：问题不是仅仅发生在"你"身上，也不是仅仅发生在"我"身上，而是发生在"我和你"之间。

"好我"和"坏我"，"A"与"-A"，这样的一对词语，意味着二元对立。原初的人性，或者说圆满人性，是超出了二元对立的，是合一的。

二元对立无处不在。特别是，人的头脑很容易固化一些东西，说这是好的、那是不好的，我们要这个好的，而要远离那个坏的。但我们越是持有这个二元对立的好坏观，就意味着我们的内心和人性就越分裂，于是会出现这一局面：我们意识上使劲儿朝向 A，而我们潜意识却总是被 -A 吸引。

在一个人的身上，这是意识和潜意识层面的二元对立。当一个人只呈现 A 的一面时，你要深入他的内心，才能看到他的 -A。

在关系中，则更容易看到 A 与 -A 的存在。例如，外向的人和内向的人在一起，节俭的人找爱赌博的人。

如果 A 的一面达到了极致，那么你也会看到，-A 的一面也会达到极致。

我们要警惕极端的分裂。当你的 A 是六七分时，这意味着你内心的 -A 也是六七分。这个分裂还不严重，并且你也想办法让自己有时处于 -A 的状态中。但当你的 A 达到了 8.5 分、9 分，甚至更高时，这个分裂就太严重了，你意识上会拼尽全力让自己只处于"好我"这一面，你的"坏我"就容易以极有破坏力的方式出现。

你既可以 A，又可以 -A

当你看到 A 的时候，也就意味着你看到了 -A。我从三个故事谈起。

第一个故事叫：越外向，越内向。

我曾在广州电视台参与做一个节目，是明星们的一个秀，但会用到心理学的工具。

有一次，上节目的是一个超级外向、活泼开朗的明星。上节目前，她正在广东一个影视城录制影片，然后在节目中说，昨天晚上，她在影视城的酒吧跳舞，最后几百人围着她一起跳舞。她就是这么热情、有煽动力。

在节目中，有一个心理测试环节"房树人测验"[①]。就是在画板上画一张画，画

---

① 房树人测验（Tree-House-Person，HTP）：又称"屋树人测验"，是投射分析技术的一种，早期用于治疗自闭患者，它开始于 John Buck 的"画树测验"，是能通过受测者在一张纸上画的房、树、人来分析其家庭关系、事业、人际关系和自己认知等方面的一种测验技术。理论源于荣格的意识、个人无意识和集体无意识。

房：投射家庭，代表安全感。树：投射自我成长，象征生命能量和支持系统，如事业和学业。人：投射自我形象。

上至少有一座房子、一个人和一棵树,其他随意。

这位明星应该没受过绘画训练,画的是"火柴人",整张画也非常简单。

尽管这么简单,问题却一目了然。节目中,我的咨询师伙伴说:"你画的房子只有窗户没有门,那别人怎么能走进你的房子?"

这位明星问:"这意味着什么?"

咨询师回答说:"这意味着,你的心可能没向任何人敞开过。"

这个解读有点儿惊到了这位明星,她"噌"的一下躲到了画板后面,说:"你们心理医生太可怕了,太可怕了,我不和你们玩了。"

这个动作和这些话语,还带着活泼、外向、开朗的特质,非常可爱。

待了一会儿,她从画板后走出来说:"的确,我从来没有把我的心向任何人敞开过,我没有和任何人说过我的心事。"

这次节目让我印象特别深刻,而我恰好也有一位超级活泼、外向开朗的好友,我觉得她的外向分打十分都不够。如果十分是满分的话,必须给她十二分或十五分才行。

我对她讲了这位明星的故事,问她是不是也是一样的。她沉默了一会儿,对我说:"是这样,你看我这么信任你,我什么时候给你讲过我的心事?"

接着,她向我透露了一个小秘密,当时把我震惊到了。因为这个小秘密,在我看来,实在没有保密的必要,而且的确也只是小事一桩。可是,这是她这辈子第一次把它说给别人听。

我当时感慨:越外向,越内向。

反之也成立,我是一个很内向的人,但我太容易对人坦露心事。

第二个故事叫:越快乐,越悲伤。

我的一个朋友,她是一个特别爱笑的人。我在读本科的时候认识了她,感觉和她在一起时,她简直一天二十四小时都在笑,并且非常有感染力。

前几年再见到她,她还是特别爱笑,但已经没那么多了,有时候脸上会有一些忧思。于是,我和她谈起,她读本科时的那种极具感染力的笑。她也记得自己那时的笑,觉得本科四年,是她这辈子最开心的时候。

然后，我问她："那时，让你觉得最开心的事是什么，你能多讲讲吗？"

她想了一会儿后，发现奇怪的是，她好像一件都记不起来，甚至整个本科四年的记忆，都变得很遥远似的，像蒙上了一层薄薄的塑料膜一样，不可碰触。

再聊下去我发现，她在读高中时，最亲的亲人离世，之后她陷入了巨大的悲伤中，然后，她对自己说："不能沉沦，要振作起来。"本来，她也是爱笑的人，而之后她把笑这件事拔高到了极高的高度。

原来她的笑，是用来疗愈悲伤的。

第三个故事叫：越好人，越恐怖。

这是我一直关注的话题，好人，在善良、忍让的同时，还是被动、消极和封闭的。在这样的好人身上，你会发现他们的外在命运的诡异之处。大家对他们容易竖大拇指，说"×××真是好人啊"，但他们却普遍缺少知心朋友，并且总是处理不好与伴侣和孩子的关系。这些按说是最亲密的人，他却会远离他们。

我也是一个经典的好人，多年以来，乐于助人、乐于让步，多年来脸上简直刻着这么几个词"稳重、厚道、善良"，但同时也是被动、消极和封闭的。

我写过一句非常有感觉的话：他们的情感表达，只能抵达自己胸口一厘米远。

后来，和几个这样的来访者做深度咨询。最后发现，他们心中都住着一个非常恐怖的自己。从理论上来讲，这是没有被看见的本我。

对于太好的人，我发现有这样一个规律。在十几或二十几岁的时候，他们普遍自我感觉良好，有高道德感，也比较有活力。到了三十多岁的时候，他们开始出现自我怀疑，并且因为发现做好人反而会带来人际疏远、被剥削等，而积攒了怨气，这是自我改变的契机。如果还是没改变，那么到四五十岁时，怨气会凸显在脸上。等到了六七十岁，则会有很多病，而且身上散发着的怨气别人都能直接感觉到，于是更加疏远他们。

在恋爱中，你会看到，人们多是因为不同，而走到了一起。但是，等真正到一起后，两人又会展开战争，去争到底是 A 对还是 –A 对。所以，我总结了一句话："恋人因为不同而走到一起，然后又因为不同而痛苦。"解决这份痛苦的方法，自然不是 A 消灭 –A，或者反过来，而是 A 与 –A 融合。

人们通常认为，恋爱是为了追求幸福和快乐。但其实，恋爱乃至人生的更大动力，是追求人性上的圆满。于是，会出现各种痛苦的选择，而痛苦最终是为了融合人性的不同部分，最终趋向人性的完整。

介绍一个练习"你既可以 A，也可以 –A"。布置作业：找到十个描绘你自己的形容词和它们的反义词。这就是 A 与 –A。

拿出一张纸来，把这些形容词写成一列，再把反义词写成另一列。

然后对自己说："我可以 A，也可以 –A，我可以同时拥有 A 和 –A。"

比如，我可以内向，也可以外向，我可以同时拥有内向和外向。

最好是，找两个人帮助你，他们分别在你左侧和右侧。

一个人对你说："你可以 A。"

另一个人则说："你也可以 –A。"

然后，他们同时说："你可以同时拥有 A 和 –A。"

我上课时，引导大家做这个练习，很多人听到"你可以同时拥有 A 和 –A"时，会控制不住地泪奔。

我想问大家一个问题：我们可以去观察一下，A 和 –A 有什么常见的特性吗？虽然每个人身上的 A 和 –A 不同，但一个社会的 A 和 –A 还是有一些共同之处的，我们可以思考一下。

发现问题行为背后的积极动力

我的催眠老师斯蒂芬·吉利根有一句很美的话："表面行为或有好坏，但背后的动力没有欠缺。"

他的这句话也是受了自己的老师、美国催眠大师米尔顿·艾瑞克森的影响。艾瑞克森在做治疗时有一个原则：帮助来访者优雅地表达自己。

我们讲一个艾瑞克森的经典治疗故事。

一位女士，牙齿中间有一条明显的缝隙。她小时候因此常被嘲笑，而她也觉得这条缝隙实在太丑了。

她爱上了公司里的一位男士，为了在他面前留下一个好印象，她总是拼命地掩饰自己的牙缝，因此显得很不自在。

她找艾瑞克森来做治疗，艾瑞克森给了她一个建议。他的建议是一个恶作剧。他建议这位女士先观察这位男士的习惯，确定他来公司饮水机取水的时间。然后，等男士来饮水机取水前，她要在嘴里憋一口水，等他过来时，用她的牙缝，朝这位男士喷水。

这可是一个技术活，要想做到不易，所以这位女士是花了一段时间才训练出了这个本领。

果真，这位女士逮到了一个机会，用牙缝精准地喷到了这位男士。这位男士追过去，抓住了她。这是他们相爱的开始。后来，他们结婚，生了几个孩子。这几个孩子和妈妈一样，都有明显的牙缝，也都能用牙缝朝人喷水。

他们这样做时，非常可爱。

当他们觉得牙缝是丑陋的、坏的、糟糕的时，他们和牙缝有关的行为就是猥琐的；当他们能坦然地接受它的存在，并将它视为好的时，他们和牙缝有关的行为就可以是坦荡的、可爱的了。

艾瑞克森认为，许多行为从表面上看会有问题，但这个行为背后的动力却是没有问题的，只是我们在表达这个动力时被局限了。那么，催眠治疗师的一个重要工作就是帮助来访者找到更好的表达方式，可以优雅地表达这个藏在行为背后的动力。

这与经典的行为主义疗法完全是两条路线。经典的行为主义路线，是使用奖励和惩罚的方式，鼓励所谓"好"的行为，而惩罚所谓"坏"的行为，以此起到塑造人的行为的目的。而艾瑞克森流派的方式则是找到所谓"坏"行为背后的动力，把它视为好的，然后找到好的表达方式。

我们可以把这个原则拆解一下，分成三个步骤：

（1）看到一个问题行为；

（2）找到问题行为背后的动力；

（3）学习用好的方式去表达这份动力。

互动：拥抱完整的自己

Q：如果说"意识和潜意识是二元对立的"，那意识和潜意识没有相统一的时候吗？我很愿意干某件事，难道我潜意识中就一定抵触它吗？做真自我，是意识和潜意识相统一吗？

A：意识和潜意识合一的话，人就开悟了。意识，是"我"愿意接受的心灵内容；而潜意识，是"我"不愿意接受的心灵内容。前者，"我"认为是对的、好的、可以呈现的；后者，"我"认为是错的、坏的、不可以呈现的。所以，意识和潜意识必然是对立的。

当你发自内心地想干一件事时，这时意识和潜意识就是统一的了，而这时也就没有潜意识的说法了，因为都处于意识层面。

做真自我，自然也是意识和潜意识合一，但这极为不易，可视为毕生的修行，甚至一辈子都不可能修完这门功课。所谓的"开悟"，可以视为"全意识"状态，就是你能觉知到一切体验。你不再拒斥任何体验，并且这时的自我、语言和思维都会消失，因为不需要了。精神分析治疗，就是不断地把人的潜意识意识化的过程。

Q：如果有些人就是对一些黑暗的东西好奇，难道也要通过这种全然融入体验的方式来了解吗？那岂不就是没有下限了吗？那会不会勾出纯然的邪恶呢？或者说，只要是出自本性的东西就不会是邪恶的，邪恶都是扭曲后的结果？抑或这个"与痛苦共处"的方法也是有局限性的？

A：荣格认为，世界上人类呈现的一切，都是你的内心。所以，他提出了一个观点：将世界上的一切凝聚于己心。

当然，在荣格的自我修炼中，以及像禅宗等的修行中，是这样做的：观察自己内心的一切活动，如实如是。当这样做时，就是在用觉知之光照亮内心的一切。

这是一个极度刺激的过程，你会看到，内在想象比外部世界还要复杂、可怕与残酷，当然也无比美妙。所以我会说，在想象中，你可以做一切事，但在行为上，请不要伤害人、不要破坏社会。

一元、二元、三元关系

心灵，是内在的事；关系，是外在的事。

内在心灵和外在关系，一样也是互为镜子。你拥有什么样的心灵，就会去构建什么样的关系；你构建了什么样的关系，一样可以反观出你的心灵。

关系对于人的重要性，不仅是生理和安全意义上的，也有灵魂层面和哲学层面上的。

人必须把自己的内在心灵投射到外在关系中。这样一来，外在关系就像屏幕一样，投影出了一个人心灵的样子。由此，一个人才能看到自己的心灵，并在关系中修炼自己。

从关系的基本形态来看，可以把关系分为三种：一元关系、二元关系和三元关系。这三种形态，分别对应着一个人内在心灵的心理发展水平。

可能你会好奇，为什么不说四元关系、五元关系等更多元关系呢？因为，看似更多元的关系，其实都可以归到最多三元关系中。

"道生一，一生二，二生三，三生万物。"《道德经》里的这句话，就有这个意思。

我们的家庭结构也是一样的，父母与孩子构成了最基本的三元关系。而我们每个人的内在心灵与外在关系，都可以回溯到这个基本的家庭结构中。

从我听到自己的初恋故事那一刻起
我开始寻找你,对于这有多盲目
一无所知。
爱人们并不最终在某处相见。
他们始终与彼此为伴。

——鲁米

无回应之地,即是绝境

很多电影里会有这样的描绘:那些穷凶极恶的罪犯,他们最恐惧的就是关禁闭。他们中最顽劣的,酷刑都让他们开心、兴奋,但如果绑住他们的手脚,然后扔到一个完全黑暗的小黑屋里几天,这就是他们最恐惧的事。等把他们从小黑屋里拉出来时,他们都瘫软如泥。

在完全黑暗且自己不能动弹的房间里,人的内在心灵会陷入彻底的幻想状态,没有任何外在事物(特别是人)和你互动,于是你内心的一切都找不到可以投射、嫁祸和归罪的对象。然后,黑暗本身会成为一个空无的屏幕,接受你的一切投射。

对于任何人而言,都需要关系,因为在关系中,才能展开、认识并淬炼自己的心。那些能安住在小黑屋或完美房间的非凡灵魂,也必然是已经在关系中得到充分淬炼过的。

我曾有一位来访者,当我看着她的时候,她的脸上刻着"素、寡、淡"这几个字。她说,她2岁前一次昏睡了两天两夜,父母怎么弄她都弄不醒,后来她是自动醒了。这件事她母亲常拿来当玩笑说。

深入谈这件事时,她说,那很可能是在那个寂静没有回应的家里,她当时不想活了。他们家有六七个孩子,但家里常常是鸦雀无声,安静得就像坟墓,而她的家人自然就像是一具具僵尸。在这样的无回应环境之下,她太多次想死去。

对此,精神分析有一句名言:"无回应之地即是绝境。"西班牙则有诗歌说:"死亡，即是无回应之地。"也就是说，如果缺乏情感回应，人就等于处于绝境，甚至是死亡之地。

所以，不管是被关小黑屋的罪犯，还是住在完美房间里的富豪，都是处于绝境中。

观察你自己和你身边的人，这个道理也是一样的。你会看到，那些拥有丰盛、饱满的人际关系的人，他们容易呈现鲜活的生命力，有热情，有感染力。而人际关系匮乏、干瘪的人，生命力也容易是匮乏、干瘪的，哪怕他们是天才。

所以，人性就是这么矛盾。如果一个人处于损耗性关系中，创造力会受损，但如果缺乏人际关系的滋养，哪怕这个人身上有天才级别的创造力在闪耀，他仍然是不可能幸福的。

弗洛伊德在他的《性学三论》中讲过一个故事：

> 一个3岁的男孩在一间黑屋子里大叫："阿姨，和我说话！我害怕，这里太黑了！"阿姨回应说："那样做有什么用？你又看不到我。"男孩回答："没关系，有人说话就带来了光。"

所以，我们务必要重视"回应"这件事，因为回应就是光。任何关系都是如此，如果只有物质满足，而缺乏情感互动，那这个关系的质量就没有什么好称道的。

难道讲心理学一定要讲母婴关系吗？首先，这是必要的；其次，我们这样才能衡量一个成年人的世界是处于一元、二元还是三元关系的层级中。

太多的人，只是身体上长大，而心灵还处于婴幼儿的原始状态。

从一元关系到三元关系

一元关系，即一个人只看到自己的意志，只感受到了自己的感受。他希望别人都来配合他的意志，在关系中，只能是他说了算。

二元关系，即一个人意识到，另一个人是和自己一样独立存在的，有自己的感受和意志。他能共情对方的感受，也真能尊重对方的意志。

三元关系，即一个人能意识到关系的复杂之处。在复杂的关系中，他能同时看到我、你和他三个人的感受和意志，并尊重这个复杂的三元关系中的竞争与合作。

通过一个新生儿的心灵发展阶段，可以清晰地看到作为一个新生命，他的心灵是如何一步步地认识到关系的复杂之处的。

精神分析认为，可以将一个孩子6岁前的发展分成三个阶段：

一元关系的阶段。时间是6个月前，这个阶段，婴儿处于共生期，觉得自己和妈妈是一体的，甚至自己和整个世界都是一体的。一体至少包括两个层面：身体上和心理上。

一元关系的境界，在成年人中并不少见。例如，恋爱中的女人会容易想：我不说，你就要知道我在想什么，否则就是不爱我。这是恋爱中退行到共生期了，而渴望自己和恋人合二为一。既然合二为一了，自然不用沟通就知道彼此想什么了。

一元关系的核心规则是剥削。处于一元关系中的人，会忍不住去剥削、掠夺别人，就像婴儿剥削、掠夺妈妈的乳汁一样。因为婴儿既觉得自己什么都没有，又认为既然世界一体，所以你的就是我的，我可以肆意使用。

习惯被剥削的人，也是活在一元关系中，但是把自己放在了母亲的角色上，这就是"圣母情结"。

二元关系的阶段。时间是6~36个月（3岁）。从五六个月开始，孩子会陷入一种矛盾的感觉中。他一方面还是觉得妈妈和自己是一体的，但另一方面又发现，越来越多的事实显示，他和妈妈是两个人。

这个意识意味着孩子和妈妈分离的开始，分离包括两方面：身体上的分离和心理上的分离。等孩子学会说话后，就会特别急于表达"不"。这是孩子在划清界限，以捍卫自己的独立性。

在良好的照料下，孩子到36个月时，会初步形成自己的个性，这是心理独立的一个里程碑。与此同时，另一个重大的里程碑，是孩子将三年来一直给予他良好照料的妈妈内化到自己心中，成为一个稳定的内在客体。这个可以有很复杂的表达，而我将它称为"心中住下一个爱的人"。这也意味着，孩子的内心终于是"我与妈妈两个人并存"，因此进入了二元关系的世界。

在这两个里程碑中，"心中住下一个爱的人"是孩子个性化的支撑。当"心中住下一个爱的人"时，孩子才能更好地发展他的个性化，承受与妈妈的分离。

这还可以解释，为什么有的人能享受孤独。真正能享受孤独的人，是因为心中住着一个爱的人，他心里不虚。

二元关系的核心规则是控制，孩子和母亲在争夺"我的事谁说了算"。妈妈很爱孩子，但觉得你什么都不会，得听我的。而孩子就不断地闹事，争夺独立控制权，可同时又觉得自己并不那么强大，还是很需要妈妈的。

并且，二元关系和一元关系都强调忠诚。不同的是，一元关系主要强调对方对自己忠诚，而自己可以为所欲为。在二元关系中，两个人都会忠于彼此，但同时又感觉到，这种忠诚好像牺牲了很多东西。

对 6 个月前的婴儿而言，母亲就是他的整个世界，所以如果这个世界被败坏了，那么婴儿会觉得，整个世界都被败坏了，包括他自己在内。他要非常努力才能守住一个感觉："外部世界是坏的，而我还是好的。"

但在正常情况下，母亲或其他养育者都能给孩子一些好的感觉，让孩子觉得自己和妈妈的这个共生体或者二元关系还是基本好的。可是，父亲就是母子关系之外的那个人。

所以，就引出了这个隐喻：家庭和心灵内部是孩子与母亲关系的象征，而家庭和心灵外部则是孩子与父亲关系的象征。如果想要孩子和外部世界建立好关系，就必须先和父亲修好关系。

这要发生在 3 岁后，因为在 3 岁前，孩子的主要注意力要放在修好和妈妈的这个二元关系上，最终实现两个里程碑：心中住下一个爱的人，同时形成自己的个性。这两者都具备后，孩子就有了基本的能量，就可以在和父亲的三元关系中去博弈了。

三元关系的阶段，时间是 3 ~ 6 岁。这时，孩子充分意识到，除了"我""你"

(妈妈),还有"他"(父亲)的存在。

并且,这个三元关系的核心是竞争与合作,即爱父母中的一个,恨父母中的另一个,可又发现,父母都是生养自己的人,所以不能完全爱或完全恨,而要学习爱中有恨,恨中有爱。

如果这个阶段发展得好,孩子会充分意识到关系的复杂性,以及他内在心灵的复杂性。谁都是有好有坏、有爱有恨,并且二元关系的那种彼此连在一起的忠诚感也消失了,而发现谁的身上都有占有欲、忌妒欲,包括自己。并且,不管一个人多爱自己,这份爱都不再是独享的,而是要分享了。

三元关系,是一切复杂关系的源头。

设想一个三口之家,孩子、妈妈和爸爸。当孩子觉得这个世界只有一个中心时,那他就是处于一元关系中。这一个中心既可能是他自己,也可能是妈妈,但很难是爸爸。

当孩子觉得这个世界有两个中心时,那他就是处于二元关系中。这两个中心,一般也是他和妈妈。

当孩子觉得,这个家庭有三个中心时,那他就是处于三元关系中。这时,父亲才可能在孩子心中成为一个中心。

当然,父亲可以通过他的力量和权势,强行成为家庭的权力中心。但那样做时,孩子只会将他视为敌人,而不会把父亲纳入自己的内心。

所以,虽然在社会上,男人更容易去构建一个社会权力体系,但在家中是另外一个样子,女人更容易和孩子形成联盟。

关系层次进化的关键

从一元关系到三元关系,是一个人性和关系能力的进化过程。然而,这个进化是怎样发生的呢?

我的一位来访者是非常自大的企业家。他白手起家,能力超强,这源于他一种强大的完善自我的愿望:他希望自己每一方面都是公司里最优秀的。

来找我咨询前,他是彻底活在以自我为中心的一元世界里。他可以说几乎只有两种情感：愿望实现，他的自恋被满足，开心；愿望受挫，他的自恋被打击，难过。他也只能感受到自己的感受，对别人，他只能头脑上想着对别人好，但感受不到别人的感受，也无法和别人共情。

并且，他对别人好都建立在一个基础上——这是"我的人"，而这也必然建立在对方服从他的意志的前提下。

通过长期的咨询，他对这个世界的认识丰富了起来。其间，他爱上了一个女孩，并发起了几个月的攻势。然而，女孩持续地拒绝了他。最后，他们摊牌，女孩还是温柔而坚定地拒绝了他。

被拒绝后，他来找我咨询时，看上去非常憔悴。他说，他非常难过。但咨询中，我多次感觉到明显的喜悦，并且我觉得，这份喜悦绝对不是我的，所以可能是我感受到了他的感受。于是，我对他说："你看上去非常憔悴、难过，但不知道为什么，听你讲这个经历时，我开心得不得了。"

我这句话一说出来，他就开始大笑，笑得非常开心，而且还持续了一段时间，有点儿停不下来。停下来后，我们探讨时，他还是会忍不住笑。

经过探讨，我们认定，他之所以这么开心，是因为他终于感觉到，世界不只是以他一个人为中心，世界上还有另一个人独立存在着，她有自己的感受和意志。

这样一来，也就意味着，他从一元关系的世界进入了二元关系的世界。这份喜悦因此而生，他在公司里不再是孤家寡人了。

这是一个人进入二元关系的重要条件：有人没有听从你的意愿，于是直接让你明白，别人也是有独立意志的。

但比这个更为重要的是，这几个月，虽然女孩一直在拒绝他，但女孩表现得很温柔、很尊重他，对他一直没有敌意。这让他感觉到：她不仅有独立的意志，还是好的、善意的。

在你之外，别人有独立的意志，同时还是好的、善意的，这是一个人不断得以在关系中进化的根本原因。

人们总说"诤友难得"，就是因为诤友向你展现了独立的意志，同时他又是真心对你好。这就让你明白，世界上还有其他中心存在。

对于一个孩子而言，他的心灵发展，也是沿着这样一个路线，才能逐渐从孤独的一元关系进入和母亲的二元关系，乃至和父亲的三元关系。

并且，对于婴儿而言，母亲是好的、善意的，这是最关键的。

我们可以说，每个婴儿都活在孤独的一元世界里，他们只能感受到自己是世界的唯一中心。

并且，小婴儿非常脆弱，他们的能力是最差的，最初的自我照顾和自我满足能力简直是零。这时，世界对他们而言非常绝对，是彻底的二元对立：要不然被满足，这时，他们就觉得自己和世界是好的；要不然不被满足，这时，他们就觉得自己是彻底无助的，于是觉得自己和世界都是坏的。此时，自己和世界的关系也会被婴儿体验为充满敌意的。

当坏的、敌意的体验太多时，婴儿就会使用一个极端的处理方式来保护自己：我是好的，而我之外的世界都是坏的。

相反，当好的、善意的体验够多时，婴儿就先是感知到自己对世界是满意的，自己也是好的、友善的。等孩子到了6个月后，发现母亲其实是一个有独立意志的存在，同时母亲对自己是基本善意的、好的，于是孩子就可以接受：世界有两个中心，一个是自己，另一个是妈妈。

二元关系的世界是建立在世界上有两个好东西的基础之上的。

不过，实际上，二元关系也存在着严重的分裂。无论妈妈照顾得多好，小孩子仍然会有受伤的时候。这时，孩子就会出现一个矛盾：妈妈有两个，一个是好妈妈，另一个是坏妈妈；孩子也有两个：一个是好孩子，另一个是坏孩子。

那怎么办？在正常情况下，孩子倾向于只意识到好妈妈和好孩子的存在，而忽略坏妈妈和坏孩子的存在。

不过，当好妈妈和好孩子比较多，而坏妈妈和坏孩子比较少时，孩子就能完整地意识到，好妈妈和坏妈妈是一回事，好孩子和坏孩子是一回事。妈妈和自己一样，都是有好有坏的。

这意味着整合，意味着关系中的两个人都能看到别人的完整存在，也能呈现出自己的完整存在，是很好的二元关系的境界了。

不过，在二元关系中，去看彼此的坏，都是极具挑战的，是要特别结实的关系才能做到的。

比如，你对一个刚认识不久的异性说"我爱你"，那么这时你们的关系就具有极大的张力。对方会觉得，他要么答应你，成为和你的关系中的好人；要么拒绝你，成为和你的关系中的坏人。

但是，如果你们展开了一段时间的交往，释放了比较多的善意，关系变得深厚了一些，特别是都已经浓情蜜意，只差一句话了，这时，表达就变得容易很多。

总之，在二元关系中去处理"坏"是有难度的，对孩子来说更是如此。这时，就需要去构建一个三元关系化解关系里的张力。

具体的表现是，孩子为了和妈妈维持好的关系，会把妈妈看成是比她本人更好的存在。自己也对妈妈好，而把"坏权威（妈妈）"和"坏孩子"的关系投射到第三者身上，比如父亲身上。

这时，父亲要秉持的原则也是一样的：先给孩子传递善意，向孩子证明自己是好的，然后再让孩子知道，自己是有独立意志的。更重要的是，父亲要牵着孩子的手，带孩子走向外部世界。并且需要记住，作为父亲，你就是孩子最初的外部世界。

当父亲和孩子关系中的好足够多了，孩子对父亲的观感就变了。并且，关系中的好越多，孩子就越是能整合，看到父亲有好有坏，自己也是有好有坏。

当孩子能看到在自己和父母的这个三元关系中，自己、母亲和父亲都是有好有坏，但基本是善意的，同时又都有自己的独立意志。这就意味着，孩子真正进入了三元关系的世界。

至此，关于一元、二元和三元关系，我们可以有一个形象化的理解：

当你觉得世界上只有你是好的时，这就是一元关系；

当你觉得你和另外一个人都是基本好的时，这就是二元关系；

当你觉得你、你爱的人和与你竞争的人，都是基本好的时，这就是三元关系了。

这样听起来，是说的关系中的好，但同时特别需要说明的是，其实关系是用来处理我们内在心灵中的坏的。

人需要从一元世界进入二元世界，需要去爱上一个好的人，建立一个好的关系，转换一个人心中的坏，才能走出孤独的一元世界。

二元世界（或二元关系）是极具根本性的关系，如果两个人的心灵都非常强大，那么两个人搞双修就可以了，这就是所谓的"灵魂伴侣"。

但是，二元关系张力太大，难以容纳二元关系中的坏，所以需要找一个第三者去投射这个"坏"，这样就去一个三元世界里消化。

当在三元世界里不断去消化、去处理坏时，一个人的心灵就越来越得以淬炼，然后可以归于二元关系，最终归于一元世界。

互动：人没有简单活着的福分

人很容易想活得简单、单纯一些，但你没办法一辈子都保持着单纯，你势必会发现，那些极力想单纯的人，必然会受到各种伤害，而最终进入复杂。真正关键的是，在这份复杂中，你能否回归单纯。

如果你不能，那么可以说，复杂没有淬炼你，而是吞没了你。

Q：如果孩子从小就生活在单亲家庭里，怎样引导孩子培养正确的一元关系、二元关系、三元关系及日后正常的关系态度呢？

A：其实最关键的一步，是第一扶养者先和孩子建立起高质量的关系，这样孩子就会充分感知到"我是好的，你是好的"。有了这个二元关系的基础，再进入三元关系会容易很多。

父亲是外部世界的象征，即便孩子一开始就失去了父亲，帮孩子和外部世界建立起良好关系，一样也可以起到这个作用。

并且，当你说"单亲家庭"的时候，相信你说的是，孩子是有父亲的，但可能孩子的父母是离异了。那么，特别重要的是，别对孩子说"你父亲是坏人，是我们共同的敌人"。

建议了解一下奥巴马和他妈妈的故事。她一直给奥巴马说，你父亲是一个值得尊敬的、优秀的人。他父亲的确是人才，但依照我们的观点，他更像是个不负责任的渣男。

我就此写过一篇文章《奥巴马妈妈的育儿经》，感兴趣的朋友可以搜索一下。

Q：如果我和我爱的人在海边的阳光房欣赏美丽的风景。这里面只提到两个人，我的关系大概就是二元关系吗？关系中的三元关系是不是要比二元关系好？如果是的话，我们要如何让自己处于三元关系之中？

A：的确，这是二元关系。

现实是，你必然会进入三元关系中，比如，情侣会生孩子。就算没孩子，各自也都有亲朋好友，甚至还有各自的秘密。

太憧憬二元关系的朋友，需要意识到，二元关系很容易产生吞没感。这种感觉产生后，一个人就想从二元关系中逃走，去寻找一个第三方来构建复杂的三元关系。这是人性的必经之路，所以纯粹的爱情梦总是会幻灭，痛苦总会产生。人总是要走向复杂，再回归单纯。我们需要对这个过程有一定的预期。

Q：孩子在3～6岁会发展出三元关系，而同时这个期间也是弗洛伊德的俄狄浦斯期。处于这个年龄的女孩是会把父亲看作敌人，还是看成亲密的对象呢？或者，这个取决于父亲怎么表现？

A：这个问题的关键，首先取决于孩子是否建立好了二元关系。如果女孩建立好了二元关系，即真切地体验到了她自己是好的，妈妈也是好的，然后，她才能允许自己适当地背叛妈妈，去靠近爸爸，并且是和妈妈竞争。

如果女孩和妈妈的二元关系没建立好，甚至还处于共生的一元关系中，那么就会把父亲视为敌人。

当然也有少数情形，是妈妈实在太差了，而爸爸相对好很多。于是，女孩会扑向爸爸的怀抱，但在这种情形下，女孩在爸爸身上寻找的主要是母爱。

Q：假如一个人收获到的是不好的二元关系时，会更自我吗？会把自己封闭在一元关系里吗？或者，去破坏所有的二元关系甚至三元关系吗？之前有提到过的是作为自己的父母来疗愈自己，那也可以作为自己的父母建立关系这方面的疗愈吗？关系的疗愈是不是还需要有第二个真实的人？

A：第一，如果一个人没法收获一个好的二元关系，那么必然会一直处于一元关系的世界里，即他的世界只能有一个中心，他是中心而剥削别人，或者是他被别人剥削、虐待。

第二，如果自己一直处于一元关系的世界，那是没办法自己疗愈自己的，能自己做自己的父母而善待自己的，其实都是在其他真实的人那里得到了部分爱。

Q：不明白三元关系为什么会回归二元关系，是把二元关系中"坏"的关系处理后的回归吗？

A：这是非常好的理解。一个人，为了保护自己心中的好，先需要把自己内心的坏投射到二元关系中，而后又为了保护好的二元关系，而去把二元关系中的坏投射到三元关系的世界里。

但随着人性的成熟，先是能处理复杂的三元关系中的坏，接着又能更好地处理二元关系中的坏，最终能处理自己一个人的内心中的坏，而彻底整合了内心中的好与坏。

第四章　动力

心理健康的标准

"什么样的人才是健康的?"这是心理学,特别是心理咨询与治疗必然要涉及的一个基本问题。你认为的心理健康标准是什么样的?特别是,你什么时候真切地感受到你是心理健康的?自己心理健康时的现象场,也就是时间、地点和环境,又如何呢?

在2015年前,我41年的人生里,我一直是一个典型的好人。除了2年的抑郁症,其他时间我都能很好地学习、工作,也能有还可以的社交。在别人眼里,我看上去活得还不错,但我一直不喜欢自己的状态。我不觉得自己健康,原因很简单,我感觉自己的生命力被锁住了。

经过漫长的努力,到了2015年后,我锁住的生命力才终于打开了一些,我时常能感受到生命力像水流一样在身上流动的感觉。这时候,我才觉得,自己的心理是健康的。那么,你什么时候体验过生命力流动的感觉?这既可能是正能量流动的感觉,也可能是所谓的"负能量流动"的感觉。

> 不用担心这些乐音无处可藏!
> 即使我们一件乐器坏掉,
> 也不必介怀。
> 我们所坠入的,
> 是个乐音处处的所在。

即使全世界的竖琴尽皆焚毁，

仍然会有隐藏着的乐器在弹奏。

——鲁米

心理疾病的分类

依照精神分析的理论，心理疾病由重到轻可以分为三大类：精神病、人格障碍和神经症。并且，创伤越早，患病越重。6岁之前的人生阶段是人格发展的关键阶段，一个人的人格在这一阶段被基本定型。如果儿童在这一阶段遭遇严重创伤的话，他就会埋下患病的种子。如果以后的人生阶段再一次重复了类似的创伤，他就有可能会出现相应的心理疾病。

精神分析认为，精神病患者，是1岁前的养育环境出了大问题。人格障碍患者，是3岁前的养育出了问题。而神经症患者，则是3~6岁的养育出了问题，而之前的基础还可以。下面详细分析三种疾病。

1. 精神病，最严重的精神疾病，如精神分裂症、躁郁症等

它的典型症状如幻觉和妄想，以及怪异行为和怪异想法。可以说，怪异是精神病患者最容易被看出的地方，他们的言语、行为和神情，明显和正常人不同。幻觉如幻视、幻听，幻视即看到了并不存在的事物，幻听即听到了没有的声音。妄想，即偏执地坚持自己的想法，哪怕没有任何证据，但还是坚持，而不会被说服。经典的妄想是被迫害妄想，认为自己生活中的所有不顺，都是某一个人或势力构建了一个体系来迫害自己。还有：钟情妄想，通常是认为某个名人爱上了自己；忌妒妄想，认定配偶出轨了周围很多异性。其中最典型，也最广为人知的是精神分裂症。

精神病患者最重要的问题，是失去了现实检验能力，他们把自己的内部想象直接视为现实。如果别人的外部信息和自己的内在想象发生了冲突，他们宁愿相信自己的内在想象。

比如，我的一个朋友曾突然得了精神分裂症。她坐电梯时，看到父亲在电梯里骂她；晚上睡觉时，听到母亲和母亲那边的亲戚在客厅里议论她。她是我的忠实粉丝，知道这是幻觉，立即去医院接受了精神科的药物治疗。一个多月后，她的幻觉就消失了。

在电影《美丽心灵》中，刻画了诺贝尔奖得主纳什的幻觉——他总是看到一个小女孩和一位成年男性。因为在视觉和听觉等感觉上，他们如此真实，所以纳什对他们的存在一直深信不疑，这就是缺乏现实检验能力。但是，在妻子要离开他的紧急状态下，他突然通过推理，开始有了现实检验能力。这个推理是，他发现小女孩从来没有长大过。

在这两个例子中，都是靠着这一点儿宝贵的现实检验能力，让他们对自己看起来真实无比的幻觉产生了怀疑，这就给疗愈提供了可能。

可以说，精神病患者——至少在他的疾病所浸染的范围，他是活在一个人的世界的。他意识不到别人的真实存在，而直接把自己的内在想象当成了外部现实，于是其他人也难以对他发挥镜子功能，去看到他。他也就无法和别人建立起关系。

2.人格障碍，如表演型人格障碍、自恋型人格障碍、反社会型人格障碍和边缘型人格障碍等

人格障碍也是非常严重的心理疾病，它比精神病轻了一个级别，有了相当的现实检验能力，也显得没那么怪异了。他们甚至会对人情世故洞若观火，还极其善于玩权力游戏。问题是，他们虽然感知到别人的存在，但难以对别人生出情感来。别人对他们而言，就是实现目标的对象与工具。他们难以将别人感知为和自己一样都是人，都是独立、有尊严的。

可以说，他们的人格（即自我）还没完整形成，于是他们的主要努力都是为了维护自己的自恋。他们的核心心理逻辑：我没有错，永远都是别人错。他们的快乐就建立在别人的痛苦之上。

一次，我去监狱给犯人讲课，当我讲到一些悲惨的故事时，就会听到哄堂大笑，有人笑得开心得不得了，这是在其他场合讲课从没有遇到的情景。这些大笑的人，应该多是反社会性人格。

他们不认为自己有问题，所以他们大多不会去求治，除了其中少数的类别，比如，边缘型人格患者。

他们有三个特点：

（1）不稳定。情绪非常反复无常，前一秒还在大哭，下一秒就破涕为笑，然后再下一秒又大哭。核心是缺乏稳定的自我意象，导致他们很容易变换角色。和他们相处，你会觉得他们一会儿变一个人。

（2）冲动易怒。容易自虐、自伤，乃至自杀，部分人夏天还穿长袖，因为他们的手腕和上臂上有很多割痕。

（3）极度害怕被抛弃。他们常表达"你只要不离开我，要我怎么做都行"。

很多演员是边缘型人格，是因为他们不但没有稳定的自我意象，而且情绪、情感又是敞开的，所以他们可以更容易地进入角色中，演绎得非常动人。

人格障碍患者，特别是边缘型人格和反社会型人格，他们很容易魅力超凡。因为他们不懂什么叫"规则"，所以有了一种强烈的自由感。比如，诺兰的《蝙蝠侠：黑暗骑士》中的小丑，很像是严重的反社会型人格。本来电影是把他当成精神病的，但他洞察人心的能力和现实处理问题的能力是如此之强，这就不是一般的精神病人所能做到的了。

3. 神经症

神经症就是最轻级别的心理疾病了，我们通常所听到的强迫症、社交恐惧症等，就是神经症。

与人格障碍患者相反，神经症患者的问题是，他们太容易觉得：我错了，问题都在我身上。所以，他们会主动寻求治疗，而社会机构的心理咨询师所遇到的来访者，如果真达到了心理疾病的级别，那么也多数是患有神经症。

有人认为，心理虚弱的人才去找心理医生。实际上，主动寻求心理咨询与治疗的，都是能承认自己有问题的。这是心理发展水平比较高的表现，而像人格障碍患者，多数都不会寻求治疗。

我们还可以使用之前提到的"一元、二元和三元关系"，大致这样诠释：

精神病是活在最原始的一元世界里,他严重缺乏"别人独立存在"这个感觉,而把自己的内部想象当成别人的外部现实来对待。可以说,他不容易觉得别人是好的,甚至也不认为自己是好的。

人格障碍患者的世界,是介于一元世界和二元世界之间。他们明确意识到别人是独立存在的,但他们还没有对别人产生情感,他们只觉得"我是好的",而还没有明确意识到"你也是好的"。如果对别人好的话,也是因"你是我的人"。

神经症患者的世界,是介于二元世界和三元世界里。他们意识到,我和你是好的,但我爱你的时候,我担心会对第三个人产生伤害。

彻底活在三元世界里的人,就是真正的健康人:我基本好,你基本好,他也基本好。

自信与热情

"自信与热情"是美国心理学家科胡特的一个标准。他认为,心理健康就是自信加热情这么简单。但什么是自信,什么是热情呢?科胡特认为:当活力能够滋养自体时,即自信;当活力能够滋养客体时,即热情。那么,你是自信加热情的吗?或者说,你心理健康吗?

坦然地说,按照这个标准,我认识的心理健康人士太少了,因为我很少见到有人同时具备自信和热情。

比如自信。一直以来,我认为自己还算是自信的,至少对自己的工作能力非常自信,对自己的人格、品质等也基本接受。但如果按"活力能滋养自己"这个标准,我就真不具备自信了。活力就像是一种生物能量一样,能够真的让一个人看上去就是非常被滋养的。一个脸上无光的、身体僵硬的人,是不能说被活力滋养自身的。

这一逻辑推到极致,武侠小说中就会出现"天聋""地哑"这样的人物。我记得是小时候看电视剧时看到的,他俩身体残疾,但却具有无上的神功。《天龙八部》中有枯木大师,《倚天屠龙记》中的三个少林寺的老和尚也有这种描绘。在我看来,这些像是在说，一个彻底弃绝了"人欲"的人，最终成圣。用我们今天的术语来讲，就是弃绝了自恋、性和攻击性等人性动力的人，最终变得厉害得不得了。对此，我是有怀疑的。至少对普通人而言，当排斥了人欲后，也就排斥了活力，那也就难以滋养自己了。

再说说热情。科胡特认为，一个人如何感知自体和客体，是有四个水准的。首先最好的水准，是自信和热情。其次好的，是夸大性自体与理想化客体。夸大性自体，就是一个人把自体的厉害之处严重夸大了。这种夸大感，投射到客体身上，就变成了理性化客体。

有一段时间，我在广州讲了三次课，都有一个男孩给我送花。最后一次讲课结束，我坐地铁回家，他也紧跟着。在地铁上，他热情地看着我说："武老师，您品德这么高尚，这样的讲座，您肯定是不收钱的吧？"那一次，恰巧是公益讲座，本来没收费，但我不想他这么看我，于是认真地对他说："怎么会？钱非常重要，不给钱，我怎么会来？"之后，我就再也没见过这个哥们儿。

再下降一个水准，就是疑病症和可怕的神。

什么是疑病症呢？就是一个人总怀疑自己的身体有各种生理疾病，去医院做检查，却发现没事，但这个人就是控制不住地怀疑自己的身体有病。并且，他们怀疑的病很多，这儿不舒服就觉得这儿有病，那儿不舒服就觉得那儿有病。

科胡特认为，疑病症患者的核心，是觉得自体太虚弱。但是，他们还没有真正形成心理意义上的自体，而是将生理意义上的身体视为自体。所以，一旦感觉到虚弱就怀疑自己的身体有病，还觉得这一点儿小病就可能会要了自己的命。比如，我的一位来访者喜欢健身，可以说体壮如牛，但只要有一点儿不舒服，他就怀疑身体有病。而真正被诊断生病时，哪怕是感冒，也会让他担心自己会死掉。

疑病症是怀疑自体虚弱，而与此对应的是他们觉得这个世界上有一个像神一般的力量，并且神非常苛刻、严厉。如果自己做不好，神就会攻击自己。这样就可以理解疑病症为什么动不动就担心自己会死掉了，因为有一个苛刻的、动不动就会攻击自己的、可怕的神。

自信和热情，夸大性自体和理想化客体，这两个层级中，自体和客体之间的动力还是以善意为主的。而到了疑病症和可怕的神这个层级，自体和客体之间的动力就变成以敌意为主了。最糟糕的水准，就是自恋妄想和被迫害妄想。太多人有轻度的被迫害感，而被迫害妄想的关键是有了一个迫害体系，导致连治疗他都变得非常困难。因为他认为，在他之外的整个世界都是坏的、有恶意的，治疗师也不例外。

我们再重复一下这四个水准：

（1）自信和热情，即活力能滋养自体，也能滋养客体，或者说，善意的能量可以在自体和客体之间流动；

（2）夸大性自体和理想化客体，即把自体和客体的好都夸大了；

（3）疑病症和可怕的神，觉得自体虚弱，觉得客体是以敌意为主；

（4）自恋妄想和被迫害妄想，认为自体到了神的级别，认为客体是坏的，并且无所不能。

愿我们能成为自信和热情的人，充分享受到活力在自体和客体之间流动的美好感觉。

两种生命力

健康看起来就是那么简单，自信加热情就好，活力能够在自体和客体之间流动。还记得温尼科特对自我的定义吗？每个人的自我就像是一个能量球。那么，就想象你是一个能量球，颜色是中性的灰色，当这个能量球表达一个动力时，就像是章鱼伸出了一个触角。

所谓的"表达动力"，就是任何一种能量向外部世界的伸展。比如，你表达了一份需求、一个声音等。

这个能量触角，如果被某个客体接住，就意味着自体和客体之间建立了关系。如果客体给了你一个回馈，说这个能量是好的，他喜欢，那么，这个能量触角的颜色，就从中性的灰色变成了彩色甚至白色。而从感觉上，这份中性的能量就变成了好的能量。如热情和创造力，可统称为"生命力"，即正能量。

相反，这个能量触角如果没有被客体接住，这有两种可能：一种是被拒绝、被排斥，另一种是被忽视。无论哪一种可能，你都会感知为：你被拒绝了，你的这份能量被否定了。这时，这份中性的能量在颜色上，就从灰色变成了黑色。而感觉上，这份中性的能量，就变成黑色能量，如愤怒、恨和毁灭欲，可统称为"破坏力"，即负能量。

一旦形成黑色能量，那么这股黑色能量就有了两种表达途径：第一种是继续向外指向客体，这就是攻击性；第二种是如果不能攻击客体，这股黑色能量并不会消失，而是转而攻击自己。抑郁症就是攻击性指向自己。

敏感的人，比如边缘型人格障碍患者，他们会清晰地感知到，自己很容易充满攻击性：有时向外攻击别人，有时向内攻击自己。他们的攻击性非常强，所以会有这样的说法：一位咨询师，一辈子治疗过一个边缘型人格障碍患者就可以了。

他们攻击咨询师时，是一个挑战，但如果咨询师能容纳他们的攻击，那么这就是在治疗。他们转而攻击自己时，挑战就更大了，因为他们很可能会自伤、自残，甚至自杀。多数人学会了压抑自己的攻击性，于是不容易感知到黑色能量的存在。很多性格相对平和的抑郁症患者就是这样，他们更多的体验是无力感。但无力感，其实就是攻击性转向自己，而对自己构成了镇压感。

作为精神分析师，需要找资深的精神分析师完成对自己的分析，这是精神分析的一个行规，我们把这个称为"个人体验"①。个人体验，持续几百次甚至上千次都很正常。所以，我有一位我的治疗师。现在，我们是一周咨询两次，通过视频，每次50分钟。

---

① 个人体验（Personal Therapy）：是心理咨询师自己接受的心理咨询（治疗）。可以是一次或几次（短程），也可以是长期，甚至持续多年的（长程）；可以是一对一的个体咨询，也可以是团体咨询。

个人体验的概念基于精神分析的理论背景，最早是由弗洛伊德提出的。他认为，精神分析的工作是探索无意识对人们想法与行为的影响，而精神分析师在帮助他人之前，首先要能够有效地觉察自己的无意识想法与欲望，并在工作中识别与避免自身无意识的影响。因此，精神分析师在受训的过程中，自己也必须接受分析。个人体验除了"咨询"本身、帮助咨询师成为"更好"的自己之外，也承担了"帮助咨询师更好地工作"的功能。

两年前，我在咨询中有一个极为深刻的体验。在这次咨询前，我先是取消过一次咨询，因为咨询那天我要讲课，所以提前一天晚上给他发了电子邮件通知他取消。但是他在国外，我是他当天早上的第一个个案，而他没来得及看我的电子邮件，所以还是给我拨了视频。当时，我正好是讲课的休息时间，挂掉他的视频后，我给他发了信息说，这次咨询取消了。

这是很正常的一件事，但下一次咨询时，我又取消了一次咨询。这次取消的理由不充分，我也是犹豫来犹豫去，结果电子邮件都忘了发。而他给我拨视频时，我正在谈事，于是再一次挂掉他视频，给他发信息解释了一下。

第二次的取消有点儿莫名其妙，应该是我内心有些什么原因让我这么做，但我觉得不可能，因为一切都可以理解，何况我本来就是一个好脾气的人。

听我这么说，我的咨询师说："你看起来是一个好脾气的人，但也许有些愤怒被你忽略了。可能你觉得，你给我发了电子邮件这个举动被浪费了，因此你有愤怒，甚至是暴怒。"

听他这么说，我体内有一股积压了很久的暴怒像火山般喷出，我第一次对他爆了粗口，还自称"老子"。

在视频对面，他平静如水地看着我，我既没有被报复，也没有伤害到他。这时，我脑海里产生了一个画面：一只矫健的黑豹，从我体内跳出，它在我书房的地板上、书桌上、墙壁上和天花板上自由游走，灵动得不得了。与此同时，我感觉我的各种感觉被放大了五倍乃至十倍。我感觉自己清晰得不得了，整个外部世界也变得栩栩如生。

这就是活力滋养自体，同时活力也能流向客体的经典例子吧。

我们虽然容易认为，黑色能量不好，但是当黑色能量可以在自体和客体之间流动时，黑色能量就可以被转化了，转化成了生命力。

这就是关系的意义所在。

同时，我也想说，在关系之间，必须有能量流动。如果没有，那么关系也会是乏味、淡漠乃至死寂的。正能量和负能量本来是一回事，区别仅仅是，正能量是被允许的、被看见的，而负能量或黑色能量是不被允许、不被看见的。

由此可引出一个假设：当能量被看见后，一切能量都可以转化成好的。

这个假设可以具体成：可以想象你作为一个能量球，另外一个生命作为另一个能量球，当你们两者之间建立了充分的联结后，你们作为两个能量球，就都被全然照亮了。

当这种全然照亮的事情发生后，两个人就从二元关系进入了一元关系。

这种照亮，或者说全然看见，在两个人的二元关系中发生，太难了。但如果把整个世界视为"你"，视为一个客体，那么就可以认为，"我"和"你"这整个外部世界的互动，就是为了被全然照亮这个终极目标。

互动：自体都在寻找客体，我都在寻找你

太多朋友在说："可不可以不进入关系，而在孤独状态完成攻击性的转化，比如孤独读书、孤独觉知，或者其他？"

简单的回答是：不能。

那些能量流动的美妙时刻，都是发生在关系中。并且，当能在关系中自由表达攻击性，而关系又没有被破坏时，那实在太美妙了。

从哲学上来讲，很多西方哲学家论述过：你存在，所以我存在。

从心理学上来讲，精神分析会有一个基本说法：自体都在寻找客体。也就是说，我都在寻找你。所谓的"攻击性"，只是我在寻找你时的动力而已。

别那么害怕攻击性，当你学会人性化地表达时，你会发现，它就是生命。

Q：自信和热情是递进的关系吗？是不是活力先滋养了自己才能滋养别人呢？有热情没自信的人是怎么回事呢？

A：不是简单的递进关系，所以存在着有热情没自信的人。

比如，特别外向的人，就容易是有热情没自信的人。他们的能量都倾向于在关系中流动，但他们较少去关注自己，特别是自己的内在世界。因此，他们的内在世界就容易处于黑暗中。

相反，内向的人，因将能量聚焦于内，因此对自己的内心更了解，也就意味着有更多光照到内在的黑暗中。

所以，外向和内向的人相互吸引是有道理的。

Q：如果一个人的黑色能量不能传递出去，不存在这样一个可以接住自己负能量的人，那么自己有可能消解、转化它吗？

A：自己可以消解、转化一部分，但不可能完全实现。它需要在关系中完成，并且在关系中检验。

我把它视为一个好故事、一个比喻，也的确认为，如果你认为内在的黑色能量都被转化了，那么必然意味着，你能在现实中去转化别人的黑色能量。所以，去检验一下吧。

因此，无论如何，内在的黑暗，都需要呈现在现实中。

Q：当不被回应或忽视时，我们就会产生攻击性——攻击别人或者攻击自己。当长期攻击自身时，抑郁症就产生了。可是，这个攻击我既不想攻击别人，也不想伤了自己。有没有第三种途径呢？

A：应该没有第三种途径。

自体都在寻找客体，攻击性只是发生在寻找中的动力而已。如果自体没有找到客体，那么就意味着生命完全没有展开。

攻击性可以变成破坏性，也可以变成生命力，而在你的描绘中，只是将攻击性视为"攻击"，所以恐惧它。

没有攻击，什么都不会发生。比如，生命最初就是一颗精子，攻击了一颗卵子。当男人在性爱中充分释放攻击性时，却发现，它带给了男女难以言喻的快乐。这时，攻击性就得以转化，就被祝福了。

全能自恋

全能自恋，也被称为"全能感"。精神分析认为，婴儿刚出生时，都是活在全能感中。他们觉得世界是浑然一体的，不分你我，不分彼此。他们觉得自己就像神一样，一发出一个念头，世界就会给予及时的回应。否则，他们就会生出巨大的无助感，然后"神"会变成"魔"，产生毁灭世界的感觉。

在心理学看来，人酗酒、吸毒、赌博、打电子游戏，都是在追求全能感，所以全能感或全能自恋是一个极为深刻的东西。在我看来，它可以说是催生了人类社会的一切，也包括灾难。

那么什么时候，你体验过自己无所不能的感觉？

> 所有止渴的容器
> 水壶、水桶
> 必定开始厌倦于我了。
> 我体内有一尾口渴的鱼，它有着
> 永不餍足的口渴！
> 指引我通往大海的路吧！
> 把这些充数的、吝啬的容器
> 通通打碎。
> 把这些绮想和忧伤也

通通打碎。

且让我的房子浸泡在

昨夜村外涨起的潮水里，

那藏在我胸口中央的潮水里。

——鲁米

全能自恋与自恋性暴怒

成年人如果还严重地活在全能自恋和自恋性暴怒中，就实在是糟糕了。因为这是心理发展水平最低的一种表现，也是彻底地活在一元世界里，只能感受到自己的意志，而不能感受到别人和自己一样是平等而独立的存在的表现。

但是，全能自恋是所有婴儿一开始的心理。在精神分析看来，其实任何一个婴儿一出生，都是这种感觉，只是不能说话而已。这就导致了一个巨大的矛盾：在婴儿感觉中觉得自己是"神"，但真实情况是，早期婴儿的能力接近于零。大一些的婴儿虽然具备了一些能力，但他的一切基本需求还得依赖于抚养者的照料。

所以，早期婴儿都活在一个不能调和的分裂中：当抚养者能及时回应，照料好他的吃、喝、拉、撒、睡、玩，并能给予情感回应时，婴儿觉得自己像"神"一般伟大。他真切地觉得，自己的声音一发出，世界就立即满足了自己。当抚养者不能及时给予回应，忽视或拒绝了婴儿的声音时，婴儿就立即陷入彻底无助的状态，同时产生了自恋性暴怒，恨不得毁了这个世界。

婴儿是不能承受无助和暴怒这些"坏"东西的，于是会把这些"坏"投射出去。甚至，3个月前的小婴儿都不能把"坏"投射到妈妈身上。那么，他会投射到哪儿呢？他会投射到心理学中的"鬼"身上。我们都怕鬼，在精神分析看来，所谓的"鬼"，就是"坏妈妈"与"坏孩子"的投射物。这是为了保护"好妈妈"与"好孩子"好的关系。

我开工作坊的时候，第一天晚上布置了一个作业：今天晚上做一个关于鬼的梦；如果没有梦，你可以回忆你对鬼的恐惧，然后试着把"鬼"的形象，特别是脸看清晰，看看会发生什么。当然，如果太害怕，别为难自己。

结果，很多人发现，鬼的脸，就是妈妈的脸。

我的一个朋友，她脖子很长，但不能穿高领衣服，也不能戴项链。一次，她看了我写的一篇关于鬼是"坏妈妈"投射物的文章后，想起她小时候和妈妈睡在一张床上，常常想象，妈妈转过身来，现出一张鬼脸，把她掐死。有了这个回忆后，她就明白，她不能穿高领衣服、不能戴项链，其实是来自这份担心。

我们心中的鬼，虽然常是"坏妈妈"的投射，但并不是说，你真实的妈妈会有这部分的"坏"。实际上，无论妈妈怎么努力，只要不被及时回应，婴儿就会产生彻底无助和自恋性暴怒，因而有了"坏孩子"和"坏妈妈"，即"坏自体"和"坏客体"。

这时，该怎么办呢？最好的办法，是给予婴儿及时的回应，也就是满足他的全能自恋，减少他无助的时刻，减少他暴怒的时刻。这样一来，婴儿的心中就产生了更多好的体验。他心中的"好孩子"和"好妈妈"（即"好自体"和"好客体"）的部分就会更多。

然后，等婴儿长大一些，有了一些基本的能力后，就可以去整合心中的好与坏了。整合，必须建立在这个基础上：好足够多，所以整合时，好不会被坏所淹没甚至消灭。

说到这儿，我们就可以明白，为什么有些人是非黑即白、非好即坏、非敌即友了，因为他们心中的好太少，而坏太多，所以必须偏执，这是为了保护心中太少的好。

我们一些常见的养育观念是非常可怕的。比如有人说，孩子3岁前是没有记忆的，所以怎么对他都行。其实恰恰相反，孩子越小，越是需要精心呵护，尽可能减少他无助和暴怒的时候。

当婴儿感知到他基本上是一个"好婴儿"，他的妈妈基本上是一个"好妈妈"时，他就从全能自恋和自恋性暴怒中走出来了。他发现，自己虽然有无助和暴怒的"坏婴儿"的部分，妈妈也有照顾不足的"坏妈妈"的部分，婴儿和妈妈都是有好有坏的，但这个原初自体和原初客体，都基本上是好的，他的世界也基本上是可以控制的。虽然他的一个个具体的意志经常会被挫败，但基本上，他的重要意志是可以得以实现的。特别是,他是可以安全、舒适地存活的。

一个成年人如果还严重停留在全能自恋状态,那会变得麻烦很多,因为他的需求和暴怒都和婴儿不同了。婴儿的需求不外乎是吃、喝、拉、撒、睡、玩,以及情感需求,而成年人的需求则变成各种各样的物质需求和情感需求,甚至真的想拥有整个世界。这时,他已不可能找到一个妈妈来满足自己了。并且,成年人的自恋性暴怒一旦变成攻击性行为,很容易导致严重的破坏。

在我的观察中,太多人(包括我自己),是没有觉知地、在相当程度上停留在全能自恋中。这时,觉知到全能自恋的存在就非常重要。

特别重要的是:全能自恋是生命的第一动力,人类文明的一切都是它推动的结果,后面的性和攻击性的动力也是它演化的结果。

实体自恋与虚体自恋

科胡特认为,全能自恋是生命的一个根本动力,而发展得好的话,极端的全能自恋可以发展成为健康的自恋。[1]

全能自恋简直可以引出无限的话题,我觉得对我们生活的各种现象有极大的解释力。像今天要使用的"实体自恋"与"虚体自恋"的概念,其实就是里子与面子。

在电影《一代宗师》中,有一句经典的台词:"人这辈子,有的人活成了面子,有的人活成了里子,能耐是其次的。"什么是面子,什么是里子呢?

里子是实体自恋,你的自我价值感。你觉得"我很好"这种感觉是一种很真实的东西,像是一种实体,不会因为外在条件的变化而受到很大的损害。

面子是虚体自恋,你的自我价值感和外在条件是紧密联系在一起的,比方说

---

[1] 科胡特认为,自恋的作用是使破碎的自体碎片连成一片,形成完整的自体。一个较为完整和坚固的内在心理结构,即"内聚性自体"。科胡特所使用的自体概念是广义的,即指一个人精神世界的核心。这个核心在空间上是紧密结合(内聚性)的,在时间上是持久的,是个体心理创始的中心和印象的容器。一个具有内聚性自体的人,通常会体验到一种自我确信的价值感和实实在在的存在感。

美貌、金钱、社会和经济地位、名气等。当外在条件很好的时候，你的自恋会爆棚。但是当外在条件变差时，你的自恋会受到很大的损害。

如果一个人主要是虚体自恋，那么他做事情时，注意力就会放在外在条件这些比较虚的东西上，而对真实的、核心的东西好像总是把握不住，总是会有所忽视。

比如我的一个朋友说，他父母在他很小的时候就离婚了，却对他整整保密了九年。他十几岁时，才知道父母已离婚，当时有一种很深的上当受骗的感觉。

根据我的咨询经验，离婚保密在我们生活中是非常常见的，其中就有虚体自恋的部分。

有这些心理（离婚保密）的来访者说，他们觉得结婚过日子才是正常人，也才让他们感觉自己是一个完整的人。而离婚的事被别人知道，他们会有一种很深的羞耻感，就好像自己不再完整了，不再是正常人了。

特别是，他们会觉得别人带有一种异样的、看不起的眼神在看着他们。这实际上是投射，他们是虚体自恋，所以觉得自己的价值感必须建立在"他有正常婚姻"这个事实上。当这个事实被破坏了，虚体自恋也就被破坏了。这时，他们有一种"我不行"的羞耻感。这种羞耻感投射到外部世界，就变成了别人在说他不行。

为了避免别人看不起自己的羞耻感，他们要对别人保密，甚至要对孩子保密。

在他们的想象中，他们会觉得孩子和他们一样也是很虚的。如果孩子知道了父母离婚的消息，会有很深的受伤感。

不幸的是，对于这位朋友而言，这是一种真实的东西，他知道了父母离婚的消息后，觉得自己上当受骗了，而且一直耿耿于怀。他看不见父母的苦心，他看见的是"我被骗了"。

"我被骗了"的意思是，我的自恋受到了损害：我是一个伟大的人，是一个这么重要的人，怎么可以被骗？所以被骗，特别是被亲人骗，这严重伤害到了他的自恋。但假如是一个有实体自恋的孩子，他可能会这样想：父母有苦衷，是*爱护我*，所以才会撒谎。

真正滋养实体自恋的东西是两个：投入地去爱和投入地去做事情。这都是在和某个人或某个事物建立深度关系，在这个过程中，自恋不断受到打击，但最终因为真正建立了关系，增强了情感与能力，结果都会增加一个人的实体自恋。

一个人有了基本的实体自恋后，才能做自我观察，但只有虚体自恋时，连自我观察都做不了，因为觉得这是对自己的攻击。

我的一个来访者说，她这辈子都感觉自己一直都走在钢丝绳上，而且钢丝绳的下面就是刀山火海，就是悬崖，掉下去会死。所以，她把所有的注意力都放在保持平衡上，这样她才能够走在钢丝绳上。但是，因为她全部的注意力都在这儿，以致不能分出一些注意力观察别人和观察自己，结果她一直都混沌地活着。

更深一些的理解是，她其实还停留在全能自恋中，她不能接受任何挫败，因为挫败就意味着她的"神"一般的全能自恋感被击碎了。

这位来访者咨询满一年的时候，正好是在春节前，她对我说："武老师，我现在感觉我从钢丝绳上走下来了，我的双脚站在了大地上。"

然后她发现，她可以观察自己和别人了。当事情发生的时候，她的心灵有了一个空间包容那些不好的感受，观察能力因此而生。她之所以能做到这一点，是因为在和我一年的咨询中，我和她的咨询关系就像是一个容器，一直能容纳她那些不好的感受。后来，她把这份感觉内化到自己心中了。

严重的虚体自恋，都是严重的全能自恋，就是一个人还在幻想着自己是全能的"神"，没有做不成的事，没有达不成的愿望，没有追不到的爱人。有的人能觉知到自己的全能幻想，而很多人觉知不到这一点，因为甚至都没怀疑过自己是全能自恋，内心认为这还是可以的。

关于实体自恋，另一位心理学家弗兰克是这样讲的："投入地去爱一个人，投入地去做一件事情，幸福就会降临。"

全能自恋的力量

有一部电影《阿拉伯的劳伦斯》，它常被列为"史诗类"的第一名。讲的是第一次世界大战期间，英国的一名普通军官，简直是单枪匹马，带着原始社会般的阿拉伯人击溃了奥斯曼帝国，走向了独立。

这位劳伦斯是鼎鼎大名的人，他充满了争议：有人认为他是伟人、军事奇才、战略和战术大师，有人则认为他只是恰逢其时。这部电影，我看过两遍：多年前看过一遍，那时没觉得有多激动人心，更没觉得看了一部伟大的电影；前不久又看了一遍，因此产生了一个印象——劳伦斯是个疯狂的家伙。也就是说，驱使他创下不世伟业的，并非是他理性层面的才华，而是感性层面的疯狂。

比如，影片中关键的第一次世界大战，需要穿越可怕的沙漠，理性的人都认为不可行，但他这个疯子认为可以，还说服了大家，结果创造了不可能的奇迹。刚才这是普通的视角，如果加上心理学的视角，可以说，劳伦斯是受着全能自恋的驱使，认为自己的想法都可以实现，于是不顾代价地去追寻，结果真成功了。

当然，劳伦斯博学多才、才华横溢，这些真材实料很重要，但更重要的是他的人格。在他的著作《智慧七柱》中，他这样讲述他的人生哲学：

> 人皆有梦，但多寡不同。夜间做梦的人，日间醒来发现心灵尘灰深处所梦不过是虚华一场。但是，日间做梦的人则是危险人物，因为他们睁着眼行其所梦，甚至使之可能。而我就是如此。

重要的是敢于"日间做梦"，并"行其所梦"，且"使之可能"，而非其他。

在我的个人观感中，强人多是如此。在荷兰裔美国著名作家房龙看来，拿破仑也是这种人。他对这位伟人没有理性上的好感，认为他是"独夫""屠夫""自大狂"等。但房龙也说，如果突然间出现一个像拿破仑一样的人，像拿破仑那样演讲、那样行事，他也会热血沸腾，忍不住要跟随，去干一番伟业。

在我看来，这是因为他们（像劳伦斯和拿破仑）的全能自恋唤起了我们心中的全能感。轰轰烈烈、不顾代价地去追求心中所想、所愿，抛弃头脑层面的理性计算的热血感，实在太有感染力了，我们愿意赌一把。

这可以解释，人类历史上为什么那么多大人物在发展阶段战无不胜，可一次关键的失败，就把他们彻底摧毁了。比如，我们之前提到的花剌子模国国王，本来神明英武，自从有一次败给成吉思汗大军后，就一蹶不振了。

这是全能自恋的核心特点。当一个人受全能自恋驱使时，他会觉得自己无所不能，因此思维和行动力都非常厉害。可一旦出现一次关键挫败，他们就发现，自己的全能神是个幻觉，然后会从全能自恋感跌落，陷入彻底的无助感中，觉得自己什么都不是，然后表现得非常糟糕。

不仅历史上的强人如此，生活中的强人也常常是这样的。比如一些企业家，他们最强的能力，是兜售梦想。当他们带着全能自恋感兜售自己信以为真的梦想时，会特别有感染力，因此会吸引一批实干家跟着他一起创业，最终走向成功，或者失败。

当人处于全能感或全能自恋这种状态时，他什么都敢想、都敢做，于是这推动着他们启动了很多不可思议的东西。但同时，如果主要是全能感在做推动，那么它就会很脆弱。

所以，最好是这样的：全能感并没有从你身上消失，而是转换成了更为成熟、更为坚韧的动力，你能够发起一个又一个的愿望。这时候，你胆大妄为，但在具体实施时，你又有很好的理性和韧劲儿，让自己能一直推动这件事发展，这样事情就会变得很不同。这也是人的发展历程。

全能自恋是一元世界的东西，受它驱使时，你会很有动力，但你这时必然严重地以自我为中心，而忽略别人，并且它的韧劲儿会是问题。但是，当你进入二元世界和三元世界时，没有牺牲你的全能感。这时，你认识到了世界的复杂性，而原初的全能感也变成了更为复杂的攻击性和性等动力，你的力量没有丧失，而你的心灵变得复杂而成熟。这时，你就能达到温尼科特所说的那种感觉：世界准备好接受你的本能排山倒海般涌出。

全能自恋的常规表现

婴儿的全能自恋可概括为：我一动念头，世界就得立即按照我的意愿来运转。这看似简单的一句话，在成年人身上会看到四类常见的表现：

（1）卓越强迫症：不优秀，不配活；

（2）行动困难症：想法多，行动难；

（3）诛心论；

（4）在关系中受伤后，会退行到孤独的全能自恋中。

接下来详细来谈谈这四点。

1. 卓越强迫症

卓越强迫症，可表达为"不优秀，不配活"。意思是，如果你不优秀、不卓越，那你就不配活在这个世界上。"别人家的孩子"就是这样，你看"别人家的孩子"优秀甚至完美，你怎么这么差！你不配是我的孩子！其实"卓越""优秀"这些词的表达远远不够，因为在婴儿心中，真正的渴求是"全能"与"完美"。

例如，很多人遇到意外的灾难会内疚，并做过度的内归因——"都是我的错"。这暗含的逻辑是："如果我是完美的，事情就可以彻底被我掌控了，都怪我不完美。"

一个女高中生，每次考试成绩下来后的两三天，都难过得想杀死自己。我问她："你考第一也这样吗？"

她说："是的。"

我再问："有例外吗？哪怕一次也好。"

她最初说没有，但想了会儿说："啊，有过一次，我门门功课都是第一名。"

听她这么说，我对她说："好像你觉得自己是完美的？"

她惊讶地反问我说："难道我不是完美的吗？"

这是一个让我印象极为深刻的例子。你可以想象，一个女高中生，仍然活在自己是完美的幻觉中。那会多么容易产生痛苦，因为现实时刻都会打自己的脸，告诉你"你根本不完美"。完美是一种幻觉，而全能感还有一种幻觉是——我可以创造一个世界。

一位留学生对我说，他这 30 年来都非常痛苦，因为他没有才华。但是，他名牌大学毕业，在欧洲工作。他屡屡提到"才华"二字，我问他，什么才叫"有才华"？他说，他希望的才华是，能独自开创一个领域，在这个领域创造出了一些从未出现的成绩……他说了很多。我反馈说："你好像在说，你得在一个领域拥有上帝创造世界的那种能力。"他说："天啊，真是这样。"他第一次意识到，自己竟然有想当上帝的幻觉。

有一个女孩，名牌大学硕士毕业，长得也非常美，家境还富有，按说简直是上帝的宠儿，但她却活得同样非常痛苦。她说："我觉得我没有才华，我不配活在这个世界上。""不优秀，不配活"，这个短句，就是从她的故事中直接总结出来的。

2. 行动困难症

行动困难症是，想法多，但行动很难。这有两个常见而又并不容易觉知到的原因：

（1）婴儿只是提供想法，妈妈负责完成；

（2）我是完美的，我一动念头，世界就该照我的意愿转。世界不这么做时，我就崩溃、没辙、想死了。

第一种心理，可以参见很多企业家的重要本事之一——"画饼"。他们提供设想，而推动其他人去完成。他们指导别人时，头头是道，但真要他们自己做时，才发现他们并没有什么真本事。但是，他们是老板，而很多执行力特别强的员工甘愿被他们驱策，甚至觉得如果没有这样的老板，自己不知去向何方了。

第二种心理，常见于很多严重的拖延症。他们有很大、很完美的想法，但不能实施。因为一旦真去落实，他们的全能感就必然会被颠覆。例如，一个女孩说她希望自己的会计师考试能得高分，但她就是不能投入学习。仔细聊下去，原因很直接——真去学习时，就发现掌握知识需要很多时间，并不能做到一学就会。

这对任何人来讲都是事实，但会粉碎她的"我是全能的"这个想象，所以最后就变成她从来都不去真正投入，这样就可以保留着一种自我安慰："我没有成功是因为我没有投入，我真投入的话，那一定会了不起！"

3. 诛心论

诛心论的意思是，我要去追查你说的话，乃至你的想法和动机，我都不允许你在想法上对我不利。

例如，电影《杀死比尔2》中的白眉道长，曾和少林寺的方丈打招呼，方丈没理他——人家很可能是没注意到。白眉也想到了这种可能，但还是觉得是奇耻大辱，然后把少林寺给灭了——他不能接受少林寺方丈有可能鄙视他。为什么会这么极端呢？因为，既然婴儿觉得"我一想，世界就该按照我的意愿运转"是条真理，那么很自然的，想法是件很严重的事。

成熟心智的一个起步标准，就是能区分想象和现实，并能知道，想法不等于行动，更不等于后果。还知道，从想法到行动，从行动到后果，都需要投入时间和精力，即在时间和空间上做努力，想法才可能变成行动。

但是，婴儿处于混沌未分化状态。他既不能很好地区分我和你，也不能很好地区分想法、行动与后果。他越是活在"我一有意愿，世界就必须按照我的意愿运转"的全能感中，就越是会有诛心论。

一个人必须得知道，他的想法不等于事实。如此一来，他才能包容自己复杂、混乱的想法。在我的工作坊，因为总是要碰触人内心黑暗的部分，所以我会特别讲到这个诛心论，让学员能区分想法、行动和后果。从根本上是要区分想象和现实。对此，我会说这样一句话："你怎么想象都可以。"

比如，人性中严重的想象之一，就是男孩的恋母弑父情结和女孩的恋父仇母情结。每次要讲这一部分的时候，我都会强调，请区分想象和现实，你可以想象任何事情，但这不等于是事实。如果诛心论太严重，就会太惧怕人的想象，而会压制想象的自由，结果也压制了活力与创造力。

4. 在关系中受伤后，会退行到孤独的全能自恋中

一个人在关系的外在世界受伤后，容易退行到孤独的想象世界里，而这时有可能会有全能想象产生。

生命最初，活在全能自恋中的婴儿，觉得自己要么是某种意义的"神"，要么是"魔"，这是一元世界。当和妈妈等人建立好关系后，他们就进入了二元世界和三元世界，并从"神"和"魔"变成了人。具体说来，就是当妈妈满足了婴儿吃、喝、拉、撒、睡、玩的需求时，婴儿的全能自恋会得到满足，那一刻有"神"一般的感觉。但更重要的是，当妈妈满足婴儿时，婴儿的能量就成功地伸展了出去，和妈妈建立了一定的联结。由此，婴儿就从孤独的"神魔"世界，进入人的世界。在一次次这样的联结中，他的全能自恋的能量得以人性化。

这个过程也可以逆转。当一个人在关系中受挫时，也可能会退行到全能自恋中。比如，很多人失恋或离婚后，会变得非常积极向上，简直无所不能。意思是，我离了你也可以过得很好。但是，这时候的积极向上、无所不能，就是全能感的一种表现，而且这时都伴随着孤独，这样的人会非常抗拒深度而亲密的关系。

互动：从全能自恋到健康自恋

在一次深度催眠中，我的全能自恋被彻底唤起，我完全没有阻碍地说出了一句话："我就是想为所欲为。"这句听起来可怕的话说出来后，我的身体能量感觉彻底被打通了一次，随之带来的是，身体上很多小毛病被治愈了。比如我的呼吸，我一直知道，我的两个鼻孔通气量不同，左鼻孔的通气量也许只有右鼻孔的三分之一，但自那次以后，左鼻孔像是被打通了。

如此一来，我作为一个成年人，极大地体验到，原来全能自恋是这么个玩意儿，而这股能量在身体上安全流动一次，竟然带来了这么多好处。所以，一个"相信世界准备好接受你的本能排山倒海般涌出"的人，应该会有各种好处——心理上和身体上。

我的一个来访者，她妈妈带她女儿时，对小女孩各种限制。比如，不能玩水、不能光脚在家里走路等。结果，她的女儿总是生病，而在她妈妈离开的一段时间，她放开手脚让女儿想玩水就玩水、想光脚走路就光脚走路，结果她女儿那一段时间什么病都没生。

但是，作为成年人，你不能要求别人配合你的全能感，世界不会按照你的意愿来运转，这是最基本的现实检验能力，也是一切正常人际交往的基础。如果没有这个，一个人就会无法适应现实世界。所以，如何在充分意识到"你"是一个独立的存在的同时，还能保持"我"的能量"喷涌而出"，这的确是一门大学问。

Q：如果在孩子成长的过程中一直满足他的全能性自恋会不会太溺爱孩子了？我们该何时停止满足孩子的自恋呢？

A：孩子的能力越小，越需要别人照顾时，就照顾他，适当地满足他的自恋。但随着他的能力上升，就该换一个原则：他能自己做好的，就自己去做，别人不会是他实现全能自恋的工具和对象。

实际上，我们所能看到的"小皇帝"，常常是在婴儿早期没被照顾好，而长大一些后又被宠溺的。严重的宠溺意味着养育者在满足孩子的全能感。同时，这也是一个投射，即养育者心中住着一个渴望为所欲为的婴儿。所以，忍不住总想无限制地满足孩子的父母，需要好好去观察自己内在的这个为所欲为的婴儿。

Q：被看见，能量就会变成光明的，不被看见的能量就变成黑暗的，这是虚体自恋吗？发展到实体自恋，是不是无论是否被看见，能量都是光明、快乐的？那种没人看到自己能量，自己就退缩不干了的，就还在虚体自恋阶段吗？

A：那种没人看到自己能量，自己就退缩不干了的，这的确是虚体自恋。

有些人可以显得非常自恋、非常牛，但必须有人喝彩、鼓掌。如果没有，他们就变成泄了气的气球一样。

这也是一个必然经历的过程，所以有实体自恋的人，都必然是"心中住下了一个爱的人"，都经历过被别人的看见照亮的阶段。所以，别觉得虚体自恋是让人羞耻的事，这是一个发展阶段。

Q：**天才和疯子只有一线之隔，既然全能自恋是一元世界的东西，怎样才能带着进入二元世界和三元世界呢？**

A：能量本身都是一种东西，只是不断地在转变形式。全能自恋是一元关系的能量，而这份能量进入二元关系，就变成了性和攻击性，进入三元关系后会变得更复杂。能量随着关系变复杂而变成各种东西，如果孩子一直活在"世界准备好接受你的本能排山倒海般涌出"的感觉中，那就意味着能量没有太多损失，只是不断变复杂而已。并且，因为孩子不断地投入人和人、人和事的关系中，他的能量反而会不断得到滋养。

攻击性

自恋、性和攻击性，是人类所有心理和行为背后的三种基本动力。性和攻击性是人类的两大动力，这是弗洛伊德一个非常著名的说法。性，让关系拉近；攻击，让关系变远。

生命力展开时必然是有攻击性的，这是极为普遍性的力量。精神分析师多会认为，一个人是否修通了攻击性，这极为根本。精神分析师给自己找治疗师时，一个重要的评估标准是：我要找的这个治疗师，他修好了攻击性这一关吗？

例如，我本来要找的一个治疗师，他在业内口碑极好，但看到他时，我觉得攻击性像是从他身上被彻底抽走了。于是，我放弃了要找他的想法。

相对地，如果一位精神分析师是一个动不动就愤怒的人，那也就意味着他一样没修好自己的攻击性。

最好是，一个人既是有力量的，同时又能安放好自己的愤怒。能整体做到这一点并不容易，但我相信，大多数人都在不同程度上体验过这一点。什么时候，你酣畅淋漓地释放过你的攻击性？这是什么样的感觉？

我到得了那里吗?
那只鹿扑向猛狮的地方。
我到得了那里吗?
那个我所追寻者在追寻我的地方。

——鲁米

每个人都不好惹

一开始学精神分析治疗时,我就老听到一个说法:如果来访者还没有开始表达他的攻击性,那就意味着咨询还没有真正开始。当然,这种有点儿绝对化的话语是很多的,比如还有这个说法:如果来访者没有和你谈性,那就意味着咨询还没有真正开始。

这些说法都可以理解为:当一个人没有向你展示他真实的本性时,咨询自然是还没有真正开始。而人类的真实本性就是自恋、性和攻击性。

我在和每个来访者刚开始咨询时,都会提一个原则:在这个咨询室中,你是有自由度的,除了攻击我的身体和你自己的身体,其他你说什么、做什么都可以。这样说的一个重要目的是让来访者知道,他是可以在咨询师面前表达攻击性的。

对于多数来访者而言,能做到这一点非常不易。他们更容易讨好咨询师,在咨询师面前表现得毕恭毕敬,像是一个乖孩子似的。我的一位来访者,是一个白领,她仿佛脸上写着"懂事"两个字似的,每次来到我的咨询室时,总是正襟危坐,非常用心地听我讲话,对我表达敬意和感谢,并常常说我对她有多大的帮助。可是,在现实生活中,她是一个非常容易暴怒的人。

问题,在关系中形成;问题,在关系中呈现;问题,在关系中疗愈。来访者在当下现实中的问题或性格,是在原生家庭中形成的,会呈现在其他各种关系中,特别是咨询关系中。所以,我们可以推论,这位来访者,她在现实中很容易暴怒,但怕破坏关系而去压抑。那么必然的,她在和我的关系中也会很容易暴怒,但怕破坏我们的咨询关系而一样会去压抑。于是,当她在咨询中诉说对别人的暴怒和压抑时，有时我会说："在我们的咨询关系中，也许你一样对我产生了暴怒，但因为害怕，所以你压抑了怒气。"

这是一个重要的咨询技术，即让来访者看到，他的一些关键心理是同时呈现在四个方面的：他当下的关系中、他童年的关系中、他内在的关系模式中，还有咨询关系中。

咨询刚开始的时候，她会说："不可能的，武老师，我对你非常满意、非常尊敬，我完全看不到我对你愤怒的理由。"渐渐地，她说："武老师，我的确在上次的咨询中对你产生了愤怒。可是，我始终说不出口。"后来终于有一次，她在咨询中对我说："因为……我对你很生气！"然后下一次咨询，她取消了。再下一次咨询，她迟到了。

我和她探讨，到底发生了什么，让她先取消了一次咨询，接着又迟到了。她说，这两个星期，她一直惴惴不安。她担心，她上次对我表达的愤怒会把我杀死。她理性上知道，这是不可能的，但她的感觉太真实了。并且，也正好在那一段时间，我在微博上被人围攻，于是她想，武老师的这份不幸，极可能也是她上次表达愤怒所导致的。

为什么她会担心成这样？这位来访者其实隐隐地觉得自己像全能的"神"一样，怕一表达攻击性，我就会被她杀死。这是她不敢表达攻击性的深层原因。

并且，她也的确是一个不好惹的人，容易有自恋性暴怒，所以她会有这样的想象：我如果惹着了她，她就会对我有暴怒，然后，那一刻恨不得我去死。这种恨不得别人去死的自恋性暴怒，隐藏在普通级别的愤怒之下。

关于意识和潜意识，我说过一句话："意识层面微风吹过，潜意识层面波浪滔天。"我们很多人不敢表达愤怒，就是因为意识层面的愤怒按逻辑来讲，是非常合理的，但潜意识层面的愤怒，却是达到了恨不得别人去死的地步。

同样，很多人不敢表达渴望，那也是因为，意识层面的渴望看起来很正常，但潜意识层面的渴望，却是达到了恨不得独占全世界的地步。

如果用级数来显示，可以说，这位来访者那次对我表达出来的愤怒，只有十分，但在她潜意识中，对我的愤怒也许达到了一千分甚至更高。所以，她自然是不敢表达攻击性的。

作为一名精神分析师，我特别强调攻击性的普遍性，要训练自己对来访者和自己的愤怒，要有充分的敏感，甚至需要意识到，来访者的各种拖延、迟到乃至早到与讨好等，也许都是在表达他的愤怒。

比如，经常有长期的来访者，一来到咨询室就对我说："武老师，这次我觉得没什么好说的，我说得太多了。你作为我的咨询师，应该对我很了解了，所以你能说点儿什么吗？"有些来访者则干脆说："武老师，这次你开始一个主题吧。"

我经过和来访者很多次讨论后发现，当来访者问这个问题时，绝大多数时候，都是因为上次对我有了不满。通常这份不满，是上一次他们谈一个话题时，我没有理解他们。于是，他们非常生气，对我非常失望，所以不想再开启一个主题。既是怕再次遭遇失望，又是因为生气。

发现这一点很重要，这样一来，我们不仅发现了来访者的一个模式，也可以探讨上次咨询时，到底发生了什么让他们生气。

例如，一位来访者多次一来到咨询室，就眼巴巴地看着我，说："武老师，这次你找一个话题吧。"而我们经过探讨后发现，每当这个时候，都是因为上一次，她觉得我在咨询中误解了她。不仅如此，我的误解让她觉得，我在说她是一个人品不好的人。

咨询师常常会误解来访者，这太容易发生了。但是，只有不合格的咨询师才会给来访者下"人品不好"这种道德判断，我自信我不会。

有时候，我会向来访者澄清，这个"人品不好"的判断，我是没有资格去做的，并且我也没有做。不过，这不重要，重要的是，这个时刻来访者自己的内在想象，以及这个内在想象会驱动着他做什么，从而影响了他的外在现实。

比如，对于这位来访者而言，在现实生活中，一旦她觉得对方认为她人品不好，攻击了她的人格，那她就会和对方中断乃至彻底结束关系。这个模式导致她一直失去各种关系，而有些关系本来是非常宝贵的，失去太可惜了。

经过很多次这样的探讨，她对这个模式看得越来越清楚，也就越来越能掌控自己的人生了。再有这种"这个人竟然认为我人品不好"的判断发生，她可能会告诉自己，也许是自己误解了，或者会告诉自己：耐心一点儿，给对方和自己沟通的机会。而继续的沟通总是能化解误解。

至少我们需要知道，每个人都不好惹。特别是，你自己也绝不好惹。那些看上去非常好的人，其实一样有根本性的自恋，一样容易有愤怒，只是没有表达出来，甚至都觉知不到。但如果一旦有机会，他们就会展现自己的报复心。

如三国时代，刘备入蜀后，作为大功臣，军师法正获得了很大的权力，而他对过去得罪过他的人睚眦必报。有人讲给诸葛亮听，诸葛亮说，法正对主公有太大的功劳，实在不易。这话传到法正的耳朵里后，法正收敛了自己的行为。

相信太多人有这样的体验：在某一件小事上，你被得罪了，而你出于种种原因没有表达出你的攻击性、你的怒气，结果这件小事你一直记得，多少年都放不下。但如果有一次，又发生了这种小事，你表达了怒气，然后你发现，不仅你觉得真畅快，对方也没有恼火，甚至你们的关系还变得更好了。

攻击性的意义

我最喜欢的两个电影系列是："蝙蝠侠"三部曲和"蜘蛛侠"三部曲。这两个系列都讲了攻击性，并且直接用了黑色作隐喻。蝙蝠侠永远都是一身黑色装束。"蜘蛛侠"三部曲中，第一部讲的是纯白色的蜘蛛侠，只有爱，只有真善美。同时你会看到，这个白色的蜘蛛侠是一个经典的好男人：羞涩、封闭、宅，总是有点儿弯腰、驼背。并且，虽然会感动你，但似乎缺少魅力。

但"蜘蛛侠"的第二部，讲了外星来的黑色能量附身在蜘蛛侠身上，然后蜘蛛侠立即化身为带着点儿邪气的男人。但有意思的是，他一下子变帅了，走路昂首挺胸，浑身都"放着"电。他所到之处，女人被迷倒一片，他具有了超凡魅力。

为什么蜘蛛侠"黑化"之后，却突然有了魅力？

为什么人们总是说，男人不坏，女人不爱？

如果我们明白，攻击性是人类的一个本性，那么，就可以有一个推论：剥离了攻击性的男人，也剥离了自己的本性；而具有攻击性的男人则是真实的，因此后者比前者更有魅力。

这个推论也可以放到女人身上：简单的好女人被人称道，但有攻击性的女人更生动、有魅力。

精神分析的咨询与治疗，把修通攻击性视为核心部分。可是，为什么太多人活不出攻击性，甚至各种文化都容易将攻击性视为破坏性，而倾向于压制它呢？

在精神分析中有一个很有意思的说法：儿童需要获得这种感觉——母亲或客体可以在他发出攻击后得以幸存。一开始，我觉得这简直是太不可思议了，难以理解和接受。后来，从逻辑上推理了一下，就知道可以成立：既然婴儿一开始觉得自己是无所不能的，那么自然会担心自己一发出攻击，母亲乃至整个世界都会被摧毁。

各种超级英雄的影片，都刻画过这种感觉，好像地球和宇宙都太脆弱了。

不过，真正理解这一点，还是直到咨询中有来访者对我说："武老师，我之所以不敢对你表达愤怒，是因为我担心我一对你表达愤怒，你就会被我摧毁。"

如果有些来访者不幸小时候遭遇过亲人的离世，那么，他们理性上会知道这不是他的罪过，但在潜意识深处，他们真的觉得这好像是因为他的攻击性所导致的。

比如，一位来访者，她的姐姐在她小时候遭遇车祸死亡。长大后，她头脑里自然知道这是车祸所致，是客观意外，但她潜意识深处，会很真切地觉得这是因为她的攻击性所导致的。

这种心理现象可以延伸到非常多的地方，最终可以引出这样一个推论：孩子天然地会认为，家里的所有不幸都是因为他的攻击性所导致的结果，从而导致他会压抑自己的攻击性，或者即便释放攻击性的话，也是以破坏性的方式呈现。

如果有家人意外死亡，孩子会觉得是自己的攻击性所致；

如果父母离婚，孩子会觉得是自己的攻击性所致；

如果妈妈患有抑郁症，孩子会觉得是自己的攻击性所致；

……

比如对我而言，我的妈妈患有严重的抑郁症。她从未在言语上说我要为她的痛苦负责，但通过深度的精神分析发现，我内心深处会真切地觉得，妈妈的脆弱和痛苦是我导致的。

孩子因为有全能自恋加攻击性，有以上这些推论，是很自然的。父母需要特别提醒孩子，家里的这些事情不是他导致的。在很多家庭中，父母一遍遍地对孩子说:"我们离婚是因为你,我们不幸是因为你……"这对孩子的心灵就是摧毁性的。

我的一个朋友,和前妻已离婚多年。他儿子上小学三四年级时,一次问他:"爸爸,你和妈妈离婚,真的不是因为我学习不好吗?"我这位朋友听到儿子这么说,心疼至极,眼泪"唰"的一下就流了下来。他抱着儿子安抚说:"这是我和妈妈两个大人的事,怎么会是你导致的?再说,爸爸觉得你的学习挺好的。"他这样对儿子说,是很棒的事情。

不过,在咨询中,对一些全能感特别强的来访者做这样的解释后,他们常常显得没有感觉,甚至怅然若失。再谈下去就发现,他们很希望自己有影响乃至决定周围一切的能力。

攻击性是人类的本性,攻击性又容易带来这些罪疚感,那该怎么办?

在温尼科特看来,攻击性等同于活力或动力。在好的促进性环境中,儿童的攻击性得以整合,而在坏的、剥夺性环境中,攻击性就会变成破坏性,并以反社会的方式显示。前文提到过,他认为,每个人的自我就像是一个能量球,能量球伸展自己时,自然就会有攻击性产生。由此,我有了一个形象化说法:

> 当一个人向外界伸展自己的意志时,这就像是伸展出了一个能量触角。如果这个能量触角与其他存在建立了好的关系,那么这个能量触角就被照亮了,变成了热情、创造力等生命力。如果这个能量触角没有和其他存在建立关系(被忽略或被拒绝了),那么它就会变成黑色能量,成为攻击性。攻击性向外,就变成了破坏性;而攻击性向内,就变成了抑郁。

温尼科特说,如果母亲在婴儿攻击下得以存活(即母亲既没有死去),又没有离开,同时也没有报复、惩罚他。那会让婴儿意识到,母亲不是他的一部分,不在他的控制之下,是他之外的另一个存在。需要解释的是,对于婴儿而言,还没有形成"客体稳定性"①的概念，所以母亲离开，就会让小婴儿觉得，母亲好像被他的攻击性杀死了。因此，母亲或第一养育者在孩子小的时候和孩子保持一个基本稳定的关系非常重要。

同样，如果母亲报复、惩罚小孩子，也会让孩子觉得，攻击性真的是可怕的东西，真的可以毁灭世界。所以，外在世界要压制他的攻击性、要惩戒他，让他知道不能随意释放攻击性。

当然，在这两种情形下，仍然可能会培养出攻击性爆棚的孩子，但这时攻击性已严重偏向了破坏性。他们的逻辑是：攻击性是不好的，于是一宣泄攻击性，就会用不好的方式来表达。

我们再强调一下，温尼科特认为攻击性就等同于生命力，它是孩子伸展自己时一种非常天然的东西。

自体都在寻找客体，我都在寻找你。攻击性，可以理解为我在寻找你的时候自然产生的一种东西。特别是在婴儿这里，攻击性是"原始的爱的表达的一部分，最初的爱的冲动，具有一种破坏性，但破坏不是婴儿的目的，因为这个时候他还不知道什么是怜悯"。

当母亲能接住婴儿的攻击时，母亲就与婴儿建立了联系，可以说婴儿的自体就找到了客体。而在关系中，一元关系里的攻击性，就变成了二元关系中的热情。

科胡特认为，心理健康就是活力能滋养自体，这是自信，以及活力能滋养

---

① 客体稳定性：是指维持客体稳定形象的能力，特别是维持母亲的稳定形象。心理学研究发现，孩子一岁半时才能形成"客体稳定性"的概念。这时，一个事物从他眼前拿走，他不会太慌，因为他知道这个事物仍然存在。但在"客体稳定性"的概念没有形成前，他要么会很慌，要么根本不在乎，因为他会认为，这个事物一旦在他眼前不存在了，那就是彻底消失了。

因为没有客体稳定性的能力，所以可以和孩子玩"捉猫猫"的游戏。但等孩子长大有了这个能力后，这个游戏就玩不下去了。

除了"客体稳定性"，还有"情感客体稳定性"的概念。如果母亲与孩子有一个高质量的稳定关系，那么孩子在3岁时就能形成"情感稳定性"的能力，即孩子会知道，已经建立的情感就是稳定的，不会随着关系的改变而轻易发生改变。有了"情感稳定性"概念的孩子，就意味着"心中住下了一个爱的人"，当内在有一个爱的客体住进来以后，一个人才有了真正能承受孤独的能力。

客体，这是热情。活力必须能在关系中流动，否则关系双方会感觉到这个关系是空的。

活力，总是带着攻击性的。所以，不管我们怎么惧怕攻击性，我们其实都能体验到，如果一个人身上没有攻击性，这个人很容易像是虚假的，他很难和别人建立起生动、真切的关系来。

如何转化破坏性

我看过一个视频，里面刻画了很多生活中普通的细节；面对这些细节，如果是你一个人会怎样？如果发生在恋人之间又会怎样？

比如：睡觉如果是你一个人的话，一切都在你的掌控中；而两个人的话，另一个人的头发会骚扰到你，手会抱着你、揽着你。有时让你烦恼，有时让你快乐。

又如：吃饭如果是你一个人的话，可以干净利落；而两个人的话，另一个人可能会有很多事，还会挑逗、捉弄你。有时让你愉悦，有时又会让你觉得无奈。

……

一个人时，是符合全能掌控感的，但世界是无趣的、缺少生机的；而两个人时，你的生活会变得花样百出，而另一个总是小小攻击你的人，也让你的生命变得色彩缤纷、生机勃勃。

这个视频生动地解释了什么是关系：自体都在寻找客体，我都在寻找你。攻击性就是我和你之间的相互寻找。没有攻击性，就什么都没有了。我们想必都体验过，如果一个关系中，大家都非常有礼貌，那么这个关系就容易乏味、无聊。但有了攻击性，那也容易出问题，特别是当攻击性变成破坏性之后。

那该怎么办？这时，我们需要学习如何转化破坏性。

创造性和热情是白色生命力，破坏性和恨是黑色生命力。它们本质上是一回事，区别仅仅在于，白色生命力是被看见的生命力，而黑色生命力是没有被看见的生命力。所以，如果我们转化了破坏性，就可以看见它。但是，它实施起来非常不易。

在宫崎骏的动画片《风之谷》中，女主角娜乌西卡虽然只是一个孩子，但已是部落的完美领袖。父亲的朋友送给她一个小动物,娜乌西卡一看见它就喜欢至极,去接近它,结果被它狠狠地咬了一口。娜乌西卡感觉到了疼痛,但她丝毫没有动摇对它的爱,而且还深深地理解它的不安,所以就没有恨意地承受了这次攻击。结果就在一瞬间,这个小家伙彻底相信了娜乌西卡的爱,变成了娜乌西卡忠诚的朋友。

这一画面是对如何转化攻击性乃至破坏性的超经典刻画。你攻击我,而我带着爱容纳了你的攻击,还深深地理解了你的不安。这意味着,你的黑色生命力被我看见、被我允许,并经由我爱的目光的看见,转化成了白色生命力。

黄玉玲老师讲了她在接受团体督导中的一个例子。她的督导老师是一位极具口碑的美国老师。一次,在团体督导中,她忍不住打起了瞌睡,并给老师讲了自己的困意。讲的时候,她有些不安,觉得自己在挑战、攻击老师似的,而老师回答说:"也许是我们今天的讲话方式让你有了这样的感觉。"

老师的这个反馈一下子让她如释重负,并深深地觉得自己被接纳了。黄玉玲本来认为,老师会习惯性地给一个诠释,或者来探讨她为什么会打瞌睡。这如果做得很好的话,她也有被看见的感觉,但多少会觉得,她的这股能量像是被弹回来了,她的攻击是不好的,会伤害到老师。然而,老师接纳了她的攻击,并对她表示,你的瞌睡也许是有道理的,是今天的讲话方式有问题。

这里涉及一个重要的概念,叫"去毒化"。去毒化是心理咨询要起到的一个重要功能,来访者向你发起攻击,扔出了一份黑色能量,这就像是一份毒药似的。咨询师接受了这股能量,并用自己的心力把这股能量中的毒减轻、化解,甚至看到其中的积极部分,然后再把这股转化后的能量还给来访者。这也是父母、老师等好的权威该起到的重要功能。

权威可以分为两种:坏的权威,当发现你传递了黑色能量,就会打压、惩罚你,让你知道,你不可以攻击权威,你不可以在这个关系中表达负面能量;好的权威,当发现你传递了黑色能量,会试着去理解、接纳这份能量,并想办法把它转化。

我多次遇到这样的来访者。他们一进入咨询室,会一口气谈十几件,甚至几十件生活中的挫败之事。他们这样做,就是因为觉得挫败中他们有很多黑色的能量，这对他们就像致命的毒药一样。他们不能处理，所以想一股脑儿地倒给我，希望我能处理好。

咨询师不能只是"垃圾桶"，单纯承受来访者的负面情绪，而最好是炼金炉，即来访者给你扔了一堆他认为的垃圾，而经过咨询，这些他认为的垃圾变成了黄金般的宝贵之物。

当然，这对咨询师来讲，是一个极大的挑战，这的确取决于咨询师自己的人性的境界。如果咨询师不能很好地转化自己生命体验中的"毒"，那他也就很难转化来访者的黑色能量，最多就只是"容忍"来访者的"毒"，而不是"容纳"。

所以，做心理咨询也是一个很累的活。我身边很多咨询师发现，做了几年心理咨询后，他们会发胖，特别是肚子会变大，好像肚子里真的有了很多垃圾。

这也像是一个历程。因为咨询师的人性成长，要比理论和技术难很多。当境界不够时，自然是不得不容忍，先把来访者的"毒"接过来，然后再去学习，找自己的督导师和治疗师，同时接受同行的支持，去化解这些"毒"。这样一来，也许不能在当下的咨询中立即把一份"去毒化"后的好东西还给来访者，但可以经过多次甚至很长时间来做到这一点。

做父母，做夫妻，做好友，也是一样的。在咨询中和生活中见过很多父母，最初不能接受孩子攻击自己，但逐渐学习到，原来接纳孩子的攻击性，让孩子的攻击性在和自己的关系中流动，是一件如此美妙的事情。

比如一位来访者，她的女儿在婴儿时咬痛了她的乳头，她会打女儿，而后来她的女儿长成了一个特别乖的孩子。特别乖，就意味着严重压抑了攻击性。女儿刚读小学时，她向女儿道歉，为自己过去的做法，虽然女儿根本不可能记得这些。结果，女儿先是很伤心，接着开始发生转变，攻击性越来越大，而生命力也在她身上开始闪耀。

如果这样做会让你觉得有压力，那也是正常的，因为像娜乌西卡那样的境界，也太高了一些。有时候，我们并不能做到这些，甚至都不愿意，那该怎么办？诚实地向孩子反馈就好，你可以告诉孩子："我承受不了你的攻击，但这不是你的错，是我的能力有限。"咨询师也是，如果发现自己根本接不住来访者的攻击，那可以向来访者坦然地承认这一点，然后转介给更合适的咨询师。

在正常关系中，接纳攻击性，转化破坏性，是非常值得的。你会看到，能做到这些时，我和你，以及关系都会变得更有生命力。并且，也只有在这个时候，真正的亲密才会发生。

生本能和死本能

黑色生命力和白色生命力，黑色能量和白色能量，它们还可以换成另一套语言：死亡力量和生命力量。前者都指向破坏，后者则会指向滋养。

弗洛伊德最早提出了生本能和死本能。他还认为，死本能指向寂灭。只有当生命消亡，一个生命才彻底免除了焦虑。

对于一个人而言，生就是他的出生，死就是他的死亡。但实际上，生与死的概念要比这个广泛很多。比如强迫症患者，会有一个常见的错觉，认为想法是"我"的，所以我应该能控制一个具体的、想法的生灭。但实际上，如果仔细去觉知就会发现，"我"并不能控制这些想法。因为，这些想法本身就是一个独立的生命。它们的生灭，并不以"我"的意愿为转移，"我"并不能特别好地控制它们。

任何一个动力一旦升起，就是一个独立的生命。如果它在关系中被接住，就意味着，它的存在被证明了，也就得"生"了；如果它在关系中没被接住，就意味着，它被否定甚至要被"杀死"了。这时，这股能量的死亡焦虑就会被唤起，破坏欲望由此而生。它要么想去破坏乃至摧毁客体，要么就想破坏自体。

如果你关注新闻，基本上你每天都会看到这样的事件：一件很小的争执，结果导致了一场大冲突。冲突双方闹出的那种感觉，好像必须死一个人才行。这就是因为，双方都不想让自己在这个事件中的意志死掉。

从最深的角度上来讲，"我"是一个幻觉。但从普通健康意义上来讲，当一个人有了一个稳固的自我后，就会基本认同这个稳固的自我，而能放弃各种具体动力的死亡，因为不觉得这个动力就等于"我"。但相反，如果一个人没有形成稳固的自我，那就容易将每一个正在发生的动力视为"我"。于是，拼命去维护它。而一旦它要面临着"死亡"，这个人就会觉得自己要死掉了。

一份动力的发展水准，是和它的主人的心理发展水准相匹配的。如果一个人还停留在全能自恋的水准上，那么，这份表达就会这么极端。对还停留在婴儿心理发展水准的人来讲，这世界上像是没有什么小事。并且，我们每个人都在一定程度上停留在这种阶段。我们会感觉自己一发出一个动力，就意味着要面临生死之战。

当有人在转化破坏性时，在做"去毒化"工作时，就是在将死本能转化为生本能。这是何等伟大的工作，其过程会很不容易。

大人会用"饼干碎了"跟小孩子开玩笑，觉得小孩子不懂，但对幼小的孩子而言，"饼干碎了"真像是整个世界一刹那都碎掉了似的，他们自然会产生一些恐惧感。如果这个时候大人能抱持住他们的恐惧，那就可以转化他们的死亡恐惧。

有时候，这份工作可以显得很简单。例如，一位女士在一个团体治疗小组中攻击了其他学员，结果引起了很大波动。但最后，一位学员说："你的表达让我深受启发，谢谢。"而老师也说："谢谢你这么坦诚地表达了自己的愤怒。"这让她非常震撼，她生命中第一次发现，原来攻击性也是可以被接纳的，甚至被喜欢的。而此前在她的生活中，特别是家人中，攻击性只会引起伤害和报复。

之所以攻击性只引起伤害和报复，是因为大家都觉得攻击性是会带来死亡的力量，自己消化不了，所以一旦别人对自己发出攻击，有力量时就报复，没力量时就只好被伤害。

但是，一旦真正明白，原来攻击性被抱持住，就会变成生命力量，那这个人再面对攻击性时，就会非常不同。攻击性，就是带着主体感展开你的生命，要从一生的尺度来看这一点。

互动：先试试表达攻击性吧

谈攻击性，很多人会不安，我们如何表达、释放自己的攻击性，以及如果接住别人的攻击性会不会让别人变本加厉，造成"人善被人欺"呢？

我想也许你太少去展现你的攻击性了，也许你太恐惧了，所以你可以试着先从脑海里和理性上彻底明白攻击性到底是怎么回事，该如何安全无害又不害自己地去表达攻击性，然后付诸行动，在生活中去表达。

Q：如何安全、合理地表达不满才能既不伤害对方，又不伤害自己呢？

A：有一个原则是，多使用"我的感受"这样的句式，而少说"你伤害了我"。如果你说"我很愤怒"，那就意味着在表达自己的感受，而一旦说"你伤害了我"，就意味着在指责对方。

当然，无论再怎么有技巧，表达攻击性时，可能难免会给对方带来伤害。这时候，要看看这份伤害，这个关系是否能承受，甚至化解。一旦关系中有一方能很好地做到承受并化解，那么两个人会看到，攻击性就是生命活力。

Q：人们是否通过电影、游戏和体育等娱乐节目释放了很多攻击性？所以，花的票钱很多时候是治疗的费用？

A：没有被驯服的攻击性，不能单纯地压抑。单纯压抑、见不到光的攻击性会化身为"恶魔"，一旦压抑不住了，便开始像火山一样喷发，那就会带来巨大的破坏。所以，人们要通过观看有攻击性的影视、玩有攻击性的游戏，来释放心中的这个"恶魔"。

所以，这一切都是治疗。因此，单纯地压制人们负能量的表达，不能真正带来正能量。

Q：一个人身上没有了攻击性，是否就是把自己内心包裹得很严实的状态？不向别人展示攻击性也不接收别人的攻击性，就意味着这个人是孤独的，也是交不到真正的朋友的吗？

A：是这样的。我想我们每个人身边都有这样的例子吧，那些有口皆碑的好人，却没有什么朋友。因为，攻击性就是生命力。如果剥离了攻击性，就意味着他没了生命力。他既释放不出自己的能量，又接收不到别人的能量，于是，也就无从建立深度关系。

实际上，太孤独的人，常常是在自己的内在想象和外在现实之中建立起了一堵牢不可破的墙。这一方面是为了防止外部世界攻击自己，另一方面是为了放自己内心中的那个全能自恋的"魔鬼"攻击外部世界。这个全能自恋的"魔鬼"，通常这样的老好人都觉知不到了，但在他们的梦里，或许会出现这样的"魔鬼"。而众所周知的一个事实是，某些制造灭门惨案的凶手，常常是孤独至极的老好人。

Q：我的女儿之前因为出生时立即被送进新生儿病房，跟我直接分离，而她一直表现为不直接表达自己的愿望，也很少为自己争取。但是，最近她表现出很强的攻击性。比如，别的小朋友坐了她的位置，她会打人。别的小朋友碰了她，她会立即说"坏家伙"！不知道这样的转化是怎么回事，是生命力逐渐强健吗？我该怎么引导？

A：至少，孩子能表达自己的攻击性，比被动封闭、消极要好。

第二次世界大战时，温尼科特观察了大量英国因为躲避战争而和父母分离的孩子。最终，他认为，能做出一些破坏行为的孩子，还是比乖孩子心理更健康。可以这样理解：如果心里有破坏性，但从来没有表达，那是因为恐惧，担心自己太弱小了。因为一表达攻击性，就担心被灭掉，所以不表达。现在，你的孩子脾气变大了，很可能是因为她觉得自己的力量增强了，外界也相对安全了，所以才可以这样表达。

她不表达，就永远没有被看见并修正的机会。而表达后，虽然造成了一定的破坏性，但这首先是呈现，而且有了改变的可能。并且，攻击并不一定都是带来坏的后果，也可能会让她和别的孩子处好关系。

别急着引导，先试着去共情，去理解和接纳孩子的感受。精神分析中有一个术语叫"心智化"。大致的意思是，人需要学习用语言去表达自己的情绪，而不是用行为，比如去攻击对方的身体。所以，要引导的话，你可以帮助你的孩子去学习如何用语言捍卫自己，而不是用身体暴力。

锤炼生命的韧劲儿

攻击性,容易变成破坏性。全能自恋,讲起来很迷人,当真正体验到时,更是迷人,但它非常脆弱,一旦遇到阻碍,一样会有摧毁欲望产生。有些人是将破坏性和摧毁欲望指向外界,给其他存在带来了伤害;而更多人是将破坏性和摧毁欲望指向自己,结果导致了自己各种脆弱。

人该如何存在?

在这一章中,让你内在的能量涌动起来,和外界的各种存在去碰触、去建立关系,用一生的时间去活出这种感觉——带着主体感展开你的生命。这个过程,是在拿全部的"我",与全然的"你"相遇。如果"我"没有展开,那也就无从知道"你"的存在。用一生的时间去活出自己,其中的"一生"这个词看似简单,但实际上它涉及一个极其重要的因素——时间感。脆弱的生命和有韧劲儿的生命,其中一个重要区别是:后者知道有时间的存在,所以能从一生的整体角度去看一切,因此有了耐心;而前者感受不到时间的存在,于是觉得,每一个瞬间的挫败都像是可以致命一般。

除了时间感,还有空间感,而深藏于其中的,是更深刻的生死感。这三个主题结合在一起,就可以这样来理解:一旦你形成了成熟的时空感,你就可以通过对时空的掌握来驯服你的生本能和死本能。

> 任何你每天持之以恒在做的事情，
> 都可以为你打开
> 一扇通向精神深处，
> 通向自由的门。
>
> ——鲁米

时空感

一位男士，常有自恋性暴怒。他住的房子里，墙壁上有多个坑，那都是他在暴怒时捶打出来的。其实，用拳头捶打墙都不够有感觉，他有时最想做的，是拿头撞墙，甚至有几次，他在暴怒时真拿头撞了树、水泥柱。不过，他还总有一些理智存在，所以会控制一下自己。但是，每次头都会被撞破，只是并不是很严重。相信太多人见过，有人失去理智时，会拿头撞人、撞墙或其他。

他们为什么会这样做？

容易暴怒的人，都有严重的自恋性暴怒，而源头是他们活在全能自恋中。整体逻辑是，"我"发出一个愿望，就该立即实现。如果不能实现，"我"立即就会有暴怒产生。而本来作为生本能的渴望，立即转化成了作为死本能的摧毁欲。

这时候，如果有条件，不必担心自己的生死，那这人就可能去攻击外界的客体。但正常情况下，你不能轻易攻击外界客体，所以就变成转过来攻击自己。

为什么要拿头撞墙呢？因为人们常感觉，愿望是想法，是从头部发出的，所以拿头撞墙，就是想用头把阻碍自己的东西给摧毁掉。

一次，这位撞墙的男士临时去健身房健身，没有预约。结果，他选择的第一个项目，人满了，第二个项目也是，第三个还是……他的暴怒情绪迅速升起，但他控制住了，他去健身房洗澡。在洗澡的时候，他想起自己几个小小的不顺，突然间悲从中来，放声大哭。

哭着哭着，他突然想到，过去他来健身房时，注意到了一个规律，就是每一个项目都有人预约了但没来。想到这里，他收拾好自己，去了第一个项目，对负责的工作人员说："（健身器材）我先用着，后面如果来人，我就走。"结果，这个项目的人一直没满。

在咨询中，给我讲起这件事时，他感叹说："这是一个伟大的时刻！"之所以这样说，是因为他觉得他有了一个里程碑式的转变。这个转变他说不太清楚，而我的理解是，他终于明白，有空间这回事了。

全能自恋的人，通常能量就像是推土机一样，直直的，不知道绕弯。推土机要么把阻拦我的墙推倒，要么被这堵墙毁坏。但成熟一些的人，就知道有空间存在，直直的路经常行不通，那我可以绕一下，还可以先退一下，等合适的机会。

这位男士，就在这次痛哭中，突然领悟到了，事情是可以绕弯的。

现在，特别流行讲"活在当下"，因为从感觉上，其实你只能感觉到当下这一瞬间。当你能把注意力彻底放到当下，那会有各种不可思议的体验。

这个说法也许你会觉得不可思议，但仔细感觉一下就知道，你的的确确只能感觉到当下这一瞬间。对于婴儿来讲，他就只有当下。但这导致一个婴儿的经典问题：婴儿一个愿望升起，如当下能立即满足，它就"活"了；如不能立即满足，它就"死"了。

这不是比喻，而是一种很真实的感受。所以，婴儿的喜悦是极具感染力的，因为那是他们全然的喜悦；他们的崩溃也很具感染力，因为他们真觉得死亡在发生。如果一个又一个的愿望得"生"，婴儿的生命力就会变得强大，充满生机勃勃的热情。养得好的婴儿，很像一个永动机一样。如果一个又一个的愿望得"死"，那么死本能就会积攒得越来越多。对婴儿来讲，这是真实的生死感。

成熟的人的一个重大进步是，他有了时间感。有了时间概念后，生死考验就不再局限于当下的一瞬间，而是可以拉长到很长时间范围内。如此一来，愿望得"生"的可能性就大了太多倍。当然，通常是重大的愿望得"生"，而无数琐碎的愿望会无法实现，即"死掉"。

家庭教育总强调延迟满足，而延迟满足指的是，一个人相信，在更长的时间内，因投入与机会增多，所以被满足的可能性会增加，即得"生"的可能性会增加，所以满足的时间可以拉长。实际上，除了吃、喝、拉、撒、睡，其他多数愿望要满足是需要时间的。但是，如果一个孩子总是被挫败，觉得自己什么愿望都达不成，这不叫"延迟满足教育"，而是"绝望教育"，是在逼迫他接受一个可怕的现实——你的愿望注定是不能实现的。

所以，如果希望孩子有延迟满足的能力，就必须帮助孩子形成这个感知——随着时间的累积，靠自己的努力与必要的帮助，我的重要愿望会实现，虽然其间遭受了一些挫折。

空间感也是一样的。有婴儿心理的人，也一样没有形成空间感。他们觉得自己的一个愿望，在目前这个空间不能实现，愿望的能量也会变成死能量。有婴儿心态的人会真切地觉得，只有目前这一个空间。觉得必须在当下这一个时空中实现愿望，否则它就"死"了。而这股愿望又等同于自己，所以自己也要"死"了。具体体验是，觉得自己要碎掉了。

但是，成熟的人知道，这个空间不行，可以换个空间啊。比如恋爱，这个人不合适，可以换一个人啊。比如工作，这个工作实在做不好，换一个啊。即便我在这个时空甚至很多时空受挫，但我还是相信，我能在更多时空中增加我实现愿望的可能性，我基本确信这一点。

这就是所谓的"韧劲儿"。作为一个能量体，成熟的人的能量有了韧劲儿，轻易不会再破碎。就是知道，可以拿时间与空间做生能量与死能量的转换。说起来，就是这么简单。但简单的道理要成为扎实的人格、品质却非常不易，它需要很多次的体验，才能变成确定的个性。

最终，你会形成这种稳定的感知：随着时间的积累与空间的转换，你的愿望得"生"的可能性会增加。

由此，你的生能量就变强了，而死能量逐渐在变成生能量。

自我效能感

一个内在动力生出，需要在外在世界里实现，这时候就等于"生"。而如果不能实现，就等于"死"。并且，动力常常是意念、愿望和渴望，即"我"想要什么。那么，我们可以做一个重要的推论：如果一个人的愿望都得以实现了，这个人的生能量是不是就是最强的呢？这就涉及一个心理学中广为人知的概念——"自我效能感"。

我们可以想象下面这样一个事件。一个1岁多的幼儿，离他十几米远的地方有一个玩具，要得到这个玩具，可以有两种方式：一种方式是，大人大步流星地走过去，拿给他这个玩具，这实在太 easy（简单）了；另一种方式是，他连滚带爬地挪了十几米远，拿到了这个玩具。这两种方式，他的愿望都实现了。只是，前一种方式会让他形成的感觉是"噢，大人太厉害了"，后一种方式则让他感知到"我太厉害了"。后一种方式会增强这个幼儿的自我效能感。所谓的"自我效能感"，即一个人知道"我可以利用我的努力把事情做好"。用大白话说就是："我能行！"

最早提出自我效能感概念的，是美国社会心理学家班杜拉。他给出的自我效能感的定义是："人们对自身能否利用所拥有的技能去完成某项工作行为的自信程度。"这时候，我们就看到了养育孩子的两个关键点。第一，孩子的愿望得以实现，他的生能量会增强；愿望破灭，死能量会增强。第二，孩子的愿望，最好是通过他自己的努力实现，这样增强的，是他的自我效能感；如果是父母等大人帮他，那就会破坏他的自我效能感。第二点很重要，但不能走极端。这时，父母要给孩子提供抱持性环境，其中又有三个要点：孩子把事做好时，认可他；孩子遭遇挫败时，支持他；让孩子的正能量和负能量（即生本能和死本能）在和父母的关系中能得以流动。

孩子越小，越是培养自我效能感的好时机。原因很简单：孩子越大，面临的人生使命就越大。比如一个成年人，他面对的就是恋爱、结婚、生子、工作、理财和交际等重大命题，做好不易，而一旦失败，代价很大。但相反，越小的孩子，面临的人生使命就越小，成败得失，除了有心理上的意义，现实意义有时没么大。

如中小学教育，那些小考试的成败，把它们当作练习就好了。

而婴幼儿的世界，孩子其实活在一个彻底没有现实意义的成败、得失的世界里，而同时孩子的生死感又最重，所以是一个绝佳的培养自我效能感的练习场。当孩子有了一个意愿时，可以的时候，试着让他们自己去完成。当他们靠自己的力量完成这个意愿时，自我效能感就会增强。同时，生能量也增强。

当他们靠自己的力量遇到挫败时，他们会产生死能量，即挫败感。这对大人来说，化解起来就太容易了，因为根本没有现实意义上的挑战，只有孩子心理意义上的挫败感。没有时空感的孩子会觉得自己被摧毁了，他们也想摧毁点儿别的什么，甚至整个世界。但他们发现，自己信赖的父母还稳稳地在身边，他们没有被摧毁，他们还是生能量的象征或代表，他们还充满信心。这时，孩子的挫败感就会被托住，他们会重新振作起来。这其实靠的是父母的力量。

但是，父母主要就是起了一个容器的功能，而不是越俎代庖，替孩子去完成这个任务。那么，当意愿完成时，孩子会觉得，是他完成的，是他自己行，而不是父母行。

当然，有很多事，孩子是做不了的。比如，孩子该上什么幼儿园，还有被大很多的孩子甚至是成年人欺负，这都超出了孩子的能力范围，这时当然还是要大人去帮忙解决。

总之，在孩子力所能及的范围内，试着让他们通过自己的能力实现自己的愿望、管好自己的事情，那都会增强他们的自我效能感。结果是，他们在那些看起来很小的事情上，就锤炼出了很好的自我效能感。真到了以后遇到那些具有很大现实意义的挑战时，他们可以借自我效能感的支撑，而去化解各种挫败，最终在这些大的事情上，也能实现自己的意愿。

比如，回到前面的那个想象情景中，一岁多的孩子，想拿到十几米外的一个玩具。在这个过程中，他很可能会受挫，甚至多次受挫。有时候挫败感（即死本能）会抓住他，让他以为自己真做不到这件事，但这时候父母可以在旁边鼓励他，让他重新激发起生的力量，最终实现自己的愿望。

很多朋友可能会问："我不是小朋友了，我没办法回到童年甚至婴儿时，没办法通过重新操练那些不会有现实损失的事情，来锤炼我的自我效能感了，那我该怎么办呢？"

办法至少有两个：

第一，试着先去做好一些挑战性小的事，然后不断升级事情的难度。并且先在头脑上知道，通过时间的累积和空间的变换，只要不断地投入，那么事情实现的概率就会增加。并且，不管愿望是否得以实现，你的经验和能力都在增长，这就是锤炼。

第二，挑战来临，而你还没准备好，你的自我效能感目前还很低，你还会有自恋性暴怒这种级别的死本能。那么，首先在头脑上告诉自己，有时间这回事，只要我不断坚持下去，胜利就可能到来。

并且，这种时候，去找那些能给你支持的人。他们的支持、鼓励和认可，就是在给你传递生本能。

如果你身边缺乏这样的人，或者他们传来的生本能还不够，你可以找一个好的咨询师，他可以帮你将死本能转换成生本能。不过，关于这个，也要有耐心，即要懂得有时间和空间的存在。一旦通过大家的支持，你完成了一些重大的事情，一样可以增强你的自我效能感。

前不久，我在回顾自己的前半生，还有回顾一些朋友和来访者的人生时，很有感慨：

无论如何，好好活着，尽可能用心活着，最后你会发现，你的人生，也像是一部你一个人的史诗。如果多碰上几个有心人，彼此的命运还有交集，你会有看到恢宏的史诗的感觉。如果你早早死掉了，自杀了，就看不到这一点了。

愿你能活出你的传奇。

挑战舒适区

心理学有一个概念叫"舒适区"[①]，意思是每个人的自我都有一个习惯了的舒服区域，如果离开了这个区域，就会感觉到不安。所谓的"不安"，就是感受到了死

---

① 舒适区（Comfort Zone）：从心理学的角度来看，你的舒适区是你人为地构想出来的一个让你保持安全感和免受不舒服的感觉的边界。

简单、通俗地说，你的心理舒适区就是让你觉得放松、没有压力，并且不会引起你的焦虑的心理边界。最简单的舒适区的例子就是我们的习惯，你习惯待着的位置、习惯扮演的角色、习惯相处的人、习惯表现的态度……总之，包含了你所习惯了的一切事物。

亡的能量。

有的人的舒适区非常大，他的自我疆界和自我灵活度都可能很高，因此，在一个广阔的区域内，他都不会有承受不了的死亡焦虑。

有的人的舒适区非常小，结果，他的自我疆界和自我灵活度就非常差。最严重的就是自闭症儿童，他们必须活在一个很小的区域，这个区域内的任何东西都不能变动。一有变动，他们就会不安、失控，甚至歇斯底里地喊叫、大闹。这是因为，他们把任何变动都视为有死亡能量在攻击自己，而他们又觉得自己无比脆弱，一被攻击就会被杀死。

太宅的人，常常是舒适区比较小的人。如一位男士，有很好的工作，常到全球各地出差，但他到每一个地方，一完成工作，就会把自己关在酒店的房间里。他随身带着三个苹果电子产品：一台笔记本电脑、一部 iPad、一部 iPhone。并且，它们都装了同样的游戏和同样的电影：这个游戏，他玩了无数遍；这部电影，他看了无数遍。

酒店的房间，加上这三个电子产品，加上这个游戏和这部电影，结合在一起就构成了他的舒适区。在这个舒适区中，他会觉得，一切都在他的掌控中，如果有死亡能量传来，他就可以处理。一离开这个舒适区，他就担心自己脆弱无比。担心一有死亡能量攻击自己，自己就会死掉。

成长的过程，应该是舒适区不断扩大的过程。最初，是胎儿时，子宫就是舒适区；婴儿时，妈妈的怀抱就是舒适区；幼儿时，家就是舒适区；成为少年了，范围开始扩展到学校，甚至还可以周游世界，但仍要父母支持；成年后，他的舒适区可以无限延伸……

但也有太多的人，舒适区就停留在了妈妈的怀抱中。对这位男士来讲，全球各地酒店的房间，加上他的电子产品和游戏、电影，就类似于妈妈的怀抱。

不过，必须说一句的是，他之所以停留在这儿，是因为在婴儿时，他经常和妈妈分离，而长大一些后，妈妈又一直和他共生在一起。

我们不能强行把心灵虚弱的孩子直接推向更大的世界，因为他们很可能适应不了。2013 年，《重庆时报》报道，去美国名校的中国留学生，有 25% 的人中途退学。

我给十多位遭遇退学危机的留学生咨询过后发现：这时，他们的父母普遍焦虑的是，孩子还能不能继续上学，但其实孩子的真正问题是，他们的心灵处于崩溃的边缘，甚至已经崩溃，所以面临的是真实的生死问题。

尼采有句话："杀不死你的，会使你更强大。"但成长中，一般还是要循序渐进，先让孩子在幼小的时候形成基本的自我效能感，然后随着人逐渐长大，各种挑战都没有摧毁孩子的自我，反而逐渐让他们更为强大。

所以，对于心灵比较脆弱的人，增强自我是非常重要的。我们要做的是试图从各个角度来谈，如何增强你的自我，最终赢得一个你说了算的人生。

对于心灵比较强大的人来说，就可以好好去寻找各种刺激，适度地突破自己的舒适区，让自己遭受挑战，遭受攻击能量乃至死亡能量的锤打，并转化它们，从而让自己不断变强。

日本设计师山本耀司说过一段话："自己"这个东西是看不见的，撞上一些别的什么，反弹回来，才会了解"自己"。所以，跟很强的东西、可怕的东西、水准很高的东西相碰撞，然后才知道"自己"是什么，这才是自我。

在微博上看到这段话时，我很有感慨，回了一段话：人与人、人与环境，真是互为镜子。不同的相遇，就是不同的镜子，会照出不同的自己。而与很强的东西、可怕的东西、水准很高的东西相碰撞，会碰撞出智慧。

看到这段话的前一天上午，我正好和三位"大牛"一起聊天，从早上8点半聊到中午12点。如果不是我中午有事，我们还会继续聊下去。我们聊得酣畅淋漓，不断有创造性的火花迸射，最终形成了一个极好的创意。

这个创意，我们四个人以前都没想过，它就是在这次聊天中生出来的。但生出来之后，你又发现，这个新生出来的东西怎么这么熟悉，好像它早就在我内心中存在着似的。可是，如果没有这次的碰撞，也许它就生不出来，或者需要很长时间，再和各种人碰撞，然后才会生出来。

很多人说可不可以不需要关系，就一个人闭门苦修，等天下无敌后再出山，甚至一个人苦修而开悟，连出山都不需要了？我的理解是，这应该是行不通的。那些独自待着而证悟的人，其实在闭关之前，都有过各种丰富的关系，那是他们孤独时的养料。

我们一直在讲自我、讲自恋，但成长的过程也是一个破自恋的过程。特别是最初，你觉得自己是"神"，但接着你会发现，自己只是个人。后来，你希望自己至少是强大无比的人，但你发现，你只是个孩子，太多人比你强。再后来，你还希望自己能迅速长大，迅速成为强者，可你发现不行，你需要时间的积累，需要空间的变换，并且强大都是因你投入的结果……

从这个角度来说，我们的心灵自我，从根本上是一个不断被杀死的过程。只是每次死亡能量的锤打都在自我的承受范围之内，你借助你的自我，还有别人的帮助，成功地转化了死亡能量的锤打，把它变成了你能掌控的生能量。你因此得以滋养，因此强大。

可以想象，任何一个成年人都是从最初一个婴儿成长到今天的，是不是都很了不起？甚至，如果考虑到从一颗精子开始，那更是一个了不起的历程。所以，不管你现在觉得自己有多弱，都可以为自己喝彩。并且，要相信，杀不死你的，会使你更强大！

连续与断裂

连续与断裂是什么意思呢？它们和生死是什么关系？

在我们的感知中，连续就像是生，而断裂就像是死。不过，必须说的是，这个话题是我个人的思考，所以大家别把它当作结论来看待，就当作一起来学习、探讨吧。

实际上，也的确是，两个人之间的联结，需要生的力量，也需要事物间的黏连；而断裂的力量，常是因为破坏、因为攻击。

当我们把连续感知为生能量，把断裂感知为死能量时，那会导致我们喜欢连续，而排斥断裂。并且，当我们的生能量比较足时，就会制造连续；而当死能量占统治地位时，就会去制造断裂。

最经典的例子是我们惧怕关系中的分离，因为这就是断裂，我们渴望关系中的连续。当一个关系像是一个连续体时，我们才会感觉到安全，才会在关系中投入。所谓的"投入",就是灌注生的能量。

当然,如果在关系中积攒了大量的死能量,这股死能量就会去攻击。这可以有三个选择:我、你或关系。可能会攻击、伤害我自己,或者攻击、伤害你,同时期待你能抱持住这份攻击。或者,这可以有第三个选择,攻击我和你之间的联结。

我认为最严重时,就是关系的彻底结束,老死不相往来。而比较隐秘的表达是,我和你的关系变疏远了、变冷漠了,关系的联结程度降低了。连续的力量遭到了破坏,而断裂的力量变强了。

但这绝不是说:断裂就是不好的,连续才是好的;死能量是错的,生能量才对。实际上,当一个关系到了无可救药的程度,或太难修复时,让它彻底断裂也是明智之举。然而太多人,这种时候难以下狠手,不能提出分手,不能"杀死"一个坏的关系,是因为不想让自己成为关系的"刽子手"。从根本上来说,这是不敢让自己主动去表达死能量。

咨询中可以碰到太多这样的事情,一个关系已经无可救药了,两个人都明白这一点,但两个人谁都不提出分手,结果再徒劳无功地耗了几年、十几年,甚至几十年。

连续和断裂的话题可以有很多延伸。

例如,现代社会崇尚理性、贬斥感性,并把感性视为非理性,好像感性就是不正确似的。因为,理性思考容易是连续的、显性的,更容易把控的,而感性的情绪和情感则是不容易捕捉的,因此也会被我们感知为断裂的。

一直以来,我有一个目标,希望自己任何时候心都是打开的,都能活在感觉中,同时保持理性的存在,甚至感性和理性彻底合二为一。而这就要求,一直都和自己的感觉在一起,无论它是什么样的。

这是极高的要求。要做到这一点,就意味着:你不仅要接受正能量的流动,也要接受负能量的流动;不仅要接受生能量的流动,也要接受死能量的流动;不仅要接受好的感觉,也要接受不好的感觉……

但是,从根本上来说,我们惧怕死能量。特别是,作为自恋的动物,我们喜欢那些能满足自恋的感觉，将它们视为好的；而排斥伤害自恋的能量，将它们视为坏的。例如：

我们喜欢"我"是强大的，而难以接受弱小；

我们喜欢"我"是好的，而难以接受坏；

我们喜欢"我"是有爱的，而难以接受恨；

……

当我们持有这些二元对立的观念时，就必然会排斥那些所谓"坏的感觉"。于是，当它们产生时，我们就容易意识不到。因此，感性的世界总像是断裂的，也因为这份断裂，我们会觉得感性世界不如理性世界更正确似的。

然而，感性的体验世界才是存在的实体本身，而理性，只是对感性的观察而已。或者说，理性是感性的镜像。如果我们把这个镜像世界视为根本，而排斥作为实体的感性世界，那就是本末倒置了。

在咨询中，常有这样的时刻，来访者突然开始滔滔不绝地讲话，此时讲的话像是一个密不透风的连续体。但这时，我常常会失去感觉，特别是容易觉得晕，甚至会困。而渐渐地，我发展出一个简单的技术：打断他们滔滔不绝的讲话，请他们闭上眼睛。

常常是，他们一旦闭上眼睛，就会泪如雨下。原来，这个时候，他们多是产生了自己很不喜欢的感觉，他们不想要这份感觉，于是想压制它们。这是一份感觉层面的断裂，而为了对抗像死能量的断裂，他们变得滔滔不绝地讲话，试着以此制造一种语言的连续体，好像这是生命一样。

还有很多来访者，他们特别不能承受咨询中的停顿。停顿就是断裂，就意味着有死能量在其中，他们不能承受。所以，当有停顿发生时，他们就会很焦虑，而希望他一句我一句地无缝链接般的讲话。并且，即便如此，每当我说话时，他们会紧紧地盯着我看，好像我的回应都有致命般的力量似的。

这样的来访者，通常是只想要积极回应，即无论他们说什么，我都能给予积极回应，说他们很好。也就是说，他发出的能量都是对的，都是生能量，而一旦没有积极回应，他们就会觉得，我在攻击他们。同时，这也意味着，我在说，他们的能量是不对的，是死能量。

这样的来访者都是要经过很长时间的咨询，才能充分地体验到，关系中有很多好东西。同时，好的关系是可以容纳他的攻击性的，他的死能量，还可以因为被接纳而转化为生能量。如此一来，他们才会放松一些。

放松的对立面是神经紧绷。如果你是神经紧绷的人，你可以观察自己。这时，你的脑袋必然是一刻不停地在高速运转。这也是在制造思维的连续，以对抗感觉层面的断裂。

无论你多么喜欢理性，理性的连续都不能让你真正体验到活着。而一旦你能体验到感性的东西可以在你身上连续流动，你会喜悦无比，会知道，这才是真正地活着。

一直以来，我都觉得自己的头脑还是比较发达的。虽然有时被人诟病，但我觉得我的逻辑思维能力还算可以。从初中起，就不断有人说，和我谈话后，会发现自己纷乱的思绪得到了整理。

可是，不管头脑如何发达，头脑构建的思想体系多么完整，它都不能让我体验到活着的感觉。但当能体验到感性的身体感觉、情绪、情感等，甚至就是活力自身能像不间断的水流一样在我身上持续流动时，那时我才真切地体验到，这就是活着的感觉，这就是生命力自身。

能越来越深地做到这一点，多是因为，不断去碰触、理解、拥抱乃至活出那些被我视为不好的感性力量，比如恐惧、软弱、恨、性与自恋等。

这种努力的开始，是我读研究生时，得了两年的抑郁症。其间，我让抑郁的黑色情绪自然流动。一开始，它仍然是堵塞的、断裂的，我的体验是，就好像内在有很多条河流，不过是淤塞的、拧着的，但最后，它们都疏通了，变得畅通无比。而这些感性之流，都流向了一个大湖，甚至大海。

再次强调：绝非是，生能量就是好，死能量就是坏；连续就对，断裂就错。实际上，我们常常需要使用死能量去毁坏一些该毁坏的东西。比如，结束一些不想交往的关系。

一位男士，是一个超级老好人。一次，他喝了酒，然后进入了一种状态，感觉死神拉着他去跳楼。他使劲儿控制自己，但他感觉到，这份毁灭感简直不要太爽。

之后，他陷入恐惧，因为担心自己真的会去自杀。但在和我的探讨中，他懂得了它有它的合理性。然后一段时间里，他突然有了一些力量和魅力，可以对别人轻松说"不"了。

当真能做到，让生能量和死能量都可以在自己的体验世界乃至关系世界里酣畅淋漓地流动时，这就是自由吧。

当然，这也是无常。

互动：接纳痛苦，就是生死转换

真正的生命韧劲儿，是必须建立在这种感觉上——"这是我的选择"。只有当你真能发自内心去做一些选择时，你才有动力。这份发自你内心的生能量，经过各种锤炼，才能化为韧劲儿。如果都是被逼迫的选择，那就很难形成韧劲儿。

也许你可以爱上你遇到的痛苦，因为所谓的"痛苦"都成了死本能，而你凭借着成熟的时空感，并寻求各种支持，持续地投入努力。化解这份死本能后，你都会变得强大。爱上痛苦，有点儿鼓励大家做受虐狂的感觉，那至少，你可以知道，化解你遇到的痛苦，就是在做生死转换。

Q：如何治愈自恋型暴怒的人？越发确认我父亲有自恋型暴怒。记得有一次，很正常的聊天，突然父亲就哭了，还打自己嘴巴。我都不知道为什么，我又做了什么令他不满意的事情吗？我和父亲基本无法沟通，只要多些交流，一定会发生不快。我又不能每天都哄着他。所以想问问老师，这个怎么破？

A：如果到了这种地步，界限就很重要，减少彼此间的交往。

界限，我们此前讲过，有空间界限、心理界限和身体界限。全能自恋与自恋性暴怒是和共生紧密结合在一起的，所以如果和父母住在一起，那么，想保持心理和身体界限很难，他们总想去突破界限。你小的时候，他们会直接打你，以此突破界限。你长大了，他们会攻击自己，让你内疚和恐惧，这也是在突破界限。你已经很自然地做了选择——减少沟通。这就是你破解的方式。太严重的自恋性暴怒的人，心理咨询师也无能为力。

Q：有儿童心理学讲，婴儿也是可以被训练的，比如有规律地吃奶、有规律地睡觉、不让婴儿奶睡、培训孩子自己睡觉等。科学表明这样成长的孩子身体和心灵都更加健康。很明显，要这样训练婴儿肯定就会有很多事不能即刻满足他。请问这两种观点是相互矛盾的吗？延迟满足到底应该从什么时候开始进行训练呢？

A：的确，心理学界内有各种相冲突的观点，所以心理学很难像物理、化学那样能得到一致的研究结论。最初，婴儿训练研究的鼻祖，是行为主义心理学的大师华生。他拿各种行为训练技巧对自己的孩子进行训练，他的孩子各种悲惨。

训练不训练，关键在于，妈妈或第一养育者能否与婴儿建立起高质量、能及时回应的关系。有了这样的关系，婴儿就能从孤独的、全能自恋的一元世界进入有关系的二元世界。

在我看来，有规律、有节奏的生活很重要，但它是按照谁的节奏，是按照妈妈的，还是按照婴儿的需求？此外，延迟满足不需要训练，因为生活本身自动会训练你，只要大人不要越俎代庖地替孩子做太多他们本可以力所能及的事就好。

性

　　性无处不在。每一刻，这个地球上都有无数存在正在以各种方式进行各种各样的性活动，万物由此繁衍。

　　现代社会崇尚理性，而贬斥感性。或者说，惧怕感性，因为感性中的全能自恋、攻击性和性，太难以面对了。因此，我们会试着让自己活在容易掌控的理性中，同时也远离了生命。

　　美国神话学家约瑟夫·坎贝尔就此说："人类意识对生命期待的观点，绝少与生命的现实一致。我们不愿承认，那冲撞的、自我保护的、有恶臭的、肉食的和淫荡的疯狂，正是有机体的本质。相反，我们倾向于掩饰、漂白和重新解读，把所有软膏里的苍蝇和菜汤里的头发都想象成是某个令人不悦的家伙的过错。"

　　性和激情容易联系在一起。甚至可以说，性的动力像是弥散在各种动力中的一种力量，所以很自然的，激情澎湃，仿佛总是有性在其中。

　　你生命中最富有激情的时刻是怎样的？

　　　　如果你所爱的人，
　　　　拥有火一般的生活，
　　　　那就和他一起燃烧。

　　　　　　　　　　　　　　　　　　——鲁米

警惕心灵僻径

在电影《超体》中，摩根·弗里曼饰演的脑科学家说了段非常有意思的话："当环境恶劣时，生命就倾向于关闭和外界的交换，追求孤独永生；当环境好时，就会追求生命繁衍，而繁衍，是为了把知识传递下去。"

当一个生命感觉外部世界的死能量太多，超出了自己的承受力（即自己可能被杀死）时，那这个生命就倾向于关闭自己。相反，当感觉外部世界的生能量多时，生命就会走向开放，并追求与其他生命的交配繁衍。通过生育新生命，把知识传递下去。

在我看来，《超体》谈的是，一个生命，对自身的生能量有信心，就会走向开放；对自身的生能量没有信心，就会走向封闭。所以，开放和封闭也可以从这个角度来理解。

并且，我们还可以推理，一个生命力旺盛的人和一个封闭的人，可能也是因为这样的逻辑才会如此。你不怕被"杀死"，所以敞开，并大胆地与其他人、其他存在建立起丰富的关系，你因此而有了旺盛的生命力。相反，你之所以封闭，是因为担心一敞开自己就会被"杀死"。

所以，如果你是一个封闭的人，你是否可以问自己一下：你儿时的环境是友好的吗？父母等养育者对你发出的支持的生能量多，还是否定的死能量多？也许你与父母的关系中，敌意不多，但你的家庭与外部世界的关系如何？

如果外部世界的敌意太多，你的家庭会倾向于封闭；如果你在家庭内部遇到的敌意太多，那么你会倾向于封闭。

封闭常常就是这样形成的。封闭，有目的吗？有，目的是让真实的自我封闭起来，等待着合适的时机再展开。

只是，人有时候会忘记这一点：你过去的环境充满敌意，你把自己封闭起来了；现在的环境变得友好起来，但你还是活在过去，不敢打开自己。

我的一位来访者，可以达到回避型人格障碍①的诊断标准。他常做这样一个梦：

  一个白色的巨人不断地躲藏，而一旦被发现，人们就会对他群起而攻之。他虽然巨大无比，但好像没有任何抵御能力，于是总被打倒。

这个白色的巨人，在我的理解里，就是他的带着全能自恋感的原始自我。因为他感觉，一旦打开自己，走向关系、走向外部世界，就会遭遇满满的敌意，所以他要把自己封闭起来。

并且，在封闭的、一个人待着的孤独世界里，他能掌控一切。这暗暗地给了他一种感觉：在这一个人的世界里，我是无所不能的。

如果你精彩地活过，建立过丰富、有深度的关系，最好还看过世界，然后你回归孤独。这时，你貌似孤独，但其实内心已经丰富，并且这个内心世界不是你想象出来的。然后，在这种孤独中，你可能会创造出东西来。

一种孤独是要警惕的：你从小到大，一直都很孤独。

---

① 回避型人格障碍（Avoidant Personality Disorder），又称焦虑型人格障碍。临床表现有二：
  第一，自我敏感，懦弱胆怯、自我评价较低，有明显的紧张感、忧虑感、不安全感和自卑感，对遭受拒绝或批评、排斥过分敏感。虽然渴望与人建立关系，但缺乏与人交往的勇气，除非自己被他人接受并得到自己不会受到批评的保证，否则就会回避与他人交往，拒绝与他人建立人际关系，因而个人交往能力十分有限。
  第二，夸大生活中潜在的危险因素，习惯性地夸大日常处境中的潜在危险，以致常常回避某些活动，生活方式和活动范围明显受到限制。
  回避型人格障碍者渴望同时又害怕亲密的人际关系，因为害怕失败所带来的羞辱，以及被拒绝时所带来的痛苦。他们回避建立关系，也回避社交情境。但是，由于他们害羞又不喜欢出风头，使得他们对关系的渴求或许不是那么显而易见。
  上述表现在临床上很常见，但这很少是临床上主要或唯一的诊断。对回避型人格障碍而言，羞愧感（shame）是核心议题，从这些人的心理治疗和精神分析中，往往显露出羞愧感是最核心的情感经验。通常，回避型人格者自人际关系和暴露情境中退缩，乃是想要从极不舒服的羞愧感中"躲藏"起来。
  一个经验性的评判标准是，这多见于男性，而他们通常没有一个朋友，女友、妻子或妈妈会成为他们仅有的有亲密度和深度的关系。

后一种孤独中，也可以诞生天才。像凡·高，一辈子都不能和人正常交往，是孤独的天才。

还有太多一直孤独的人，既没有天赋可以闪耀，也不能和人交往，结果成为好像和社会脱节的人一样。在我看来，法国存在主义哲学的代表性人物加缪的经典小说《局外人》，写的其实也是一个不能与人、与世界建立关系的人。

我将这些人称为"孤独星球"。很有意思的是，这些人主要是男人。这是因为男人可以活在头脑和逻辑里，维持一种相对稳定的心智。大多数女人必须活在关系、情绪和情感中，否则她们就觉得活不下去。

因此，在两性关系中，一旦稳定下来，常常是这样一种局面：女人找男人要关注、要回应，而男人则容易封闭在自己的世界里，把女人的这种需求和渴望视为麻烦。然而，不管什么样的天才，如果他与别人构建不好关系，他都会体验不到幸福。并且，尽管天赋在闪耀，但在他们的内在感知中，仍然容易觉得自己是虚弱的。

渴望被看见，是人类极为本质的需求，而只有高质量的深度关系，才能满足这一需求。

我们现在在全国建了多个心理咨询中心，有一百来位咨询师。在招聘咨询师时，我们有时会在招聘启事中说：我们不招自学成才的，只招经过系统学习的咨询师，你得接受过系统的理论培训，有案例督导师和个人体验师。

为什么不招自学成才的？因为在心理咨询与治疗、哲学或者一切围绕着人性的学科中，自学成才的人很可能是走进了"心灵僻径"。

"心灵僻径"，是精神分析的一个术语。意思是，人本来是要进入关系的，但在生命早期，当外界太不友好时，即养育者提供的环境死本能太多时，婴幼儿不能与养育者建立基本的关系。于是，为了保护自己，他们关闭了通向关系世界的通道，进入了一条孤僻的心灵小道。在这条孤僻的心灵小道上，他们活在全能自恋的各种表现中。

在这条小道上，如果找到了一条部分表达全能自恋的通道，他们可能成为天才（如很多自闭症患者），会有某一方面惊艳的才华。那是因为，这常常是他们仅有的与外界建立关系的通道，而普通人的这些通道就太多了。如果找不到,那天才们可能就会把全能自恋的想象封闭在自己一个人的世界里,别人不得而知。

心灵僻径,是孤独的想象世界;而关系,则是真实的世界。虽然心理咨询与治疗容易被人认为是病人的世界,不仅来访者是,心理咨询师应该也多是病人。但是实际上,在心理治疗大家中,走火入魔的人很少。

相反,在思考人性的哲学家中,精神出问题的人很多,如尼采。为什么会这样?因为,从弗洛伊德开始,心理咨询与治疗都是发生在关系中的,这使得咨询师不可避免地要活在关系的真实世界里,因此不容易走火入魔。相反,思考人性的哲学家常常是孤僻的,甚至只和书本打交道就行,于是可以活在孤独的想象世界,最终彻底走进心灵僻径。

总之,不管你觉得自己有多厉害,自己有了多么棒的思考和发现,都必须在关系中、在真实世界里去检验自己。如果发现自己的东西在关系世界里行不通,那么,不要轻易觉得外在世界是糟糕的,自己的才华没人懂。这种情况有,从总量上来讲,为数也不少,但绝大多数情况下,这可能是你在一定程度上走进了心灵僻径。

当你感觉自己陷入难熬的孤独时,要鼓足勇气,让自己投入关系的世界里去。并且,只有真实的世界,因为有关系的滋养,才能锤炼出有韧劲儿的生命力。

性是对关系的渴望

通常,有性障碍的人会认为,性是一种生物性的能量,所以性出了问题,肯定是生理问题,应该去常规医院检查并治疗。但他们很多还是会来到心理咨询师面前,一部分是有医生对他们说"你没有生理问题,你应该是有心理问题",一部分则是带着矛盾的心情来找心理咨询师。

各种各样的性问题和故事,让我形成了这样一句话:性是对关系的渴望。

这可以有一个非常直观的例证。比如自慰,我们容易认为这是自己在满足自己,所以像是没有关系,但你觉知一下就会发现,你在自慰时,必然会做各种各样的性幻想。

情感论坛上面曾有几个人讲，他们有过几十甚至几百个性伙伴。其中有两个人发了非常长的文章描述这个过程，很有文字功底，笔触非常细腻。但是，他们都说了同样一种感觉：滥性的生活，并没有让他们愉悦；相反，他们感觉自己的心越来越像沙漠。

弗洛伊德说：“本我奉行的是快乐原则，而性欲，又是极为根本的一种人类需求。”那么，这样丰富多彩的性生活，应该带来极大满足和愉悦才对，为什么他们却觉得自己的心灵在沙漠化？

美国的一份调查也显示，那些有嫖娼习惯的男人，他们大多数时候感觉都很不好。这不只是道德超我在发挥作用，也是因为，性活动本身也的确没让他们多么兴奋、刺激和愉悦。

那么，这些男人在干吗？

完整的性爱，会有转化攻击性的功能，并且特别强调了"完整"两个字。

精神分析有一对术语："完整客体"和"部分客体"。意思是：如果你看到的是一个完整的人，那这就是完整客体；如果你看到的只是他的部分存在，那他就是部分客体。

相对应地，可以有完整关系和部分关系。当你拿出自己的全部存在，和另外一个人的全部存在建立关系时，这时建立的，就是完整关系。用马丁·布伯的术语来讲，这是有神性的"我与你"的关系。

相反，如果你只拿出自己的部分存在，和另一个人的部分存在建立关系，那这就是部分关系。并且，这个时候不可避免的，你们会是彼此实现目标的工具和对象，那么这个时候构建的，自然就是马丁·布伯所说的"我与它"的关系。

性是很深刻的东西。身体上的袒露，也是心灵完全袒露的隐喻。并且，性行为还是关系的隐喻，因为身体上你中有我、我中有你，这是再直观不过的关系中的联结了。

在各种情感关系中，如果一旦有了性，那么这份关系的重要性，通常就会超越其他。

比如，现代心理学虽然流派很多，可一旦涉及家庭治疗，心理学者都会说："夫妻关系是家里的定海神针，重要性要高于亲子关系。既高于和自己孩子的关系，也高于和自己父母的关系。如果这一点做不到，一个家庭的秩序就会乱，就容易出现各种家庭问题。"

如果你深刻地体验过性与爱的完整结合，那么你会情不自禁地把这种完整情感关系放在第一位。

我们每个人作为一个能量体，如果能自然地伸展自恋、性和攻击性这些生命动力，并和另一个能量体建立起全然的关系，两个能量体就都会被照亮。那时，两个人的原始生命力都被转化成深具人性的成熟生命力了。

这就是完整关系和部分关系、完整客体和部分客体的不同。性是一种很容易给人带来兴奋、刺激乃至愉悦的能量，但如果我们只去看到它的部分存在，那么就会陷入"我与它"的世界，心灵容易沙漠化。

相反，如果性是完整关系的一部分，那它就会成为这份关系的巨大动力。

自体永远都在寻找客体，我都在寻找你。攻击性是发生在我和你之间的动力，而性更是。攻击性如被化解，可以让关系亲密；如不能化解，则会让关系疏远。而性的动力，主要就是想让关系变近。

文明是原始欲望的升华

弗洛伊德有一个概念——"升华"[1]。所谓的"升华"，指的是原始的、混沌的性与攻击的能量，提升为符合人性的、创造性的、符合社会规范的能量。

---

[1] 升华（Sublimation）：一种自我防御机制，当原始欲望和道德约束之间产生冲突时，升华可催生富有创造性、健康的、易于被社会接受的良好防御行为，在最初被视作"优良"防御。

弗洛伊德起初认定升华为：有社会价值地释放生物冲动（包括吮吸、撕咬、排便、打斗、性交、窥探和被窥探、忍受疼痛、"护犊"等欲望）。比如，将施虐欲望升华为疗伤的医生，将表演欲望升华为影视作品创作的艺术家，将攻击冲动升华为辩护的律师等。依据弗洛伊德的理论，本能驱力在个体早年经历的影响下不断改变，有些驱力或冲突会推动个体朝向卓越、创造性地参与有益的活动。

"升华"这一概念出现在分析性文献中时，作者通常用来表示个体能创造性地应用有价值的方式来应对问题。升华被看作解决心理困境最健康的方式，使自我发育进入了新的高度。

弗洛伊德认为，文明就是性欲和攻击欲升华的结果。

例如攻击欲，它如果是战争，那就会造成毁灭性的破坏，但如果表达方式是足球和篮球等体育竞技，那就非常文明了。不过，我们要知道，这种文明的东西，其实是攻击性的象征性表达。

全能自恋、性和攻击性，它们原始的表达常常只能"一时爽"，而要变成一种所谓"文明"的东西，才能持续地创造、持续地提升自己。

比如，青春期时的那些在校园里横行的霸凌者，他们既充分表达了攻击性，又容易吸引异性的注意。可他们被满足得太早了，因此他们容易缺乏欲望，无法将生命动力提升为一种持续的东西。并且，这种东西能被文明社会所接纳，最终真的在社会上获得成功。

这不只是一种感性的感觉，也有调查显示，在青春期里作威作福的这些"老大"，成才概率比较低。所谓的"成才"，即将性欲和攻击欲的原始能量，升华成文明社会认可的一份才能。

所以，最好是将全能自恋、性和攻击性这些生命动力作为燃料，并找到符合人性和社会规范的表达方式。这样就可以不断提纯、淬炼，而最终成为一种很美的东西，就像粗钢变成宝剑的一个过程。

在传统精神分析师那里，他们容易持有这种观点：人类的一切行为，都是对原始欲望的种种防御，区别只是低级还是高级。如升华和幽默，就被视为最高级的自我防御机制。对此，我一直有看法。但是，如果我和一个传统精神分析师对话，他会说："你的这个看法也是一种防御。"

也许可以说，弗洛伊德就希望自己是一个高级的人，不被人类的原始欲望所控制。

弗洛伊德虽然提出了泛性论，但是其实他是一个很保守、很有道德感的人，他41岁后就停止了性生活。意识层面是因为妻子生了六个孩子，而当时的避孕措施又不够好。但这时，还有一件重大的事情发生，那就是他通过自我分析发现了自己的恋母弑父情结。

并且，从弗洛伊德开始，对精神分析疗法提了各种严格的职业道德。比如，咨询师不能和来访者发生性关系，甚至都不能建立双重关系。意思是说，咨询师只能和来访者保持咨询关系，除了咨询关系外不得同时构建其他关系，如吃饭、聊天等。如果要构建其他关系，就必须等咨询关系结束一段时间后。例如，中国的一个行规是，咨询关系结束三年内，咨询师不得与来访者建立亲密关系。

弗洛伊德的理论，从现实意义上起到了性解放的功能，但他自己既不倡导禁欲，也不倡导纵欲。他希望人的生命力流动，但他也害怕原始欲望的破坏力量，所以特别强调性欲的升华。

互动：性的模式，是关系模式的呈现

性的模式，是关系模式的呈现。也就是说，性中的各种表达，常常是一个人内心深处的关系模式的呈现。

如果一个人心中有饱满的爱，那么他想构建的性，就会是完整的。比如，有充分的性前戏，是由衷地想制造一些美好的感觉。

如果一个人内心充满了攻击性，这既可能是一目了然的，又可能这个人表面上是好人，而内心有浓烈的愤怒，那他就容易在性中去制造一些施虐、受虐的东西，这样他才会感觉到刺激。

常见的是，一个人如果性关系出问题，那的确可以追因到他的俄狄浦斯情结上。虽然很多学者说，弗洛伊德的俄狄浦斯情结没有得到实证，但我作为一名精神分析取向的咨询师，可以说，我见证到的几乎所有性问题，都可以归因到俄狄浦斯情结上。并且，当解开这个情结后，来访者的性生活会得到极大改善。

很多人倾向于把性视为生物学的范畴，那样性看上去可以很简单，但实际上性无比复杂，因为性关系是一个人的内在关系模式的投影。

Q：回避型人格障碍怎么治疗比较好？

A：回避型人格障碍成长过程中有两个关键点：

（1）努力去建立更为丰富的关系。这个过程一开始通常会很不舒服，因为在人际关系中，他们会有严重的焦虑，但随着关系的深度建立，这会发生很大改变。在这个过程中，时间可以起到很大的作用，只要持续地维系下去，就有很大可能增加关系的深度。

当然，去找一位咨询师建立深度关系，这相对容易，但也需要很长时间，2～3年甚至更多。

（2）极为关键的是，认识到自己内心那个充满全能自恋想象和自恋性暴怒的自我。回避型人格会觉得，自己和周围的世界之间有一道墙。这道厚厚的墙有两个功能：躲避外部世界的敌意攻击；锁住自己内心充满全能想象的"魔鬼"，防止它去破坏他人乃至世界。

这两者相辅相成，认识到后者后，就知道自己为什么会封闭，然后就可以多少放这个内在"魔鬼"到阳光中。而在真实深度的关系中，它被看见、被接纳而转化为生命力。

Q：有很多自我封闭的人都知道关系的重要性，也渴望关系，关键是怎样才能"鼓起勇气"走出去呢？对外界充满恐惧，总是没有足够的勇气，怎么办？

A：有时候，这需要找到更好的关系。一个接纳性的关系，甚至一个破坏性的关系，都可以帮助你逐渐走出去。

有时候，是因为这股勇气的"气"还不够。比如，很多人是借着一次次恋爱帮到了自己。只有恋爱关系才能让他们愿意舍弃一切，挑战种种不舒服，勇敢地投入关系中。而当关系受挫时，痛苦度太高，这种痛苦也激发了认识关系和改变自己的强大动力。

一场恋爱，特别是男孩追求女孩时，性和攻击性这两股能量都会被极大地激发，同时还有完整的关系感。影视、小说和现实中都有太多这样的故事：当爱人陷入绝境时，自己的能量像核弹爆炸一样被激发出来了。

很多人没有沉溺于恋爱中前，认为自己知道什么是活着，但恋爱后才发现，这才是活着，觉得此前的人生像白过了一样。

所以，外因和内因同样重要，有时候不可思议的动力会因一个人的出现而迸发。

Q：如果小时候没有建立二元关系，是不是通过性爱的结合才能建立完整的二元关系？小时候建立的二元关系和通过性爱建立的二元关系有何不同？只有爱没有性，是不是无法完全建立完整的二元关系？

A：如果小时候没有建立二元关系，那么一个人就容易封闭在自己的世界里，甚至都觉得自己像是不需要关系似的。

如果陷入这种感觉中，一个人会抵触关系，并美化孤独，但性欲会成为他没法克服的动力，而驱使着他去寻找关系。这样一来，就给了一个人从一元关系走出来的可能性。不过，二元关系的建立，并不是有了性就可以，而是需要真正地和另一个人建立有爱的完整关系。

当然，也并不是只有性爱关系才是成年人从一元世界进入二元关系的唯一通道，其他无性的关系也有可能做到这一点，只是概率会低。

小时候，最好是 3 岁前就建立无性的二元关系。否则，到了 3 岁后有明显的性欲参与后，再去建立二元关系会难很多，因为性会带来更多的羞耻感。

生命的初心

在咨询中，我见过太多麻木的脸。

在大街上，我也看到过太多麻木的脸。

我也有一张麻木的脸。

伴随着麻木的脸是一颗被封印了一般的心，还有一个相对僵硬的身体。麻木的脸、僵硬的身体、封印了的心，也必然意味着，活力被克制了。于是，活力不能像水一样自然地滋养你自己。

每张过于平静的脸，都意味着经历过太多的失望乃至绝望。有时候，这是一种智慧。据说，拉丁美洲的一个地方，那里的妈妈们有意不满足尚在襁褓中的婴儿。做婴儿观察的精神分析师认为，之所以这样，是因为这个社会和文化太难以满足一个人，所以最好是让婴儿一开始就学习到，绝望是生命的一种常态，这样才能让他更好地接受现实，在这个社会中生存下来。

我们的社会现在欣欣向荣，也愿我们更多人有一张丰富生动、"欣欣向荣"的脸。已经麻木的脸，也可以再次点燃自己无数的渴望，让渴望的力量激活自己的生命。

那些麻木的脸、封闭的心，一旦打开时，会有千百种滋味，你品尝过吗？如果品尝过，那么就来回答一下这个问题：什么时候，你体验过你的心从封闭到打开？那是一种什么样的滋味？

我：我的眼睛该怎么做？

神：专注所走的道路。

我：我的激情呢？

神：保持燃烧。

我：我的心呢？

神：告诉我里面装的是什么？

我：痛苦和悲伤。

神：与它们共处。伤口是阳光照进你身体的地方。

——鲁米

从渴望到绝望

一天晚上，我和一位男性来访者做视频咨询。他白天刚和老婆发生了一次争吵，所以我们谈的，就是吵架这件事。

吵什么呢？是要孩子的事。他们白天去医院检查身体了，医生建议他们早点儿要孩子。我的来访者不想要孩子，而他老婆很想要，也很有危机感，所以两人就此吵了一架。

实际上，这根本不是吵架，是妻子一直都在数落他、骂他，因为我这位男性来访者是极其憨厚、老实的男人，也有经典的回避型人格。这样的人，他们的攻击性严重被压抑，而很有意思的是，他们通常找的伴侣都是伶牙俐齿、攻击性很强的人，所以，与妻子吵架的话，他们根本吵不赢，只有被数落、被骂的份儿。

在咨询中，我问他："你为什么不想要孩子？"

他讲了两个理由：一个是他们的感情不好，怕有了孩子，对孩子不好；另一个是他感觉在和妻子的关系中，他是孩子，而妻子是妈妈，他很依恋这种关系模式。可妻子多次愤怒地说，她厌恶这种模式，要是真有了孩子，她就会撇下他不管，把精力放在真正的孩子身上。这就是说，真有孩子了，他就要被像妈妈一样的老婆给抛弃了。

这两个理由合情合理，有足够的说服力。如果我是特别重视头脑和意识层面信息的咨询师，那么我就会接受他的说法。但作为精神分析取向的咨询师，我总是会让自己留下一些空间。比如，特别重视我的身体感觉，以此去捕捉来访者的一些潜意识层面的信息。

这一次，他说得投入，我听得投入。专心听他讲的时候，我突然间有了种奇异的感觉，觉得我书房里的空气变了，有一层诡异的色彩蒙在每一件物品上，空气中像是有了一种奇异的紫色。我的身体也有了种说不出的感觉，像恐惧，但恐惧又不足以表达出那种感觉。

这是我生命中第一次有这种感觉，所以我倾向于认为这是他的感觉被我捕捉到了。于是，我把这些感觉反馈给了他。听我描述这种氛围时，坐在椅子上的他的身体一下子僵直了，他充满恐惧地对我说："我看见了！我看见了！"

我问他，看到什么了？

他的身体和声音都颤抖着，他说他看见了一个婴儿。咨询中有时会碰到这种情形——一种可怕的意象把来访者吓到了，令他的身体僵住不能动弹。这时，我深信是有极为重要的事情发生了，我不会慌，而是先和我自己的身体保持联结，就是感觉一下自己的身体。然后，去引导对方做扫描式感受身体的练习。

这个办法非常有效，既可以让来访者镇静，也可以让他放松下来。果不其然，这样进行了约十分钟后，他的身体可以动弹了。然后我问他，他看到的婴儿是什么样的。

他仍心有余悸地说："一个很小的婴儿，躺在襁褓里，浑身散发着蓝光。"他试着去碰触他，而就在他的手快碰到婴儿的一刹那，婴儿张开嘴发出"嗷"的一声猫叫。这让他感觉非常恐怖。

虽然很吓人，但我还是接着让他做了一个"角色代入"的工作，就是想象他进入了婴儿小小的身体，然后去感受这个婴儿有什么样的感受。他体会了一会儿说，这个"婴儿"有两种感觉：第一，很绝望，觉得这个世界上没有人爱自己；第二，很怨恨，恨不得毁了这个没有人爱他的世界。

我又问他："那你想对这个婴儿说些什么？"

听我这么说，他的眼泪一下子流了下来。他说想对这个婴儿说："抱抱，让我抱抱你。"这一刻，他瞬间明白，这个婴儿就是他自己，并且是内心最深处的自己。

有人问："回避型人格该如何治疗？"我讲了两点：一是建立深度关系；二是认识到，自己的内心有一个恐怖的自己，之所以封闭，是为了锁住这个恐怖的自己，不让他去破坏外部世界。这位来访者看到他的内心住着一个何等恐怖的"婴孩"。

他之所以变得特别憨厚、老实，是因为反向形成①的自我防御机制，即为了掩饰他内心这个恐怖的婴儿，而走向了完全相反的方向，成了一个看上去人畜无害的男人。这次咨询给这位来访者和我都带来了深远的影响。对他而言，他的封闭有了很大的改善，他发现太多时候，他内心都住着一个婴儿，这个婴儿的渴求非常简单，就是在说"抱抱我"。

例如，一次他在公交车上，突然感到心口非常堵，他就去感受这份堵。感受了一会儿后，他的眼泪流了下来，而嘴里发出非常含糊的声音"抱抱"，就好像真是一个勉强会说话的婴儿在发出稚嫩的需求。

太封闭的人，其实都是对关系持有绝望态度的。而最初作为一个婴孩的时候，人都对关系有着强烈的渴望。从渴望到绝望，有这样一个过程：

（1）发出渴望；

---

① 反向形成（Reaction Formation）：一种自我防御机制，它耐人寻味。人类有能力将事物反其意而用之。传统的反向形成包括正（负）性情绪的相互转换。例如，由恨转爱、崇拜变成蔑视或妒忌变成吸引。此类情况在日常生活中俯拾皆是。反向形成与其说是情感的两极调换，不如更精准地称为"否认情感的矛盾性"。精神分析的基本观点之一便是：人的情感体验都具有矛盾性。我们可以对人爱恨交织，我们的情感状态总是左右徘徊。使用反向形成的个体常常会坚持认为自己的感受只是一种，但实际上，这只是所有复杂情感反应的某一方面。

被新生儿取代地位的孩子们会主动避免负性情绪，令自己沉浸在积极的情绪之中。这时，反向形成这种否认矛盾性的防御实在是不可或缺。该防御的益处还体现在其他情境中。比如在竞争中，谋害和敬佩的感受将同时出现，反向形成会引导儿童去效仿而非诋毁对手。

反向形成也是病理性心理现象中比较常见的一种防御，它常被用于转化敌意情绪和攻击冲动，尤其是当这些情绪被体验为失控的恐惧时。经此防御后，偏执者通常只能感受到仇恨和猜疑，但观察者不难发现他们其实具有渴望和依赖。强迫性个体常认为自己对权威言听计从，但人们常同时能观察到他们的怨恨。

（2）被忽视，或被拒绝，于是失望；

（3）失望累积多了，就会变成绝望，觉得世界上没有人爱自己；

（4）对关系绝望的同时，那些没有得到回应的动力就变成了恨；

（5）恨累积多了，就演变成了我们的各种"心魔"。

这个过程，也是可以逆转的：

（1）觉知到自己的"心魔"；

（2）看到"心魔"中的恨，这些恨，都是因为自己发出的动力没有得到回应而转化成的死能量；

（3）和恨相伴随的，还有对关系的绝望；

（4）看到绝望，是因为儿时遭遇了一次又一次的失望；

（5）失望的背后，是曾经发出的稚嫩的渴望。

当我们看到自己的渴望后，就可以对着对的人试试继续表达它们。当我们的渴望能不断被人接住后，我们就会逐渐从封闭中走出来。

从逻辑上来讲，是这样一个过程，可是真正从体验层面实现它并不易，但我们不要忘记，这是我们的本心。此前我引用过鲁米的一段诗，这次忍不住想再引用一次，实在太贴切了：

让自己成为一个不名誉的人，
饮下你所有的激情。
闭起眼睛，以第三只眼睛观物，
伸出双臂，要是你希望被拥抱的话。

无论如何，别忘记张开你的双臂。张开后，有可能会再次失望，但也有了希望。而如果你一直封闭着的话，那就什么都不会有。

碰触你的内在婴儿

练习要在安静、安全的环境下进行，如果练习让你很不舒服，你也可以停下来。如果有信得过的人在你身边，陪着你做这个练习，那就更好了。

这个练习的程序如下：

找一个安静、安全的地方，闭上眼睛，安静下来。先花几分钟时间感受你的身体，至少要感受身体的三个以上的部位，如双脚放在地上的感觉、双手的感觉、小腹部（也就是丹田位置）的感觉。同时，自然而然地呼吸。

等足够放松后，想象一个婴儿出现在你身边。那么，自然而然地，你会看到一个什么样的婴儿？接受第一时间出现的任何一个画面，不做任何修改。

他会出现在哪个位置？他是什么样子？他有什么神情？他和你的距离？还有，他和你的关系如何……

如果你想和他说话的话，你想对他说什么？

请继续看着他，看得越清楚越好。接着想象，你进入了他的身体，你成为他。

那么，作为这样一个婴儿，你有什么感觉？你和旁边这个大人的关系是怎样的？如果你想和这个大人说话的话，你想对他说什么？

接下来，你离开这个婴儿的身体，回到你自己身上，再次看着这个婴儿，你又有什么感觉？

好，现在请你慢慢睁开眼睛，活动一下你的身体，结束这个练习。

这个练习发展出来后，我先在我的新浪微博上做过调查，后来则在我的很多工作坊中带领学员做过，总数量达上千人，甚至更多。大家看到的婴儿大致可以归为五类。

第一类，你看到了很快乐、很满足的婴儿。比如：

（1）看到一个婴儿，吃饱喝足、心满意足，趴在我身旁的地毯上，抬着头调皮地眨着眼睛和我逗着玩。

（2）躺在我右侧，眼睛大大的、咧着嘴笑的男婴，光着身体穿着尿不湿，好可爱的样子，忍不住亲了又亲，逗他玩！好喜欢他，把他抱在怀里，他是上帝给我的礼物。

这样的婴儿，一是有活力，二是他们和练习者的关系很亲密。

第二类，是比较一般的婴儿。比如：

（1）他在我右后侧，像小猫一样，静静地拉扯我的胳膊，想让我注意他。

（2）刚出生的粉色婴儿趴着睡在我旁边，我想去拥抱他，但是没敢，怕伤害他、吵醒他。

第三类，婴儿的状态很不好，和练习者的关系也不好。比如：

（1）感觉小婴儿躺在我身边，很无助、很可怜，他很难受，却不说话，我特别特别想去抱抱或亲亲他。为什么我现在一想到这幅画面就想掉眼泪？

（2）好瘦小、好干瘪的孩子，看到他就心疼得想哭。他非常安静地蜷缩在那里，好想抱抱他，给他一个温暖、安全的怀抱。

第四类，看到了恐怖的婴儿。比如：

（1）好害怕，救救我，他在右边，好像泡在冷冷的海水里一样，身体的"大陆"被硬生生地挖去了一半，好冷啊。

（2）试着想象了一下，是一个面目狰狞的婴儿，先是越爬越远，后来到我身边来咬我的胳膊。我很害怕，但是我感受到了他的恐惧，对他说："对不起，对不起，曾经我是那么想杀死你，请你原谅我。"

第五类中最严重的是死婴，比如：

我的妈呀，我感觉到躺在我身边的婴儿已经死了，四肢朝天。OMG！

在我的工作坊中，每个出现死婴意象的，都是那种看上去绝对人畜无害的好人。同时也看到，他们身上简直像是毫无生命力可言。

还有很多人根本不敢做这个练习，一位网友说："好害怕！不敢想！"

从总量上来说，第二类状态一般的婴儿意象占了三分之一，第三类和第四类占了三分之一，而状态好的婴儿意象则占比不到三分之一。

这样的练习，使用了所谓的"视觉化"①技术。按说，我们绝大多数人都没有自己婴儿时的记忆，这部分都是在潜意识中，甚至都不能诉诸语言。因为那个时候语言和能力都还没形成，但可以通过视觉想象：一个婴儿出现在自己身边，由此碰触到自己婴儿时的一些感觉。

特别是在连续多天的工作坊中，依我对学员们的了解，我判断，他们在这个练习中看到的婴儿，有很大可能是他们的内在婴儿，即他们自己婴儿时的样子。

例如，一位年轻女子说，她看到的婴儿，脸是不完整的，身体也不全。那是因为，她在婴儿时很少得到妈妈的关注。我们前面讲过，妈妈看见了婴儿，婴儿才知道自己是存在的。妈妈很少看见她，所以她的内在婴儿是残破不全的。

一个人有两个基本诉求：活出自己，在关系中被看见。如果让一个婴幼儿自己待着，那么，这两个诉求都会遭到破坏。任何一个严重封闭的人，都曾经对这个世界发出无数次渴求，但一再遭到挫败。最终，他们把自己封闭起来，好保护自己。

前文提到过美国心理学家科胡特说，心理健康即自信和热情，自信是生命能量能滋养自体，热情则是生命能量能滋养客体。

所谓的"生命能量"，原始的表达形式是自恋、性和攻击性，它们常常被社会文化说成是非常不好的东西，但如果我们真这样看待它们，那我们也就切断了和生命能量的联结。

在做"碰触你的内在婴儿"的练习中，当你进入婴儿的身体，从他们的视角看世界时，你会发现，他们也就有这两个基本诉求：挥洒活力，获得亲密的感觉。

我想，这才是生命的初衷。我们总说"莫忘初心"，那么，请别忘记这两个基本的生命诉求。因为有这样的理解，我有一段时间不断在脑海里浮现这样一句话："孤独不是生命的初衷。"

---

① 视觉化（Visualization）：是对数据进行交互的视觉表达以增强认知的技术（Hansen，2004），也是一种表达数据的方式，是对现实世界的抽象表达。它像文字一样，为我们讲述各种各样的故事（Nathan Yau，2013）。

英雄之旅

约瑟夫·坎贝尔提出了"英雄之旅"的概念，就是完整地展开自己生命的过程。这绝非一条容易走的道路，所以美国心理学家斯考特·派克将它称为"少有人走的路"。

一个人该如何展开自己的生命？我们先来谈谈选择。"我选择。""我自由。""我存在。"存在主义哲学，可以概括为这样的三句话。其中的关键是选择，你的选择决定了你是谁。

诺兰的"蝙蝠侠"三部曲的第一部中，青梅竹马的瑞秋对布鲁斯·韦恩说："你内心深处如何并不重要，你的所作所为决定了你是谁。"这句话很有道理，但这不是至理名言，至理名言是："你的内心深处是怎样的，这极为重要。看清楚，你可以更好地做选择。你的选择，最终决定了你是谁。"

生命最初，我们都需要来自父母等养育者的馈赠。当儿童伸展他带着攻击性的原始生命力时，如果被父母抱持，并回以人性的回应，这份黑色的、狰狞的能量就会得以人性化。这是黑色能量的一个转化方式。

不过，从根本上来说，这份转化得由自己完成。你每一个主动的选择，都是这份能量在表达。所以，你如何选择，就是你的生命的根本所在。

并且，必须是主动的选择，即你作为一个能量体，带着"这是我发自内心的选择"这种主体感而伸展。这时，你才能感受到这份能量的存在，然后才谈得上做选择。如果都碰触不到这份主体感的存在，选择就是被动的，也就没有意义，转化也就不会发生。你貌似是选择了做好人，但是，这时候的你，是封闭、被动、消极的，你主要是被迫做选择，而不是主动做选择。所以这不一样，这一切就好像只是一张皮而已，它浮动在能量体之外。而能量体自身因为没有被看见，会是黑色的。这份黑色的能量体，就如同《画皮》中的周迅将皮囊脱下来之后的形象。

所以，主动地、带着主体感地去做选择，是至关重要的事，这才最终塑造了你是谁。

童年时期好的养育，就像是父母给我们种下了一颗种子。你被允许做自己，而且你体验到了黑色的死能量可以如何被转化，这有多美好。并且，你还将这样的父母内化到自己心中，成为你自我观察的一面镜子。

然而，这只是一个开始。从婴儿到幼儿，到少年、到青年、到成年，再到衰老乃至死亡，一个能量体会是一个完整的展开过程。它非常复杂，这不可能由其他任何人完成，它只能由你自己完成。

比如在诺兰的"蝙蝠侠"三部曲中，布鲁斯·韦恩有一个理想中的父亲。当布鲁斯掉到井中被蝙蝠吓坏后，这位父亲的处理过程温暖、坚定、有力。而这是他一贯的模式，这就给儿子种下了一颗极好的种子。后来，当布鲁斯被外在和内在的黑暗侵袭时，不管形势多么艰难，他的选择都是照亮这些黑暗，而不是被黑暗吞噬。而他最终成为英雄。

坎贝尔的"英雄之旅"的概念影响极大，特别是在影视界，像"蝙蝠侠"三部曲、"蜘蛛侠"三部曲、"超人"系列电影、"魔戒"三部曲、"霍比特人"系列电影和"星球大战"系列电影等影视作品，都受益于他的"英雄之旅"的说法。坎贝尔研究总结了世界各地的神话，发现各种文化的神话中的主人公，多有一个共同的成长路线，并称为"英雄之旅"。

"我选择。""我自由。""我存在。"在坎贝尔看来，最重要的自由，或者说自由的真谛，是战胜了内心的恐惧、拥抱了内在黑暗后达成的一种状态。这个历程才能称为"英雄之旅"。

比如在"蝙蝠侠"三部曲中，布鲁斯·韦恩跌入深井——这是潜意识深处的隐喻，他被从黑暗中飞过来的黑色蝙蝠吓到——其实他惧怕的是自己内心的黑暗。他流浪时，看似处理的是父母被杀带来的仇恨，但处理的其实还是他自己内在的黑暗。最终，他战胜了内心的恐惧、拥抱了内在黑暗。

在这个历程中，你看似是与外界作战，其实是借此来锤炼你的自我。一般的自由观，认为妨碍自己自由的是外界，但其实真正妨碍自由的，恰恰是你的自我。

我总讲"成为你自己"。可以说，完整地成为你自己的历程，就是英雄之旅。这至少需要两点：

第一，在现实世界展开你的心。由此，你将难以观察到的内在世界投射到了外部世界里，就如同将电影胶带投射到了屏幕上。这样你才能看到，你的心是怎样的。

第二，深入认识你自己，特别是那些让你恐惧的部分。最初，你不可避免地会认为，是外部世界让你恐惧，最后你会发现，你真正恐惧的是自己的内在。比如，前面讲到的恐怖婴孩。

这个历程的关键，不是变得通俗意义上的更好，而是能碰触到你真实的、看似恐怖的人性。

英雄之旅，不是一棵小树拼命长成正能量满满的大树，而是同时也深入黑暗汲取能量的完整大树。树冠伸向明亮的天空，树根则扎根黑暗的大地。

这个过程的关键，是碰触痛苦与黑暗。碰触了自己的痛苦，才能懂得别人的痛苦；碰触了自己的黑暗，才能容纳别人的黑暗。并且，真碰触到时，会发现痛苦中有馈赠，而黑暗也是力量与生命。

并且，所谓的"黑暗"，也就是没有被看到和没有展开的自恋、性和攻击性的原始能量。所以，我们不妨勇敢一点儿、大胆一点儿，在没有明显伤害别人的情形下，活出自恋、性和攻击性，而不是一直压制它们。

尼采也提出一个类似的历程，并分别以骆驼、狮子和孩童来代表。我喜欢尼采的这个比喻，但我自己做了修改，调整了这三者的顺序。我自己的说法，英雄之旅有三个阶段：

第一，花园，孩童在伊甸园般的怀抱中，纯洁、美好。

第二，沙漠，你如同骆驼，忍辱负重地行走在漫漫旅途中，见证了复杂而完整的人性。你本想通过简单的行善与忍耐抱着其他一些单纯而看似正确的信念与他人乃至世界相处，却发现，事情总是事与愿违，你不断受挫。

第三，狮子，你有力量地活着。你看到了外界的复杂和你内在的复杂，你发现你必须把真实的自己活出来。

愿我们能够深切地懂得我们身上的自恋、性和攻击性这些生命动力，愿我们能充分展开自己的生命，成为自己的英雄。

互动：别皈依了绝望

Q：自己做练习的时候，感觉想象不出婴儿的样子，这是什么原因呢？

A：这至少有四种可能：

（1）我的这个练习不对，或不够有力度，或不够好。

（2）心理防御在起作用。因为担心一旦出来一个吓人的婴儿，自己面对不了，所以要防御它。这时候，你可以知道，前面的身体放松练习，你都没进入状态，你一直活在头脑层面。

（3）还有一种可能，是你做身体放松练习时进入了状态，你知道自己的注意力沉到了身体上，但还是没有婴儿意象出来。这可能是你在婴儿时期实在没有被看到过。

（4）最后一种可能是，也许指导语限制了大家。我们还可以这样说："任何一种可能性都可以。"例如，有的学员是，发现婴儿在自己身体里、在自己脸上。有的学员看到的则不是婴儿，而是其他形象。比如，让我印象很深的是一个学员在这个练习中看到了一只攻击力极强的章鱼。

Q：为什么是恐怖的婴儿，不是缺爱的婴儿吗？

A：一个中性的动力发出，如果外在世界接住了，建立了关系，那么它就会变成热情、创造力等生能量；如果没被接住，就会变成破坏性、恨等死能量。我做咨询的经验显示，这个模型一再得到验证。

现实中，看看自己这个成年人就会知道，自己发出一个渴求而被拒绝，一样会产生羞耻或怨恨等情绪。而婴儿处于无助中，这种情绪会更严重。

同时，因为婴儿都活在全能自恋中，所以他们的恨容易是想毁灭一切的感觉。

Q：想象中，快乐的婴儿占比比较小的原因会不会是这类人大多不需要走到心理咨询师的面前来呢？

A：当然有这种可能，所以真做研究的话，需要去调查各种人群。

不过，我的确认为，人的确是不容易太快乐的。前几天，我认真想过，至少在我身边认识的人中，没有一个是没有经历过巨大痛苦的。因为痛苦有巨大价值，亦如鲁米所说"伤口是光可以照进来的地方"。

在咨询中和生活中，这种时刻常常发生，处于绝望中的朋友，会通过他们的表达把绝望感传递到我的身上，让我觉得，好像真的是无路可走了。

这时候，请务必知道，这只是一种感觉，这就是绝望感，但这从来都不是事实。事实是，人任何时候都可以有选择。

或者至少知道这是被绝望感给裹挟了，以致头脑上都认同了它。当知道这一点后，就可以在心灵上腾出一些空间来，去寻找更多可能。

第五章 思维

心灵的三层结构

心灵的三个内容：思维、身体和情感。你什么时候相信灵魂的存在？那个时候发生了什么？你体验到了什么？

> 不要单以念诵"她"这个字而满足。
> 感受她的气息。
> 书本与文字可以带来妙悟，
> 而妙悟有时则能带来合一。
>
> ——鲁米

保护层、伤痛层和真我

多年前，我参加了一个关于亲密关系的工作坊。课上，老师莎兰·汉考克问了这样一个问题：当你感觉到伤痛时，你怎样保护自己？

工作坊中有30多位学员，大家挨个儿回答这个问题。而我有点儿慌，因为过去我试过回答这个问题，但好像找不到我的保护方式。

应对方式是指当你感到痛苦时，你会使用什么样的方式面对痛苦。大学的时候，自我测试过一个"应对方式量表"。该量表有16种应对方式，如合理化[①]、换一个环境、和比自己更糟糕的人比较等，而我发现，我基本上只使用一种方式——"拼命想，直到想明白为止。"

那时，我对这一点有些自得，觉得自己很勇敢，很少自欺欺人，因为其他15种应对方式都有自欺欺人的味道。

不过，随着时间的推移，我知道，我肯定没那么勇敢，也必然有很多时候自欺欺人。否则，我绝对不会是现在这个样子。我还觉得自己好像活在一个壳里，活得不够真实。

在思考自己的保护方式时，一个同学的回答启发了我，他反思说，"好"就是自己的保护方式。因为他是如此之"好"，所以碰到问题时，他都会自动认为都是别人有问题，而别人和他相处时，也的确容易变成"坏人"。

不知道他的什么东西触动了我，那一刻我突然明白了我的保护方式，那真是一个绝招，一个由三板斧组成的连环套。

第一板斧是"体谅"。我善解人意，总是先为别人考虑。无论别人对我好还是不好，我都容易第一时间站在对方的角度，体谅对方的处境，我在重要关系中尤其如此。结果是，无论是和恋人、家人，还是和好友在一起，我都极少发脾气。甚至，脾气特别大的人和我一起时，也会变得没了脾气。

第二板斧是"忧伤"。当我的体谅不能发挥作用，不能换得对方的理解与同情时，我会感觉到忧伤。

[①] 合理化（Rationalization）：一种自我防御机制，本杰明·富兰克林（Benjamin Franklin）说："合理化是如此简便、易行，它使人们可以尽情地创造理由。"当我们无法得偿所愿时，便自然觉得原先的追求毫无意义（"酸葡萄效应"），或是某些不幸降临，感觉其实也并没那么糟糕（"甜柠檬效应"）。这些都是合理化在发挥作用。合理化还包括，无力买房，便觉得房价甚不合理，或者饱受学习之苦，但常常自嘲："嗯，起码这是一种人生经历。"

聪明且富有创造力的人对合理化的使用更是得心应手。这种防御使个体身处于劣势但较少怨言，不过它的危害是过度使用合理化可以泛化至所有事件。人们凭一时热情做事，合理化后就很少承认自己做事缺乏考虑。例如，父母将打骂孩子合理化成"为他们好"，节食者则将虚荣合理化成有益健康。

第三板斧是"拖延"。当忧伤也不能令对方明白我的处境时,我就使出拖延的绝招,一直拖到让对方失去耐心。

这三板斧都是好人的绝招,它们可以让我免于道德焦虑,毕竟"我没有伤害谁"。当时是 2009 年,我的攻击性还处于严重压抑的状态。对我而言,攻击性还主要停留在思想层面。

受伤时,你怎样保护自己?这是一个极好的问题。后来,在主持一个学习小组时,我又将这个问题搬出来,问小组的几名学员。

第一个学员 A,他的爸爸常有家暴,而妈妈冷漠又控制欲强。并且,他可以将这种关系模式带到生活中的很多地方。例如,读小学五年级时,班主任基本上天天都会打他。

在这种情况下,A 发展了一个策略——麻木。他让自己变得很麻木,这样好像有一道墙挡在中间,天天挨打就变得可以承受了。麻木,还可以说是"隔离"。当太痛苦而又不能逃离或反抗时,人们就会选择麻木,试着将情感与事件隔离开来。当事件继续发生时,自己就没有了情绪反应。

A 的另一个策略是绝望。他常做一个梦,梦见爸爸拿着刀子过来,像要杀死他。他第一时间想到,这不会是真的,爸爸不会杀他,但梦中,爸爸真的会拿刀子去捅他。这时,他会在绝望中醒来,明白否认是没有用的,爸爸真的就是想杀死他,所以他最好放弃幻想、承认绝望。

对爸爸和妈妈两个至亲的人绝望,这是一种保护,因为从希望到绝望,这种痛苦太强烈了。假若不再抱有一点儿希望,那就可以减少痛苦。但问题是,他这个策略如此绝对,以致他会对所有人都不再抱有希望。因此,当真有人对他好的时候,他会抵触、会否认,并容易变得焦躁甚至愤怒。

听 A 讲自己的故事时,学员 B 分享说,她觉得她和 A 一样,有麻木和绝望两个策略。而她一直告诉自己,就直接面对痛苦吧。这是她面对父母时的绝招,对父母以外的人,她有另外两个绝招:一个是可怜,另一个是高明。她确实长得楚楚可怜,而她又很聪明,当两个绝招一起使用时,就很有力。

B 对高明策略的解释引起了 C 的共鸣。她说，在初中时，她很痛苦，那时特别喜欢做哲学思考。有时会进入状态，觉得整个世界只有自己一个人，独自面对地球和星空。那时，会觉得自己像一粒尘埃那样渺小，而自己的痛苦就更微不足道了，于是有了一种解脱感。

C 还说每当特别痛苦的时候，就会有贵人出现。他们随意一句话就会点化她，让她顿悟到很深的道理，然后有很大的解脱感。

听 C 讲了几个"被点化"的例子后，我发现，其实那些"贵人"并没有做什么事情，而且完全是无意中对她说了某些话。并且关键是，那时她自己内心到了一个转变的时候，所以这像是把自己的成长"归功于他人"。例如，她多次感激我，觉得我点化了她，但我觉得自己并不配得到那么重的感激。

她想了想说，这种"归功于他人"的策略和"尘埃"的策略是一样的，都让她觉得"我没有价值"。这样一反思，她明白，哲学思考也罢，被点化也罢，都是她将"我没有价值感、我不够好"这样的感受给美化了而已。

学员 D 则说，她的方式很简单，就是指责。一次，恋人给她打电话时问："吃饭了吗？"

听到这句话，她被激怒了，回应道："你怎么这么笨啊，都晚上 10 点了，你还问我吃饭了吗，你有脑子吗？！"指责别人，是为了保护自己什么呢？D 反思说，她很渴望亲密，而"你吃饭了吗"这样的问候，应该是普通人之间用来寒暄的，但恋人之间使用，就好像在说，我和你很疏远，我们是普通朋友。再加上是晚上 10 点钟这样问，就更是在传递"我和你很疏远"这种信息。这刺伤了她，于是她使用了指责的方式来保护自己。

听 D 在分享时，学员 E 受不了了。他跳出来说："你们在搞什么？你们怎么一直都在谈无关紧要的事情。"他还问我，"武老师，你怎么到现在还没有谈最关键的一点——体验！刚才大家说的都是皮毛，而深层体验才是关键。"

听 E 这样说，大家一片哗然，尤其是刚才分享的学员。因为，刚才几位学员都在敞开自己，他们的分享已经很深了，并且大家分享时，都有很明显的身体反应。E 自己没有看到，并且在别人敞开自己时这样说，会让别人感觉到被攻击。

可以说，E 的保护方式是"抽离"和"更好的道理"。他经常给大家的感觉是，他好像游离在小组之外。而每当他试图进入时，很容易会讲一些"更好的道理"，而其他人会感觉到被贬低了。

每个人都有自己的保护方式。当有这些保护方式在时，你会发现，谈话不容易深入，很难尽兴，因为这些保护方式都隔离了感受、切断了联结。

但是，保护方式是极为重要的。在我们幼小的时候，或者在无力时，我们可以通过保护的方式减轻伤痛感，从而帮助自己渡过难关。

莎兰老师说，我们的心有三层：保护层、感受层和真我。最外面一层是保护层，接下来是感受层，而最深处是真我。感受层也可以说是伤痛层，因为每个人的感受层中都有种种伤痛。因为有伤痛，所以有保护层。但是，因为有保护层组成的墙，所以真我深藏着，令我们自己碰触不到自己的真我，别人也碰触不到。

我们之所以想组建亲密关系，之所以想爱与被爱，就是想要亲密感。真正的亲密感是真我与真我的联结感。但是，因为保护层和伤痛组成的墙太厚，两个人的真我就不可能相遇了。当真我不能相遇时，我们就会将自己的保护层强加给别人，将自己的伤痛转嫁给对方。于是，就会导致越爱越孤独的局面。

所以，想要拥有真正的亲密，想和自己的恋人建立真正的联结，关键就是去穿越心灵的保护层。

为什么要讲感受

在心理咨询中，咨询师总是问来访者："你有什么感受？"

为什么要这样做？

一次，我住在一个朋友家，他家有一个五六岁的小女孩。小女孩很喜欢我，总是往我的房间跑。正巧的是，我房间的门锁坏了，所以她一推门就可以进来。

一天早上，我在房间里处理一些重要的事，非常需要安静，而小女孩多次不敲门进来。我屡屡被打断，感觉很不好。我试着用各种方式跟小女孩说："我需要独处一会儿，请你不要不敲门就进来。一会儿我的事处理好了，我会出去找你。"

但我的这些努力都没有用，小女孩像没听见一样，一会儿闯进来一次，我的思路总是被打断。有点儿懊恼的时候，我突然问自己："你在干吗？你竟然试着给一个五六岁的小女孩讲道理，而孩子常常是听不懂道理的。他们需要的，是你给他们讲感受。"

想明白这一点，两三分钟后，她再一次闯进来，我看着她的小脸，非常认真地对她说："你一次次不敲门就闯进来，我很不高兴。接下来，请你不要再这样做了，我忙完了会出去找你。"

这一次，她终于听进了我的话，特别是"我很不高兴"这句话，让她突然愣了一下。在接下来的半个小时里，她再也没有闯进来。而我利用这段时间把自己的事忙完，然后主动打开门找她玩了一会儿。

这个小故事让我想出了这样一句话：讲感受，就是捧出你的心。只有当你能捧出心时，才能碰触到对方。如果是讲道理，就难以有这样的效果。

海伦·凯勒出生后不久，因患病而失去了听力和视力。因失去听力而听不到别人讲话，她也失去了学习语言的能力，并进一步失去了与人沟通的能力。对绝大多数人而言，沟通的主要工具就是话语，没有话语能力常常就意味着没有了沟通。因此，她陷入了一个黑暗的、孤独的世界。

家庭教师安妮·沙利文的到来改变了海伦·凯勒的命运，沙利文用非常富有创造力的办法，将海伦·凯勒从那个黑暗的、孤独的世界带入了光明的、充满爱与关系的世界。

沙利文不是用话语（即不是主要使用思维），而是通过海伦·凯勒自己的感受，让她明白人们话语中的事物是什么。

例如，沙利文教海伦·凯勒"水杯"的单词时，海伦·凯勒弄不清"水"与"杯子"的区别，她认为这是一回事。当怎么学都学不会时，海伦·凯勒很痛苦，她发了脾气，将玩具摔在了地上。

沙利文没有失去耐心，她想了更有创造力的办法。她带海伦·凯勒来到一个井房，井房中有一个喷水口。她将海伦·凯勒的一只手放到喷水口下，让海伦·凯勒通过感觉领会到了单词"水"到底是什么。在自传《假如给我三天光明》中，海伦·凯勒详细描述了这种感触：

沙利文老师把我的一只手放在喷水口下，一股清凉的水在我手上流过。她在我的另一只手上拼写"water"——"水"字，起先写得很慢，第二遍就写快一些。我静静地站着，注意她手指的动作。突然间，我恍然大悟，有股神奇的感觉在我脑中激荡，我一下子理解了语言文字的奥秘了，知道"水"这个字就是正在我手上流过的这种清凉而奇妙的东西。

水唤醒了我的灵魂，并给予我光明、希望、快乐和自由。

井房的经历使我求知的欲望油然而生。啊！原来宇宙万物都有名称，每个名称都能启发我的思想。我开始以充满新奇的眼光看待每一样东西。

对于海伦·凯勒而言，第一次明白"水"这个字的含义的这一瞬间，照亮了她的全部人生。她不但感受到了水的存在，而且明白了实物水与"水"这个字之间的联系。

通常，我们教育孩子认识"水"这个字时，经常是以字教字。我们很可能会远远地指着一片水说，这就是水。而学"水"这个字时，我们更可能是通过一个水的图片让孩子明白什么是"水"。

不要小看"明白了实物水与'水'这个字之间的联系"，要明白这个联系，其真正的通道是感受。对于海伦·凯勒而言，她是一只手感受水，另一只手感受"水"这个字，而两个感受同时存在，这令她全然明白了文字"水"和实物水之间的关系。

不是通过思维去学文字，而是通过感受去学文字，这并不仅仅是特殊孩子的特殊教育方法。实际上，这是远胜于用思维去学文字的办法，也是现在逐渐流行的蒙特梭利幼儿教育法、华德福幼儿教育法等教育方法的关键所在。

心理学认为，人的心灵过程有三个：身体过程、情绪过程和思维过程。像海伦·凯勒与水碰触的事件中，身体过程，就是她的手和水的碰触，而思维过程就是她明白了"水"这个字的含义。这个过程有深刻的情绪过程，她对水有"清凉而奇妙的东西"的感知，同时还有很深的感动，"水唤醒了我的灵魂，并给予我光明、希望、快乐和自由"。

一切都是一切的隐喻。可以说，情绪过程是身体过程的隐喻，而思维过程又是情绪过程和身体过程的隐喻。但相对而言，身体过程和情绪过程比起思维过程来更为根本。所以，我一再说，感受和体验是本体，而思维是镜像，不能本末倒置。思维过程，其实是身体过程和情绪过程的一个投影。如果只有思维过程，这会是干瘪的，而有了身体过程和情绪过程的参与，一种心灵活动才是生动、饱满的。

当一个人讲话时，总是在讲道理，而不能表达他的情绪过程，也缺乏生动的身体语言，那我们就会觉得这个人无聊。无聊，就是我们和这个人难以建立起关系的感觉。

愿我们能打开自己的感官，去拥抱这个无比生动的世界。

高贵的头颅，鄙俗的身体，对吗

我先来介绍一个很有意思的练习。这个练习，可以两个人做，也可以多个人一起做。

练习步骤如下：

（1）大家面对面站着，围成一个圈，人与人之间拉开一点儿距离。大家都不要碰到别人的身体，但也不要离得太远，彼此间大概有15厘米远就可以了。

（2）如果是熟人，那认真看着彼此就好。如果是陌生人，那么要先做一下自我介绍，不要长，两分钟讲完就好。

（3）然后安静下来，大家都闭上眼睛，感受一下自己的双脚踩在地上的感觉，自然而然地呼吸。

（4）从一个人开始，默讲（就是不出声，心里默默地讲）自己的两个故事，一个是开心的，一个是悲伤的，两个故事必须是自己亲身经历的。时间不要长，一个故事一分钟就好。先是开心的，还是先是悲伤的，由讲故事的人自己定。

（5）故事讲完后，对大家说"我讲完了"，让大家来猜，刚才两个故事中，哪个是快乐的，哪个是悲伤的。因听故事的人是闭着眼睛的，所以没有任何视觉和听觉的线索，而只能使用身体感觉。

（6）如果你们人多，就不要急着分享，而要等所有人把故事讲完后，然后再分享。但在每个人讲完后，要给大家一两分钟的时间去做判断。

在我的课上，我常带领学员做这个练习。结果发现，学员会分几大类：

一类是，判断几乎完全不准。听故事的人一闭上眼睛，又听不到声音，视觉和听觉这两个最重要的感官通道被关闭了，他们会慌神，也没有任何其他信息可以做出判断。这类人我称为"绝缘体"。不过，很有意思的是，"绝缘体"按说判断应该是随机的，但事实是，他们的判断常常是相反的：把快乐的故事猜成悲伤的，把悲伤的猜成快乐的。

另一类是，准确率在50%左右。这基本是随机数字，而他们一般来说，有身体感觉，也有大脑的推理。

还有一类是，基本完全准确，他们有清晰的感觉。有的是身体感觉，比如觉得冷和热。于是，他们的大脑推理说：当感觉冷时，那会是悲伤的故事；当感觉热时，那该是快乐的故事。有的则是直接的情绪感觉，或者说是共情。他们能清晰地感觉到讲故事人的情绪、情感，所以可以直接判断哪个是悲伤的，哪个是快乐的。

第三类人中，还可以分为两类：一类是尽管清晰，但并不细致，足以用来做准确判断；另一类是能清晰地感知到对方的情绪、情感的跌宕起伏。我就属于这一类人，我还常能判断，对方讲的并不是单纯的悲伤或单纯的快乐，里面还掺杂了其他什么情绪。

最神奇的是，有人在这种练习中会出现画面，即能看到讲故事的人所想象的一些画面。不过这种人极少，我开课很多次，也只碰见过几个。

这个简单的练习会改变很多人的认识。没做这个练习前，太多人认为，视觉和听觉这两个感官通道都关闭了，没有语言交流，怎么可能会做判断？但真关闭就会发现，原来真的会有感觉。特别是当能清晰地感觉到与讲故事的人共情，你悲伤我也悲伤、你快乐我也快乐时，会感到无比惊讶，甚至有人会因此而流下眼泪。

为什么流眼泪？因为这时会明白，我并不是孤零零地活在这个世界上的一个幽魂，我和另一个人感受彼此，竟然是如此容易。

什么时候你相信过灵魂存在？也许这种时候，会让很多人觉得碰触到了灵魂。

在这个练习中，让我特别感兴趣的是，那些"绝缘体"是怎么回事？在这样的练习中，他们完全手足无措，觉得失控了，好像什么都抓不住。

他们多数是男性，平时都是活在头脑中和逻辑里——这些都是最需要倚仗语言文字的（即符号性的信息），但这时既没有符号性信息，也没有视觉和听觉这两个大脑关注最多的感官信息，他们就失去了分析、思考和判断的惯有工具。

当一个人的身体过程和情绪过程是打开的时候，他就能感受到别人的身体过程和情绪过程了，它们是可以在两个人之间建立联结的。而思维过程，虽然看似有力量、很可靠，但其实它不能在两个人之间建立联结。这个说法并不夸张，我相信你身边一定有这样的人，他们有很好的逻辑思维能力，说起话来很有条理，但他们却常常不能理解别人是怎么回事。

为什么会这样？一次，我为我的一位男性来访者做咨询时，谈到他的社交焦虑。突然间，他脑海里有了一个意象：他的头颅高高升起，离开了身体约一米的距离，并且死活不愿意落下去，因为觉得身体太俗了。这个意象让我很受触动，让我好像把无数现象都联系到了一起，觉得它们背后都藏着这样一种逻辑——头颅是高贵的，身体是鄙俗的。例如，著名的柏拉图式爱情观，它试图从性中剥离出来，远离身体接触，而只留下精神或灵魂层面的沟通。

马丁·布伯所说的"我与你"的相遇，在我看来，是灵魂层面的关系。它可以超越肉身，但这份超越，是先肯定了肉身。但太纯粹的精神思考，很可能并不是进入了灵魂层面，而是陷入头脑的心灵僻径中。

比如这位来访者，他就是一个非常封闭的人。本来，他谈社交焦虑时，谈的是他强烈的社交渴望，他非常想拥有丰富而有深度的朋友关系。而他还记得，在初中时和大家疯玩后，他再次热诚地去找别人时，总感觉到别人的冷落。结果，有一次他想：难道友谊不是头号需求吗？为什么好像只有我把友谊放到了至高无上的位置？

这样的反思多了后，他就将心门给关上了。

实际上，其他人都是正常反应，友谊固然非常重要，可还有学业、家人，甚至恋爱关系在，所以多数时候，大家的热情没他期待的那么高。

但很有意思的是，这些社交受挫，却是他出现这个"高贵的头颅"的意象的背景。所以可以看到，真相是，他太想和人交往了，受挫后，他想，人际交往和身体一样是必需的，而孤独的头脑世界却是高贵的。

高贵的头颅，鄙俗的身体，这对词组可以演变出其他类似的句子：

高贵的孤独，鄙俗的关系。

高贵的想象，鄙俗的现实。

高贵的内在，鄙俗的外在。

……

这些想法都可以逐渐加强思维和头脑的重要性。特别是男性，男人可以貌似很好地活在思维和逻辑的世界里，当然最好是身边有一个基本不打搅他的乖乖女朋友陪着他。

追求这些"高贵"时，很容易让人活得干瘪。再分享一下约瑟夫·坎贝尔的一段话：

> 人类意识对生命期待的观点，绝少与生命的现实一致。我们不愿承认，那冲撞的、自我保护的、有恶臭的、肉食的和淫荡的疯狂，正是有机体的本质。相反，我们倾向于掩饰、漂白和重新解读，把所有软膏里的苍蝇和菜汤里的头发都想象成是某个令人不悦的家伙的过错。

你的想法真是你的吗

感受至关重要，当谈到感受的时候，这就是两个范畴的东西——身体感受和情绪、情感，也就是身体过程和情绪过程。之所以如此，至少有一个原因是，我们很容易过于重视思维过程、重视想法和头脑。

想法、思维和头脑都在自己的脑袋里，而且容易被"听到"，所以我们很容易觉得，这是"我"的想法。在心理学上，这被称为"向思维认同"，也就是把思维认同为"我"。

但真相并非如此，你以为的"我"的想法，实际上常常是别人的声音。很多人知道这一点，如乔布斯在斯坦福大学的著名演讲中说：

> 不要被信条所惑——盲从信条就是活在别人思考的结果里。不要让别人的意见淹没了你内在的心声。最重要的是，拥有跟随内心和直觉的勇气，你的内心和直觉多少已经知道你真正想成为什么样的人了，任何其他事物都是次要的。

对此，我的催眠老师斯蒂芬·吉利根有一个强有力的说法：如果没有身体的做证，一个道理对你而言就可以说是一个谎言。

这个道理，我们的文化是很看重的。"体会""体悟""体察"和"体证"等很多词都是在说，一个道理必须经由你自己身体的证悟，否则这个道理就不是你的道理。

当然，所谓"谎言"，并不是说这就是错的，而是说，它还没有成为你自己的真理，而你要找到自己的真理。

多年前，在我的一个为期六天的工作坊中，女学员晓枫有了奇妙的体验。

这六天课程的多数时间，晓枫都在打瞌睡，还常常迟到，看起来总是不能投入课程中。不过，她自己知道，这是她的一种学习方式。她做了一辈子的乖学生，在我的课上，她不想这么乖了，她想放松地学习。

与其说是学习，不如说她是在我的课程中等待那些能触动她的时刻。偶尔的时候，我一个言语、一个故事、学员们的分享、我与学员进行互动时的细节，会触动她。被触动后，她才会自然地去细细品味这份触动。

课程进行到第五天上午的时候，一份特殊的触动产生了。当时，我讲了一位隐士隐居在一个森林小屋中的故事。

故事中的"森林小屋"几个字，深深地触动了晓枫。突然间，她觉得脑子里一直在鼓噪的种种杂念被吸走了，她平生第一次体会到了没有杂念的"空"的感觉。

这种感觉稍纵即逝，很快，她脑子里重新有了种种念头，好像这个感觉也没什么了不起。然而课间时，她去吃点心，随手拿了一块夹心饼干放在嘴里，咬了一口，夹心饼干的奶油流到了她的唇齿间。突然间，她的心再次安静下来，杂念再一次全部消失，似乎整个世界的其他事物都不存在了，天地间只有她和这块夹心饼干存在，她仿佛是第一次品尝到了夹心饼干的味道……

她讲述这个过程时，我想，这就是马丁·布伯说的"我与你"的关系吧。在这一瞬间，晓枫用她的全部存在与这块饼干的全部存在相遇。这一瞬间，她与这块饼干建立起了"我与你"的关系。

前文讲到，心灵过程有三个：身体过程、情绪过程和思维过程。这就是一个全然的身体过程，然而，它好像与我们常以为的身体过程实在太不一样了，因为她与饼干建立了关系，她的全部感官好像都打开了，她彻底敞开了自己，而与一块看似如此普通的饼干建立了"我与你"的关系。

能产生这种感觉并不容易，特别是对晓枫来说，因为她一直活在别人给她灌输的各种信条中。先是父母，后是老师等人，她甚至觉得几乎是所有人都在对她说"你要遵守这个规则，你要遵守那个规则""你要这样生活，你要那样生活"。只有从我的文章中，她才第一次听到，相信你的感觉。

感觉，就是身体过程。它看似不那么高级，但感觉必然是你的身体与其他存在建立关系时的产物，它是你的。而头脑却可以吸收各种信息，也可以被灌输各种信息，所以头脑常是别人的。

对此，晓枫深有体会。一直以来，她感觉自己的脑子就像是一个椰子壳，里面塞满了纸条，每一个纸条都有父母给她的一个道理，几乎没有哪一个纸条是她自己写的。当遇到一件事情时，她就会从椰子壳里试着调出一个相应的纸条来，然后按照这个纸条去行动。

这些被灌输来的道理有很多缺陷：第一，调出来一个合适的纸条不容易，有时要花费很多时间去调动；第二，每当调用一个纸条时，身体似乎都不愿意；第三，这些纸条经常相互矛盾，冲突得很厉害。

也许，最重要的一点是第二点——身体不愿意。比起头脑来，身体更靠近你的灵魂，头脑可以被灌输、被蒙骗，但身体很难不忠于自己。比如，晓枫从小学跳舞，因而成为父母的骄傲，但是，她控制不住自己的身体。她现在已经很胖了，看上去一点儿都不像是舞者了，这是对父母意志的嘲讽。我必须在头脑层面去接受你们的灌输，但我可以在身体层面说"不"。

美国有一部电影，讲美国舞蹈学院的一些学生即将参加毕业演出，而这将决定他们未来的去向。其中一个女孩，9岁起就被妈妈塞进这个学院，按照妈妈的意志去跳舞。这个女孩一直按照妈妈的意志而活，但真到了要比赛时，她发现自己的身体并不愿意跳舞。于是，在毕业演出前，本来被定为女主角的她主动退出了，并对质问她的妈妈说："妈妈，你没有跳舞的腿，而我没有跳舞的心。"

每个生命都想成为他自己，当不能用成长的方式实现这一目标时，就干脆使用毁灭的方式来表达这份意志。

很多人不能很好地靠近自己的感觉，一个非常常见的原因，是一直活在别人的意志里。所有的声音都倾向于说："你要听话，要活成别人期待的样子。"却少有声音说："做你自己。"不过到了现在，我感觉已有很多人在倡导尊重自己的感觉、做你自己。

头脑是一个伟大的存在，如果你头脑里装下了无数信息，而又可以对它们进行各种思考，这该是一件多么美妙的事。就好像整个世界都在你脑海里，一切都是你思考、观察的对象和工具。

马丁·布伯认为，这是一种经典的"我与它"的关系。而一些科学哲学家认为，之所以科学在西方形成体系，正是因为欧洲人放下了"万物有灵"这种观念，而把一切存在当作"它"来研究的结果。

只是我们同时需要警惕，轻易不要去认同头脑里的声音，认为这是"我"的想法。你越是执着于这一点,你就越是被头脑所控制,并且有些讽刺的是,其实这些想法极有可能是别人灌输给你的。

相反,那个容易被我们认为鄙俗的肉身,却会用种种方式忠诚于你自己。所以,要学会和头脑的信条保持距离,同时学会用各种方式去"聆听"身体。

互动:头脑该是仆人,而非主人

Q:怎么穿越心灵保护层呢?怎么能够进入对方的真我,增加亲密呢?

A:我们不能进入对方的真我,而是我的真我与对方的真我相遇。这个过程从原则上来讲很简单,就是真实。保护层是谈不上真实的,伤痛层或感受层才开始有真实。这首先需要穿越心灵的保护层,如何穿越呢?

需要认识保护层的机制,它也是弗洛伊德所说的自我防御体系。有精神分析师认为,人的心灵只有自我防御体系,而没有所谓"真我",更不用说灵魂。比如弗洛伊德认为,只能用更高级的、更成熟的防御,去替代低级的、不成熟的防御。

但在我看来,充分地认识自我防御体系,坦露自己的感受层,就可以逐渐抵达真我。同时,还有其他一些方法,也许可以直接去碰触真我,比如通过佛学的内观和被心理学化了的正念。

有时候,真我可以不期而遇。依照马丁·布伯的理论,当我们全然放下自己的期待,而拿出全部本真时,就可能会与其他事物建立"我与你"的关系。相信很多人都有这样的时刻,而这时,你自己会体验到,好像你的自我消失了。

依照提摩西·加尔韦《身心合一的奇迹力量》所说,人们在体育竞技等活动中,也可以体验到这种时刻。依照《心流》这本书,任何能让你持续投入的活动都可能会让你体验到这种"无我"的时刻。至少这个层面上的所谓"无我",更像是"小我"消失,而"大我"呈现。

这样可能越说越复杂，但至少，亲密需要从保护层进入感受层。

Q：每个人是否都有保护层和伤痛层呢？如果一个人从小就在抱持性环境中成长，童年时期享受了心理学所崇尚的一切待遇，孩子是否都会形成这三层结构？

A：应该是。无论父母怎样努力，孩子的心灵还是会形成这三层结构。

我不断讲"成为你自己"，而我最近认识的一位女子一直是她自己。她做任何选择都是从自己的感受出发，所以她好像根本没有目标和未来期待这些东西一般。同时，她也像有读心术一样。这可以理解为，她的感受层和真我能直接碰触到对方的心灵。

她之所以这样，是因为父母的确是一直无条件地接纳她。不过，我从我自己的感觉上，觉得她肯定还是有自己的保护层的。

Q：头脑中的声音很可能不是自己的，那如何去"聆听"身体呢？从小被灌输了太多的道理，很多都内化成了我的一部分，如果这些都不是我，那我又是什么？

A：你会有感觉的。如果一个声音纯粹从头脑出发，身体会没感觉，但是如果一个声音是从身体里发出的，你身体的一些部位会有反应。

我自己的判断是，声音常从三个部位发出：头脑、心口和腹部。我们可以试试这样一个游戏：同样说"我恨你"这句话，但一次把注意力放在脸部说，一次把注意力放在心口说，还有一次把注意力放在腹部说，你会发现这很不同。你可以把手放在这三个部位。

我们可以不断练习，让身体越来越敏感。

认识你的非理性信念

心理学有一个不近人情的说法：每个人要为自己的感受负责。这话听上去很正确、很有道理，然而，在现实中，要实现这一点非常不易。

例如，我知道，心理咨询师两口子吵架时，一个人还是会忍不住朝另一个人喊："我的痛苦，都是你导致的！"这就违反了"每个人要为自己的感受负责"这个原则。

美国心理学家阿尔伯特·艾利斯所创的理性情绪疗法，可以称为"ABC 疗法"。这有一个非常简单的理解：并不是外在事件（Activating Event）导致了你的情绪和行为的后果（Eotional and Behavioral Consequence），而是你的内在信念（Belief）导致了你的情绪和行为的后果。

所以在吵架中，另一个咨询师可能朝伴侣吼："是你的信念让你痛苦！"要真这么吵，两口子就会有很大矛盾了。

理性情绪疗法是非常直观的疗法，非常好理解。如果它真让我们形成"每个人要为自己的感受负责"这个理念，那也是蛮有价值的。

当你情绪失控时，你是怎样让自己平息下来的？

摒弃思虑。

想想思虑是谁制造出来的！

为什么你要让自己成为囚徒呢？

当窗开得那么大的时候？
摆脱思虑的纠结，
生活在静默之中。
不断不断往下流，
不断不断扩大存有的环。

——鲁米

人生如赴宴，须举止得体

每个人要找到自己的真理，并且，当一个真理还没有得到你身体的验证时，它对你而言，就像是一个谎言。

每一个心理学大家以为的"真理"，都是和他们自身的特点乃至心理问题紧密结合在一起的。

例如，弗洛伊德通过反思自己而发现了俄狄浦斯情结，本来没什么朋友的罗杰斯则成为人际关系理论大师，提出了理性情绪疗法的艾利斯，他的理论一样是有他的个人背景。

在讲艾利斯的故事前，我们先讲一个古罗马哲学家的故事。他的哲学是艾利斯治疗思想的一个源头，而他的故事比艾利斯自己的故事更能说明理性情绪疗法中的"理性"为何意。

这位哲学家叫爱比克泰德，他出生于罗马东部的一个奴隶家庭，幼年时被卖给罗马大臣爱帕夫罗迪德为奴。这位大臣本来也是奴隶，但被以残暴著称的罗马皇帝尼禄重用，曾任尼禄的秘书。

在这位罗马大臣家里，爱比克泰德对斯多葛哲学产生了浓厚的兴趣，也得到了主人的鼓励和支持。公元68年，尼禄覆灭后，爱比克泰德获得自由，随后在罗马建立了自己的斯多葛学园，传授斯多葛哲学。

斯多葛哲学认为，世界理性，或者说神性，决定着事物的发展变化。它才是宇宙的主宰，每个人则是"神"的整体中的一分子。并且，世界理性是美好的、有秩序的、完整的整体。所以，人应该顺应世界理性，而不是追求个人的欲求。

那些著名的斯多葛主义者，都会在生活中身体力行。例如，爱比克泰德身体孱弱，一条腿残疾，但他从不怨天尤人。他一生清贫，长期居住在一间小屋里，仅一张床、一张席、一盏灯，房门也从不上锁。

他的名声日隆，罗马皇帝图密善忌惮他的影响力，在公元89年将他逐出罗马。此后，他移居希腊，继续教授斯多葛哲学，一直到80岁高龄去世。

爱比克泰德对欧洲哲学有巨大的影响力，著名的"哲学皇帝"马克·奥勒留自认为是其门徒，奥勒留的名著《沉思录》也深受其影响。

在《沉思录》中，奥勒留解释何为"斯多葛主义者"：

> 他即使身在病中、身处险境、奄奄一息、流放异地、恶语缠身，却仍然感到幸福。他渴望与"神"同心，从不会怨天尤人，从不会感到失望，从不会反对"神"的意愿，从不会感到愤怒和嫉妒。

斯多葛主义者是怎样做到这些的呢？我们可以看看爱比克泰德的论述：

（1）要想获得幸福与自由，必须明白这样一个道理：一些事情我们自己能控制，另一些则不能。只有正视这个基本原则，并学会区分什么你能控制，什么你不能控制，才可能拥有内在的宁静与外在的效率。

（2）伤害我们的并非事情本身，而是我们对事情的看法。事情本身不会伤害或阻碍我们，他人也不会。真正使我们恐惧和惊慌的，并非外在事件本身，而是我们思考它的方式。使我们不安的并非事物，而是我们对其意义的诠释。

（3）邻家的小孩打破了碗或者其他类似物品，我们会轻松地说："这件事发生了。"当你的碗被打破时，你也要以同样的方式做出反应，就像别人的碗被打破了一样。要把这种认识扩展到那些更令我们牵肠挂肚、后果更为重大的世俗之事上去。

（4）要清晰地辨别你允许什么样的思想或观念进入你的脑海。

（5）将人生视如赴宴，其中，你的举止应当优雅、得体。

（6）如果一个人只在力所能及的、不受阻碍的范围内寻找他的"好"、他的最高利益，他将获得自由、安宁、幸福、平安、高尚与虔诚。他会为万事万物的成就而感恩于"神"，不会对任何事情吹毛求疵。

读本科的时候，我就知道艾利斯的那些关键说法，一直并不佩服，但爱比克泰德的这些话让我生出了佩服。

解释一下第六段话，这段话讲的是"意志"。任何时候，我们都有选择的权利。爱比克泰德对这段话则表达得非常清楚：任何时候，你都可以选择你的行为，朝向你所认为的"好"的方向。例如，哪怕是赴死，你能不能从容、优雅一些？

爱比克泰德的确是有资格这样说的，出身于奴隶家庭、腿有残疾、屡被驱逐，还经历过尼禄的乱世，在这种情形下，他做到了"只在力所能及的、不受阻碍的范围内寻找他的'好'"。

现在，我们再来讲讲艾利斯的故事。1913年，他出生于匹兹堡，4岁后移居纽约。他是长子，和爱比克泰德一样屡弱多病，孩童时曾9次住院。同时，他父亲是一个很少在家的商人，母亲顾家，而他在这种情形下学会了自己照顾自己。从小，他就自己做早饭，自己去学校。并且，他把这些视为自我考核的指标，能做好就感觉很好。这就像爱比克泰德的哲学，"在力所能及的、不受阻碍的范围内寻找他的'好'"，并培养了各种好品质，而不会吹毛求疵、怨天尤人。

甚至可以说，任何时候，当遇到问题时，艾利斯都会想该怎么解决。青春期时，他非常害羞，不敢接触女孩子，于是他给自己布置了一个自我考核的新任务——一个月内和一百个女孩子说话。虽然最后还是没约到女孩——这并不能由他的意志说了算，但他完成了自己的考核。他曾害怕当众讲话，而他用类似的方法克服了恐惧，并爱上了演讲。

他大学毕业后，最初试图靠写小说为生。屡屡受挫后，他修订了目标，改为成为一名心理医生，并读了相关专业，最后在哥伦比亚大学获得博士学位，之后开始了心理咨询工作。一开始，他走的也是精神分析路线，后来觉得精神分析效率太低，转而发展了自己的道路。1956年，在他43岁时，他正式提出了自己的疗法。一开始叫"理性治疗"（Rational Therapy），后修改为"理性情绪疗法"（Rational Emotive Therapy），再后来修改为"理性情绪行为疗法"（Rational Emotive Behavior

Therapy）。他的理论，现在已是一个颇受欢迎的认知行为治疗流派。

艾利斯的理论可以简称为"ABC理论"，即你的情绪和行为不是由外在诱发事件决定的，而是由你的内在信念所决定的。

完整的治疗模型，则是ABCDEF模型，见图5-1：

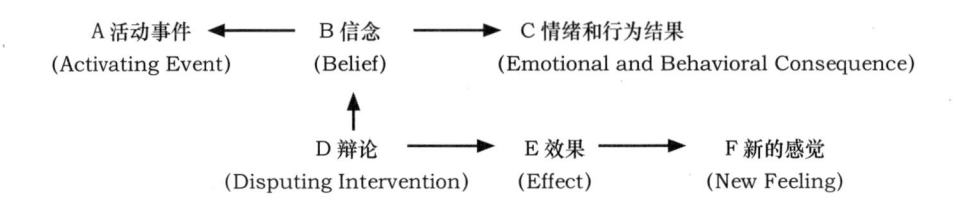

```
A 活动事件  ←——  B 信念  ——→  C 情绪和行为结果
(Activating Event)  (Belief)   (Emotional and Behavioral Consequence)
                      ↑
                  D 辩论  ——→  E 效果  ——→  F 新的感觉
            (Disputing Intervention)  (Effect)   (New Feeling)
```

图5-1 ABCDEF治疗过程

可见，他的治疗重点在于和来访者的非理性信念辩论，把它们重塑成理性信念，然后就有了效果，可以引出新的感觉。

这与爱比克泰德的哲学是一样的。爱比克泰德认为，我们自身之外的各种事物（也包括我们的身体）都不是我们所能控制的，但我们可以控制我们的信念，并在力所能及的范围内奉行这些信念。

重塑非理性信念

所谓"非理性信念"，就是不符合客观现实的想法，是个人自恋的执念，是个人试图把自己的意志强加在世界之上。而理性信念则是符合现实的想法，洞察到并顺应了世界理性的信念。

艾利斯根据他的临床经验，总结出西方社会具有普遍意义的11种非理性信念，列举如下：

（1）自己绝对要获得周围的人，尤其是周围重要人物的喜爱和赞许。

（2）要求自己是全能的，只有在人生道路的每一个环节都有成就才能体现自己的人生价值。

（3）世界上有许多无用的、可憎的、邪恶的坏人，对他们应歧视和排斥，给予严厉的谴责和惩罚。

（4）当生活中出现不如意的事情时，就有大难临头的感觉。

（5）人生道路上充满艰难困苦，人的责任和压力太重，因此要设法逃避现实。

（6）人的不愉快均是由外在的环境因素造成的，因此人是无法克服痛苦和困扰的。

（7）对危险和可怕的事情应高度警惕，时刻关注，随时准备应对它们的发生。

（8）一个人以往的经历决定了现在的行为，而且是永远无法改变的。

（9）人是需要依赖他人而生活的，因此，总希望有一个强有力的人让自己依附。

（10）人应十分投入地关心他人，为他人的问题而伤心、难过，这样才能使自己的情感得到寄托。

（11）人生中的每一个问题都要有一个精确的答案和完美的解决办法，一旦不能如此，就十分痛苦。

这些非理性信念，主要表现为对自己、他人、周围环境的绝对化要求。这些要求针对自己时，一旦达不到，就会引来各种自我攻击；而拿这些要求针对别人时，如果别人不能达到要求，自己就容易生气，并对别人充满敌意，因此导致自己的情绪受困扰，也会导致人际关系变得很糟糕。

艾利斯提出的非理性信念比较多，后来有学者将它们概括为三类：

（1）绝对化要求；

（2）过分概括化；

（3）糟糕至极。

如果仔细阅读前面11个非理性信念的话，我们会发现，好像它们都和自恋乃至全能自恋有关（也包括概括的这三类），并且一旦使用自恋和全能自恋的概念，理解起来就会很容易。

绝对化要求，有时是非常直观的自恋，如"我必须获得成功""谁都不能对不起我"，这些都是希望自己的意愿必须得到实现。有时则貌似持有了一个看着很对的观点，如"社会上不应该有不合理的现象存在""男人应善待女人"等，但其实这些说法需要加上"我认为"。也就是说，我持有这个看起来无可挑剔的观点，只是为了显得"我是对的"，而我持有这样的观点时，自然就是"我比你强"。

过分概括化，即以偏概全。通常是，根据一次得失就做了个大总结，特别是一件事没做好，就觉得自己一无是处。

比如，一次考试失败、一次演讲失败、一次求爱未果，就说自己"是废物""一无是处"，而产生严重的自卑感。对他人和环境也是这样，遇到一件不合理的事，就推理出"这个世界没救了"。

艾利斯认为，我们该学习把事情和人分开，并且知道一件事是部分，不能因为部分不够好就从整体上否定一个人。这也是我们俗称的"对事不对人"。

再来说糟糕至极，即一件不好的事发生，就让自己觉得整个世界都要崩溃了。糟糕的本意是"不好，坏事了"，但当一个人说"糟糕透了、糟极了"的时候，这意味着他觉得这是最最坏的事，是百分之百的坏，简直是灭顶之灾！

艾利斯指出，首先从逻辑上来讲，这是错的，因为一定会有事比你经历的事更糟糕。

艾利斯的这个说法很有意思。最初学理性情绪疗法的时候，我不是很懂，做了咨询才发现，这种"糟糕至极"的想法，像是一种"比惨"。当一个人说"我是全天下最不幸的人"时，实际上透露着一种深深的自恋感。

咨询中，常有人问："武老师，我的故事，是你听过的这类事中最惨、最可怕的了吧？"如果你告诉他们不是，甚至还讲一个比他们更惨的实例，他们反而有一点儿怅然若失："原来我真不是天下最……的。"

理性情绪疗法的学者们认为，各种非理性信念都可以找到上述三种特征。那找到后该怎么办？艾利斯的办法有四个阶段：

解说阶段。指出来访者的非理性信念，并介绍"ABC 理论"的知识。

证明阶段。向来访者证明，他的情绪困扰，是因为他自身深处的非理性信念。

放弃阶段。不断地与来访者对峙，帮助来访者认清其非理性信念，最终达到让来访者放弃这些信念的目的。

重建阶段。帮助来访者学会理性思维，以替代非理性思维，从而使他们建立更理性的生活哲学。

欧美做过很多关于咨询效果的研究，理性情绪疗法的疗效还不错。但就我个人而言，我实在难以接受用理性情绪疗法教育来访者，和来访者辩论，把一套所谓"理性信念"传输给来访者的这种逻辑。我还觉得，爱比克泰德的斯多葛哲学的那种理性美，在理性情绪疗法中不能很好地被看到。

并且，我对理论自身的逻辑性或者说逻辑之美非常在乎，像艾利斯列举的11条非理性信念，和后来学者总结的绝对化要求、过分概括化和糟糕至极，其实用全能自恋解释会更为深刻、直接。

当然，如果一个理论只有逻辑美，而没有实际用处，那会有大问题。像理性情绪疗法，研究也说，不适合心理问题严重的人。所谓"问题严重的人"，也就是严重活在全能自恋的一元世界里的人。

理性情绪疗法，适合的是已经进入二元世界，但还残留着全能自恋想法的人。他们已经具备了认识现实的理性思维能力，所以可以通过教育、辩论而改变他们的非理性思维。至于那些基本停留在全能自恋的一元世界里的人，理性情绪疗法就失去了价值，因为咨询师会被来访者排斥。

再说说"理性"这个词。我很喜欢斯多葛哲学的"世界理性"这个说法，不过我不认为人的内在欲望（即所谓的"非理性"）和世界理性是相冲突的。从根本上来说，我认为一个在关系中活出了自己的人，他的一切就符合了所谓的"世界理性"，如果这个玩意儿真存在的话。

捕捉你的自动思维

我们之前一再强调，小心你常说的那些话，话语、文字、理性和思维是联系在一起的。不过在我看来，心理学最激动人心的部分，不是从逻辑上形成更理性的人生哲学，然后用这些人生哲学指引自己，而是心理学能够更好地探究人的体验。罗杰斯说，"我是过去一切体验的总和"。精神分析则发现，那些不被意识所接受的体验，压抑到潜意识深处，继续影响着我们。

三种心灵过程中，身体过程和情绪过程是实体，而思维过程是镜像、是投影。我们不能停留在思维过程，仅仅在思维过程做工作，我们可以从最容易捕捉到的思维过程开始，想办法打一口深入体验和潜意识的深井，然后用身体过程和情绪过程去做工作，这才能带来深度改变。

自动思维，就是事件发生后，我们头脑中一闪而逝的第一时间的念头。我们通常容易忽略这些念头，但试着抓住它们，顺着它们去做自由联想，看看自己会从这个想法开始，想到什么，又想到什么，直到碰触到深刻体验。

例如，我的一位来访者何先生，是一家 IT 公司技术部的主管。在给自己做来公司三年的总结，当在电脑上敲下"公司的下属和老板多是男人"这一行字时，他突然如电闪雷鸣般地看到，他生活中结交的朋友绝大多数是女性，工作中更是一个要好的男同事都没有，常有些来往的也是女同事。

他知道自己不是花心男人，那为什么会这样呢？

咨询中谈起此事，我问他："你最近一次感觉到和同性的关系有问题，是什么时候呢？"

他说："大前天吧，当时在一个女同事的家里。她儿子今年高三毕业，考上了重点大学，要在她家里开一个庆功会。我第一次看到她儿子，个子魁梧，发育得早，胡子拉碴的，对我恭敬得很，但我在他面前浑身不自在。"

"浑身不自在……"

"嗯，是的，一看到他，我就觉得心里一紧，有点儿排斥感。"

"你不想让他靠近你？"

"是的。我当时想，'这小子长得这么吓人啊'，然后心里就一紧。"

"'这小子长得这么吓人'，这是你看到他后，脑子里出现的第一句话吗？"

何先生说："是的。"

这就是一个经典的自动思维。接着，"这小子长得这么吓人"这一句话逐渐令何先生想起了不堪的往事。

初中和高中，何伟都是班里的尖子生。但是，他一直在为一件事情苦恼，那就是体育课。

他发育得早，上初中时个子就有一米七了，但很瘦。他的体育素质很差，像引体向上、俯卧撑、跳远、跳高等，他都要补考。

初中时，因为班主任很喜欢他，在各方面都照顾他，所以体育课上的折磨还不算严重。但进入一所市重点高中后，何先生便苦不堪言。

在高中，男体育老师对他的补考烦不胜烦，在体育课上经常训斥他。何先生曾经花过很大的力气，试图改变自己跑步的姿势，但就像邯郸学步的成语一样，他一学大家的正常姿势就没法保持身体的平衡，最后只好放弃努力。

不仅如此，他性格懦弱、笨嘴笨舌，说话还容易着急，力气还小，于是一些男生经常性地捉弄他。更可怕的是，宿舍六个人，其他五个人联合欺负他，他只能忍受。

最不堪的一次是，何伟去另一个宿舍玩，被自己同宿舍的男生恶作剧地塞到了床底下。那个宿舍一个很仗义的同学看到后，就教训了搞恶作剧的男生，但何先生心中的阴影已经无法抹去了。

回忆到这里，这个一米八的大个子在我面前泪如雨下。

大学期间，何先生的身材再次发育。但这次不再是长高，而是横着发育，他很快变成了一个魁梧有力的北方大汉。几次同学聚会时，何先生都想教训一下那个搞恶作剧的同学，但一直碍于同学情面没有去做。

此时，他明白，"这小子长得这么吓人"这个自动思维的完整意思是："这小子长得和我的高中同学一样吓人。"

不仅如此，实际上每次在大街上看到身材高大的中学生，他的心里都会"一紧"，都会产生"这小子长得这么吓人"的自动思维，并由此产生排斥感。

但是，有一点他没有想明白，他现在在南方，男同事多数身形都不算太魁梧，为什么他还是对他们有排斥？在我们的探讨中，他发现，因为中学时，他和男同学的关系都不好，这些活生生的身体过程和情绪过程，最终被压抑到潜意识中，而只在思维过程（即意识）中留下了"他们会取笑我""他们不喜欢我"这样的信念。

工作后，遇到男性同事时，这种信念会自动跳出来，形成各种各样的自动思维。抓住这些自动思维，就可以回到当时的身体过程和情绪过程中。

咨询中，需要一次次地回到当时的过程中，在安全、被支持的情形下，不断地去体验当时堪称可怕的身体过程和情绪过程，让淤积住的、受伤的身体感受和情绪、情感充分流动起来，从而得到化解。

做到这些后，内在的体验就发生了变化，而头脑上的思维作为投影，也就有了变化。

当然，思维的残留，以及内在体验的残留，是不可避免的。只是，何先生深刻地明白，这是源自过去的记忆，而在当下的环境中，是不一样的。他可以不再被这些过去纠缠住，而可以更好地活在当下了。

凭借这些工作，何先生和男性同事们的关系逐渐得到了改善。

这是多年前的一个个案，它生动地显示，如果仅仅在信念或思维层面做工作，是远远不够的，我们必须从信念和思维入手，深入体验深处。体验层面改变，才意味着真正的改变。

建议大家做一下"捕捉自动思维"的练习，步骤如下：

（1）找到一件让你一直以来都有些不舒服的事。

（2）回想最近一次，你再次遇到这件不舒服的事的情形。

（3）问问自己，遇到这件事时，你脑海里第一个冒出的念头是什么。

（4）为了保险一点儿，你不妨再问问自己：这真的是第一个冒出的念头吗？如果不是，就再向前推，直到找到第一个自动冒出的念头。

（5）让自己放松下来，闭上眼睛，从这个自动思维开始做自由联想，看看它会让你想到什么，又想到什么……

（6）不只是要想到更多的思维，更重要的是，它会唤起你什么样的身体过程和情绪过程。

（7）让身体感受和情绪、情感自由流动，想哭就哭，想笑就笑。

（8）做一下总结。

每个地方都能挖一口深井

一次课上，做解梦演练时，我的一个学员小郑，主动申请做"小白鼠"。

他有点儿恐高，特别怕坐过山车。前天晚上，他睡觉前对潜意识说，我希望知道我为什么会怕坐过山车，请梦指引我。果然，他做了一个梦。梦很简单，他看到一个人从高处坠落，掉在地上摔死了。而在坠落的过程中，这个人面部一直朝向他，好像有什么话要对他说但没说出来。看着这个人的脸，他无比恐惧，一下子醒了过来。

我请小郑坐在教室中间，闭上眼睛，放松，然后回忆并体会梦中的感觉。

他闭了一会儿眼睛后，我问他："体会到梦中的感觉了吗？"他说："体会到了一些。"

"很好，"我说，"这种感觉让你第一时间想到了什么？不必做努力，说出第一时间跳到你脑海里的想法就可以了。"

他突然间激动起来，说："我想起来了，我知道这个梦的意思。"然后，他讲了一个悲惨的故事。

那是大约15年前，小郑刚工作。一天中午，他去打饭，饭堂在一栋正在修葺的大楼的5楼。打完饭后，大家会挤在5楼的走廊上吃饭。

正吃饭时，突然间，一个距小郑仅1米远的工友跌下楼去。小郑第一时间看到了这一幕，那个工友面朝向他，嘴巴张开，好像有什么话要说似的。

这是一个创伤事件，而处理创伤事件的一个常用办法是让当事人完整地回忆起此事。所以，我很详细地问小郑，事发时有什么细节。

一开始，小郑只能记起男子掉下去的那一幕，但慢慢地，他回忆起了一个又一个细节。他记起，后来回到了同在5楼的宿舍里，一个室友质问他："那个人是你的下属，你为什么回来了？你应该去处理这件事。"

我让小郑一遍遍从头讲这件事，讲了3遍后，事情已彻底清楚了，但好像小郑仍没有一点儿解脱感。我也感觉，事情好像卡住了，再继续追问工友坠楼而死的事情，对小郑并没有什么帮助。

既然我不知道该怎么办，那就不如问小郑该怎么办。所以，我问小郑："现在，你想讲什么？"

小郑说，他想起了另一个噩梦，比这个梦恐怖很多。

梦中，他和一个工友睡在一间约5平方米的房间里，突然一只老鼠爬进来，爬到他的胸口后不见了。他极度恐慌，从床上跳了起来。工友也醒了过来，他问工友："你看到老鼠去哪里了吗？你看到老鼠去哪里了吗？"工友说："没看见。"

显然，这个梦的关键环节是，那只老鼠爬到小郑的胸口不见了。所以，我让小郑闭上眼睛，放松，然后回忆这个梦，并细细体会那只老鼠爬到胸口不见后的感觉。

很快，小郑进入状态，而我也感受到，一波又一波电流一般的感觉流遍我的全身，我觉得毛骨悚然。我想我是共情到了他的感受。事后，班里很多同学说，当时他们也都感受到了。

我问小郑："那种感觉又来了，是吗？"

小郑拼命点头。

我接着问："这种感觉，让你第一时间想到了什么？"

"我妈妈！"小郑说。

这个回答让我一时有点儿头晕，我本以为这种感觉和那个工友的死有关，但没想到小郑居然想到了他的妈妈。

不过，这是在心理咨询与治疗中经常出现的情形。每当这种情形出现，咨询师会在第一时间放弃自己的判断，而去关注个案发出的信息。

于是，我问小郑："请具体讲，你想到了妈妈什么？"

一开始，他说："我不知道，我只是感觉妈妈站在了我面前，我很有压力。"

"没关系，"我说，"这时，你可能想逃走，想远离妈妈，但试着不逃，试着去面对妈妈。然后看看，妈妈在对你做什么。"

他试了一会儿，说他听见妈妈一遍遍地在对他说："你为什么这么不争气？！你为什么这么不争气？！你为什么这么不争气？！……"

我请他睁开眼睛，在我们学员中选一个像他妈妈的人上来，他选了一个很强势的女学员。我请那个女学员想象自己就是小郑的妈妈，然后对小郑一遍遍地说："你为什么这么不争气？！"

小郑的选择很到位，那个女学员一上来就一手叉腰，一手指着小郑，用很大的声音说："你为什么这么不争气？！"

听到这个声音，小郑一下子泪流满面，身子也从椅子上瘫软了下去，并喃喃自语说："不要这样子，你不要这样子说。"

我问小郑："老鼠钻到胸口不见的感觉，就是这种感觉吗？"

小郑点头说:"是,百分之百是这种感觉。"

"很好!"我说。我请那个女学员下去,回到自己的座位上,也回到自己的角色里。

接下来,我再一次请小郑回忆工友坠楼而死的细节。

当回忆到那个工友坠楼时的细节时,我对他说,认真看着这个工友的脸。他这样做了一会儿后,我继续问:"他是谁?"

这时,他有点儿恍然大悟地说:"哦,我知道他是谁了,他是我现在的上司。"

听他这么说,我又晕了,而这一次晕得尤其厉害。哦,上帝,难道那个男子没摔死,而他现在又做了他的上司?哦,这样实在太好了……

不过,我还是问他:"真的是你现在的上司吗?你是说,他没有摔死?"

他愣了一会儿后说:"不,不,我现在的上司不是那个工友,那个工友肯定是去世了。我只是现在想起了上司的脸。你让我看着那个坠落的工友的脸时,我看到的是现在上司的脸,为什么会这样呢?我为什么会看到他的脸?"

我解释说:"这是一个很好的联想,这很好。你继续看着这张脸,这又让你第一时间想到了什么?"

他说,他想到了这个上司最近一次调动,总公司升了这个上司的职。他当时预言说,这个上司的能力与那个职位不匹配,他肯定还会"掉"下来的。果然,几个月后,他"掉"了下来,又回到了以前的位置上,还是继续做小郑的顶头上司。

我提醒小郑说:"我注意到,你谈到上司时,用了'掉下来'这个词。"

小郑一开始有点儿不明白,反问说:"用了'掉下来'这个词又怎么样?"但他立即恍然大悟说,"我明白了,我明白了。"

这是一次真正而彻底地明白,小郑在一刹那发现,工友"掉下来"摔死的事之所以对他有那么大影响,他之所以那么怕坐过山车时"掉下来"的感觉,和之所以对上司"掉下来"这么敏感,都是因为,他惧怕自己真的成了妈妈所指责的"不争气"的男孩。尤其是工友摔死的事情,这好像是在告诉他,"不争气"而"掉下来"就会死掉,所以对他刺激极大。

并且可以说,妈妈在说"你为什么这么不争气"的时候,的确是向他传递了浓浓的死能量。让他觉得,不争气不如去死。

小郑的故事很经典，它充分说明，我们为什么会惧怕一些事情。其实，我们惧怕的不是事情本身，而是事情带给我们的感觉。并且，我们之所以惧怕一件事情给自己带来的感觉，经常是因为这件事和以前的某件事很像，而唤起了自己以前的某种感觉。

看起来，目睹工友摔死的事，是足够的创伤体验了。当这样想时，就是认为诱发事件直接导致了情绪反应，即认为是 A 导致了 C，而忽视了还有信念 B 的存在。

但是，这个故事也显示，把内在过程说成是信念，是不够的。实际上，这是一个完整的身体过程、情绪过程加思维过程，信念只是其中的部分信息而已，体验过程其实比它更根本。

当天，我又给小郑做了一个补充练习，让他站在我坐的椅子上，高高在上地对我们所有人说话。他一开始很不习惯，有点儿晕，但我们给他鼓掌，同时我也让他安静下来，好好感受高高在上的感觉。最后，他觉得很自在，也很喜欢。

课程结束 2 个月后，他给我发了一封邮件，说他升职了，他内心的恐惧感被疗愈了。

这个故事虽然没有明确地在用"捕捉自动思维"的技术，但其实多处用到了这个技术。

类似的故事多了以后，我形成了这样一个观点：也许我们可以从任何一个看似不起眼的地方入手，向潜意识深处挖出一口通向心灵的深井。"于无声处听惊雷"，也许就是这个意思。

互动：什么是理性和非理性

斯多葛哲学中有一个二分法：你能控制的和你不能控制的。认识清楚你能控制的事物，并在此范围内做到自己力所能及的"好"，认识清楚你控制不了的事物，不要瞎较劲儿，或者怨天尤人。这两者结合在一起，就是理性。这真是清醒而优雅的活法。

艾利斯的理性情绪疗法也是秉持了这一原则：我们最能控制的，就是自己的想法。所以，很多时候可以通过改变自己的想法，让它更具理性，这样就会减少情绪上的痛苦，以及荒唐行为。

梳理我身边的非理性事件时，我发现自己对这些处于非理性状态中的人有一种说不出的厌恶。但深入思考后发现，我非常害怕自己会处于这种状态中：我对别人和世界有着一厢情愿的想法，认为他人和世界就该这么运转，并且我以为这就是真相和真理。然而，他人和世界根本就不是这样的。这样的话，就太羞耻了。

由此也总结出了什么是非理性。当你处于一种严重的分裂中时，你对别人和世界的情绪、情感与判断，主要是一厢情愿，并且是建立在全能自恋之上的。这不是真相，也不是真理。

这样的人为什么会处于这种分裂中？实际上，他们在和现实世界相处时不断受到挫败，他们发现世界不会按照他们的意愿去运转，可这时他们又不能接受这个真相，于是转而活在自欺欺人的想象中。毕竟，在想象的世界里，一个人是可以为所欲为的。然后，他们又把这个想象的世界强加给真实世界，而且强加时特别有情绪、情感，这就是非理性了。

Q：自恋是人类心理中最根深蒂固的一种动力来源，当别人直接指责或者自己直接指责自己的观念错误时，本能的冲动就会更加强硬地保持自己的观点，甚至找出各种理由来为自己辩护。如果最后在对方的理由充分的辩论中输了，也知道了自己的不足，那就能避免情绪上的抵触吗？还是在能充分舒展自己的关系中去权衡、去发现自己的问题，自己认识到问题，这样是不是更容易促成自己改进呢？

A：心理咨询与治疗发展出了很多流派，理性情绪疗法是一种认知行为取向的流派，虽然艾利斯认为自己有人本主义和精神分析的取向部分。

彻底的人本主义，就只强调一件事——共情。共情，即设身处地地站在对方的现象场中，感其所感、想其所想。特别是对感受的共情。我们可以说，感受就是一个人伸展出的能量触角，当它在关系中被接住时，就被照亮了。

现代的精神分析对关系的理解更为深邃、彻底，并且强调不操控。即便有对峙和辩论，也是遵循一个原则——信任来访者的自发性。

我的咨询师说："也许你很担心，我作为你的治疗师，使用了一些操控术，在你不了解的情况下，改变了你的心灵。"然而，现在我的被分析过程已持续了三年多时间。我深深地感觉到，基本完全以我的感受和想法为中心的被分析过程，是多么宝贵和美妙。

每个生命都期待着，带着主体感去成长、去体验，而不是被改造。

Q：绝对化要求也许未必是坏事吧？比如说，我一定要成功，可能会更有推动力吧？如何把握度呢？

A：绝对化要求，必然伴随着，一旦实现不了，就会有深深的羞耻感。

我遇到的来访者，特别是心理发展水平比较低的，不管他们的外在形式是怎样的，内心深处都藏着严重的绝对化要求，认为自己只能成功，不能失败，但现实自然一再打他们的脸，最后他们干脆就不再追求成功了。

更严重的绝对化要求，是婴儿最原始的心理状态，即认为自己发出的每一个动力，外部世界都必须满足，必须给予回应，否则就会有自恋性暴怒、彻底无助和被害妄想这三个变化。

如果既有偏执劲儿，又有时间感和空间感（即形成了有韧劲儿的生命力），那就是另外一回事了。但一样，如果只有绝对化要求，那么一旦再失败，就可能是致命的打击。

破解你的生命逻辑

听了无数人的故事后，我有了一个感觉性的总结：绝大多数人都有一套奉行了一生的心理逻辑。它规定了什么是好、什么是坏、什么是对、什么是错，而自己该怎样活着，也让我们试图去规定或控制周围人该怎样活着。

对于比较成功的人来说，这一套逻辑是他的成功之本，但同时也是卡住他的"瓶颈"所在。对于一直痛苦的人来说，这一套逻辑则直接是自己的痛苦之源。

"逻辑"这个词，自然是说这有头脑和思维的功劳。头脑和思维规定了什么是好坏、对错，而"我"认同了头脑和思维的这个规定。

理性情绪疗法认为，过分概括化是非理性信念的一个重要特征。然而，每个人的生命逻辑，其实都是根据自己的人生总结出来的。所以，这是多么严重的过分概括化！我们需要去认识一下自己和别人的这一套逻辑，这样可以让自己活得更加自由一些。

你什么时候怀疑过自己的活法？特别是，你什么时候、什么情形下，第一次产生了这份宝贵的自我怀疑？

神秘的命运，
知晓每一粒尘埃的一生。
让我们讲述我们的故事，

有如一粒微尘。

——鲁米

怎样接住关系中的"坏"

我的一个朋友，很有才华，长得也很帅气，是传说中的花花公子，谈恋爱已有几十次。但谈这么多次，绝不是旁人以为的艳福不浅。实际上，这是一件很痛苦的事。其中一个重要的原因是，这哥们儿构建稳定关系的能力太差，和他谈恋爱的女孩大多数都是自己受不了他而离开的。

有一段时间，他找了一个称心如意的女朋友。最初，他很想和对方好好发展，如果能走到婚姻那就最好了。

但渐渐地，他想和这个女孩分手了。我问他，发生了什么吗？

他说是两件非常小的事，都是给女孩打电话，女孩没接，直接挂了。过了一会儿后，女孩给他再打过来道歉，并解释说，一次是在和老板谈话，一次是参加公司的一个重要会议。

如此看来，女孩的解释合情合理，但这个哥们儿很不舒服。他对女孩说："如果我是你，我会先接电话，并走到一个安静的地方，简单聊几句后，再解释说，我有要紧的事，待会儿再和你聊。"

听到他这样讲，我觉得很难受，感觉自己的嗓子像是被卡住了，心口也堵得慌，并且还对他产生了一种厌烦和愤怒。我想，我一是代入了他女友的位置上，并共情了她的感受；二是这种感觉我很熟悉，和这哥们儿认识几年来，这种感觉也时有发生。

于是，我给他反馈我的感受，并说："如果我是那个女孩，你这样和我说话，我会感到很有压力，并且会不高兴。"

"为什么？"他问。

我解释说："因为你没有理解我的方式的合理性，而是在诱导我以一种特定的方式对待你。这会让我觉得，你是在将你的方式强加给我。"

这个哥们儿的这种心理，专业解释叫"投射性认同"。它的逻辑是，我认定你会怎样对我，然后我把这个认定的东西投射到你身上，而你认同了，并果真以我认定的方式来对待我，那么你就变成了我期待的样子。

并且，投射性认同有两套逻辑。一套明逻辑是，我希望你用我认为的好的方式对我。例如，对这个哥们儿来说，他认为好的方式是，女友应该不管处于什么情况下，都必须把他的电话当作头号大事来对待。如果女友做到了，他就认为他们之间有了好的关系。

但关键是投射性认同的一套暗逻辑。这个逻辑是，我知道你肯定不会用我希望的好的方式对我，你肯定会用坏的方式对我。你看，你果真受不了了，用了坏的方式对我。所以，你就是不喜欢我，我就是注定不会得到你的喜欢的……

或者说，投射性认同的重要游戏是，我将"坏"投射给你，而如果你认同了这份"坏"，并以坏的方式来对待我了，那就验证了我本来的预判——你肯定不会好好地对我。而对你来说，你可能认为你是按照你的本心在回应我，但实际上你对我的"坏"，是你认同了我投射给你的坏，是被我诱导的结果，所以这叫作"投射性认同"。

例如，这个哥们儿的故事中，他的做法否认了女友本来做法的合理性，是给女友传递了一个信息——你没有立即回应我，你是个坏人。

如果他女友立即有了负面情绪，像我一样对他有了厌烦和愤怒，那么这些负面情绪，实际上是认同了他投射过来的"你是个坏人"的信息。然后，女友再还给他不好的反馈时（例如，果真发脾气，"炸"了），那就真的变成了坏人。这样一来，这个哥们儿就会这么想：你看你看，你为什么就不好好说话呢？你乱发什么脾气，你真不是个好女孩……

这样解释有点儿复杂，而判断投射性认同的一个简单标准是，你在和别人打交道时，有没有被严重限制的感觉。如果有，那就是对方使用了投射性认同的心理机制。

投射性认同，在精神分析中被认为是一种很低功能的自我防御机制。如果一个人频繁地使用这个心理机制，那他周围的人都会有严重被限制感，而且会有要在他面前不断变成坏人的感觉。这两种感觉都非常不好，所以周围的人会容易离开他，而这会验证他最根本的痛苦之处——"我是个坏人，没有人喜欢我"。

衡量一种关系品质好坏的核心标准是，关系能不能处理、化解"坏"。最初，是要在二元关系中把"坏"扔给对方，例如婴儿会认为妈妈是坏妈妈，我的痛苦都是她导致的。但这会给二元关系带来巨大的破坏，于是要去构建三元关系，这样好把"坏"投射给第三者，即"我和你是好的，坏的是他"。

如果你遇上了，该怎么处理好呢？

关键是，你已经处理好了自己内心的"坏"，你不再执着地追求"我是一个好人"，而是深切地认识到，"我是一个好坏参半的、真实的人，我能接受我自己的坏，比如坏脾气"。那么，当别人投射给你"你是一个坏人"的信息时，你不会太抵触，不会太愤怒，而是会把这个信息吸纳进来，消化一下，做了"去毒化"处理，然后再还给他一个不那么"有毒"的信息。

具体的做法是：既不认同他的明逻辑，委屈自己，用他希望的好方式回应他，又不认同他的暗逻辑，真还给他愤怒、厌烦等负面情绪。比如，他的女友可以对他说："亲爱的，我当时是有重要的事啊。我不会放下这些事接你电话的，但你生我的气，我理解，我听到了。"

我有一对朋友，他们的故事堪称传奇。一个是非常"作"的女人，一个原来是有名的寺庙住持。结果，寺庙住持对这个"作"女一见钟情，很快还俗了。

"作"女常常向大师咆哮。例如，一次大师做饭，菜切得有点儿难看，大小不均。他女友就看着不爽了，在旁边朝他咆哮，爆各种粗口。这时，这位大师怎么做的呢？他先放下手里的菜刀，平静地走过去，温柔地抱住女友，对她说："亲爱的，我喜欢你真实的样子。你能这么坦诚真好，我也希望你不要伤害到你自己……"

这几乎是我听过的最厉害的"去毒化"故事了，而这位超级"作"女，也果真在大师的一次次温柔相待中，脾气慢慢地变了。现在，他们结婚了，生了一个极其有活力的宝宝。他们的故事，真正验证了看似可怕的死能量，一旦被接住后，真可以转为巨大的生能量。

当然，这位大师有时候很自然地就做到了这一点，可是也有很多次，他被女友扔过来的"情绪原子弹"给炸得险些"分崩离析"，因而想过分手和自杀，但最后还是做到了抱持。所以说，在当下那个时空里被击碎没关系，毕竟还有更多时间和空间可以让大家去学习如何化解我们自己和关系中的"坏"。

有的心理咨询师也讲了他们和自己的咨询师的故事。他们都是定期在找咨询师，一周一次或一周数次，并且按照精神分析的设置，来访者是不能随意调时间的，而精神分析师偶尔可以。所以，在约定的时间，如果来访者没有去，那钱还是要照付的。心理咨询师们都知道这个规则，也知道它的合理之处，但还是会心理不平衡，想让自己的咨询师能为自己破例。

然而，绝大多数情况下，他们的咨询师们都拒绝了他们的要求。这时候，他们会有愤怒，但表达愤怒时，会有忐忑。而他们的咨询师会说："我不能为你调时间，我有我的道理；可你愤怒，也有你的合理之处啊，你就好好表达吧。"

这里面的道理是，我是我，你是你，我要尊重我的合理性，可你的感受一样也都是合理的啊。

自恋幻觉的 ABC

投射性认同是一种孤独的游戏。沉浸在这种游戏中的人，会比一般人更加渴望建立亲密关系，但他们在亲密关系中看不到对方的真实存在。他们只关注对方是否如自己所愿，按照自己所渴望的方式对待自己。

投射性认同的游戏中藏着一个"你必须如此，否则——"的威胁性信息，它的完整表达是："我以我好的方式对你，你也必须以一种特定的好的方式对我，否则你就是不爱我。"

不过，玩这个游戏的人，有时只意识到了前半句，即"我对你好，你也该对我好"，而没有意识到自己发出的威胁信息。但作为被投射的一方，你会清晰地感受到这种威胁。

我把投射性认同称为"自恋幻觉的 ABC"。

投射性认同，乃至其他各种自我防御机制，都是为了处理我们自己和关系中的"坏"的。从"好""坏"这个角度来看，自恋幻觉的 ABC 可以这样来理解：我做的 A，和我期待你做的 B，都是"好"的，而 C，则是"坏"的。

虽然说投射性认同是比较低功能的自我防御机制，但投射性认同的游戏并不罕见，它有四种常见类型：

（1）权力的投射性认同。其内在逻辑是：我对你好，但你必须听我的，否则你就是不爱我。

（2）依赖的投射性认同。其内在逻辑是：我如此无助，你必须帮我，否则你就是不爱我。

（3）迎合的投射性认同。其内在逻辑是：我总顺着你，你必须接受我，否则你就是不爱我，你这个大坏蛋。

（4）情欲的投射性认同。其内在逻辑是：我这么性感（这么有性能力），你必须满足并对我好，否则你就是不爱我，你这个性无能（性冷淡）。

权力的投射性认同与依赖的投射性认同相辅相成。前者表达的含义是，我很强大，你很无能，你必须听我的；后者表达的含义是，我很无能，你很强大，我必须寻求你的帮助。如果一个执着于权力游戏的人，碰上一个执着于依赖游戏的人，他们在一开始会相处得相对比较默契。

我的一个朋友，她的家离单位有七八分钟的车程，而男友的单位离她的单位有四五十分钟的车程。她常上夜班，会在晚上 10 点后下班。这时候，她会渴望男友开车去单位接她，把她送回家，然后目送她走进家门。当他这样做时，她心中会油然升起一种强烈的幸福感。

一开始，男友都会争取来接她，但后来觉得这样实在很累。于是，他跟她商量说："能不能少接你一些，以前每次都来接，现在减少到一半的时间，好不好？"

她也觉得自己有些过分，于是答应了，但刚答应的那一瞬间，她脑海里便闪过一个念头："他不爱我，是不是该分手了？"

这种故事实在太多了。

我的一位来访者，她和男朋友多次去香港购物。每次男朋友都非常上心，不仅埋单、拿东西，而且路上会一直全神贯注在她身上，不停地逗她开心。但后来一次去香港，回来后，她也生出了想和男友分手的强烈念头。问她为什么，她说觉得男友不爱自己了。

谈了一会儿后我才知道，这次男友仍然是埋单、拿东西，只是一路上没有再全神贯注在她身上，没有逗她开心。但原因也非常好理解，男友这次得了重感冒。

于是，我对她说："你男友这次是得了重感冒啊，是身体很不舒服才让他不能再那么关注你了。"

听我这么说，她才恍然大悟说："噢，是啊，我怎么把这一点忽略了呢？"

她并非无情，而是完全活在自己的世界里。当男友没有像以往那样强烈地关注她时，她的第一反应是："我是不是不漂亮了？""我是不是不可爱了？"或者："他是不是移情别恋了，所以他才和我那么疏远？"

也就是说，当男友和她的关系有些疏远时，关系就变得有些"坏"了，而她完全不能接受这份关系中的"坏"。然后，她第一时间做了自我归因，即是不是因为我"坏"，所以才导致他的"坏"。

有一位女士，是严重的依赖者，她不工作，自己在家里，而家里但凡有事，她都会打电话给丈夫，向他求助。她丈夫已经烦不胜烦了，对她说："我实在受不了你的依赖了，你能不能独立一些？再这样，我们真的要分手了。"

但接下来，这位女士变得更加依赖了。甚至连家里要换桶装水的事，她都要打电话给丈夫，怯生生地说："家里的水喝完了，你看是不是该换了？我们该换什么牌子的呢？"而她丈夫的反应是，"啪"的一下就把电话给挂了。

为什么会这样？因为严重陷在投射性认同中的人，都会执着地使用自己那一套逻辑。这套逻辑，最初是在原生家庭中形成的。并且，这是他们和自己的父母等抚养者建立关系的方式，他们就是用这种方式和抚养者亲近的。这是一个深入骨髓的东西，当他们想和别人靠近时，就会自动启动这一套逻辑。

例如，对于严重的依赖者而言，依赖是他们最初获得和父母亲近的方式。而当丈夫对她说"你再这样我就离开你了"时，她主要接收到的信息就是丈夫想离开她了，于是她会对自己固有的那一套方式更为执着。

当执着于自己的一套逻辑时，我们会越频繁地使用这一套逻辑去构建亲密，结果反而会越孤独。

例如，我前面提到的这三位依赖者，他们的父母都是严重控制型。或者说，他们的父母都会使用权力的游戏，要求孩子对自己言听计从。当孩子这样做的时候，他们会尽心尽力地为孩子做事。而当孩子不听话时，他们会对孩子进行惩罚和威胁。于是，孩子形成了这样一种人生体验：只有做依赖的孩子时才有好处，独立是不受欢迎的。

这是电影《孔雀》中的心理奥秘。《孔雀》反映的是一家五口的悲剧，老大一直被当作智障人士，但后来证明，他是最有生存能力的，他的智障是伪装的。在这个家庭中，独立是坏的，越想独立的孩子越没有好下场。而依赖是好的，越傻的孩子得到的糖就越多，与父母的关系就越亲密。

所以，所谓的"依赖逻辑"，只是一套头脑中容易觉知到的想法而已，它的深层是深刻入骨的体验。

要改变的话，就需要从思维过程、身体过程和情绪、情感过程全方位地去做。这并不容易，最好当作一条长路来走。

德国家庭治疗大师海灵格讲过这样一个寓言：

一头熊，一直关在一个极其狭小的笼子里，它只能站着。后来，它被放出来了，可以爬着走，也可以打滚，但它却仍然一直站着。那个真实的笼子不在了，但似乎一直有一个虚幻的笼子限制着它。

我们每个成年人都是这样的，原生家庭的外在笼子不见了，但我们内在还有一个笼子。所以，我们需要去认识它，从而逐渐地破解自己的生命逻辑，最终可以走向更广阔的世界。

支配者

玩权力游戏的人，他们在关系中追求支配的感觉。我们就把他们称为"支配者"好了。

支配者大致可以分为两个类型：赤裸裸的支配者，他们直接表达这一信息——"你必须听我的，否则我会让你付出代价"；温情的支配者，在表达支配欲的时候，会使用"我是为了你好"这一借口。

很多支配者既是赤裸裸的，也是温情的。在某些人际关系中，他们懒得披上那温情的面纱，而是直接使用其拥有的权力或暴力，迫使别人服从其意志；而在另一些人际关系中，他们则会温柔很多，在迫使别人服从时，会同时传递"我是为了你好"的信号。

比如，有些人在工作单位是一个赤裸裸的支配者，但面对亲人时会表现得极有爱心和耐心。可不管多有爱心和耐心，他们一定会追求"你必须听我的"这个终极目的。

一次和一个心理咨询师朋友在一起时，突然她孩子有事给她打电话。她说话的语调无比温柔，一直和风细雨，但这个电话持续了三个小时，因为她一直在试图说服孩子听她的话。电话结束后，我说："你这个电话打了三个小时，为了说服孩子你可真是不遗余力啊。"她笑了笑说："我知道我控制欲强，可很多事不控制不行啊！"

每次当我想讲支配者的权力游戏时，我很容易会想到一个经典的故事。

我的一个朋友，美女，在极好的外企工作，职位级别也不低，但她在感情中是一个严重的依赖者。而她最爱的男人，自然是严重的支配者。

他们在一起的时候，这个男人简直会安排好24小时中的每一分钟，让每一分钟都充满有意思的事，他也会想尽各种办法取悦女友。特别是旅游的时候，这个美女做一个完全不用动心思的小女孩就好了，一切都交给这个男人处理。他会把事情弄得不仅很周到，也充满乐趣。

他们相爱一年多后，一次两人闹了别扭。美女使了小性子，收拾了一点儿自己的东西，从他们住的地方搬走了。但男人没有去哄她，让她回去，最后美女自己灰溜溜地回去了。回去后，男人说："这种事不能再发生第二次，发生了我们就分手。"

过了两三个月后，他们再一次闹别扭。美女忘记了男友的警告，又一次收拾东西回到自己家。男人还是没有哄她，等她灰溜溜地回去时，男人已经将她的所有东西整整齐齐地打了八个包裹。他们就这么分了，这个美女怎么挽留都无济于事。

这位男士是一个很大公司的老总，管着很多人。无论在公司里，还是在个人感情这件事上，他都试图将事情彻底控制在他的意志之下。为此，他也付出了可怕的努力。但是，他有一个问题。美女多次在半夜里看到，这位男士自己在阳台上安静地抽烟，不过是在梦游状态中。

他的极度控制，是试图将一切都控制在自己头脑的预料之中。这都是意识层面的东西，而人不可能都活在意识的控制下，潜意识中的冰山总是要冒出来。正常情况下，我们会通过梦、幻想、艺术创作，或者看电影、电视、小说等途径碰触潜意识，或者有时干点儿自己不能理解的事。而这位男士的意识控制能力太厉害了，所以他的潜意识要冒出来时，他的意识就会彻底失去控制能力，梦游的事就是这样发生的。

最极端又最有杀伤力的支配者会有这样的故事。两个人热恋后，支配者对依赖者说："你为什么总和那么多异性交往？我吃醋，我生气，你能不能减少和他们的交往？"

这个请求貌似有点儿合理，于是依赖者答应了。接着，他们提出的，是你不要再和异性朋友交往。

然后，他会逐渐地切断你和异性同事、异性同学的交往。再往后，他会切断你和同性朋友、同性同事、同性同学的交往。最终，他会切断你和所有人的关系，你的世界会只剩下他一个人。这样一来，你就彻彻底底地被控制在他手中了。

这还不算，通常到了这个地步，他会觉得你索然无味，对你失去了兴趣，转而会出轨，甚至抛弃你。实际上，随着对你的控制越来越成功，他寻找其他异性的欲望也就越来越强。

从大学本科做电话心理热线开始，我就不断地听到这样的故事，最终被控制者一无所有，并且心智也会受到巨大损害。

这种故事，大多数是男人控制女人，不过等后来咨询做多了，也发现有不少女人能成功地控制男人。

当然，这种故事是极端的。我们常见到的，是容易漠视你意志的支配者。

例如点餐时，有的支配者二话不说，自己就把所有人的菜点了，最后他们也是埋单的那个人。

严重的支配者会征询你的意见，问"你想点什么菜"，但你说完后，他们会在点菜时，把你点的菜——否掉，换上他们认为更好的。

依赖者的形成，常是因为有控制欲强的父母，而支配者又是怎样形成的呢？

美国心理学家谢尔登·卡什丹在《客体关系心理治疗》一书中总结了两个常见的原因：

（1）这样的人童年时，他们和父母的关系是颠倒的。也就是说，他们的父母是脆弱的依赖者，不仅不能照料孩子，反而要孩子来照料自己。因此，孩子很小的时候就成了一个大人，并从照料和支配父母的过程中获得了自己最初的价值感。长大后，他们便渴望重复这种关系模式。

（2）他们和妈妈有过严重的分离，或者妈妈对他们的照料严重欠缺。这让他们对现实妈妈极端不满，而在心中勾勒了一个永远不会离开自己的爱人形象。长大后，一旦爱上谁，他们便会把这个形象强加在这个人身上。因为他们童年时严重受伤，所以他们极其惧怕分离，而恋人的任何独立意志都会让他们担心分离，所以他们会尽一切努力打压恋人的独立意志。

支配者的投射性认同是非常经典和原始的。在《全能自恋》这一章中讲到，每个婴儿有渴望活在这样一个世界里，他一动念头，世界就会围绕着自己的念头运转。而一旦不是这样，就会有自恋性暴怒产生。严重的支配者，符合全能自恋和自恋性暴怒的标准定义。

支配者是直接表达全能自恋的这个意思——"我这么有力量，你怎么可以不听我的"，而依赖者、迎合者和玩性感游戏的人，是绕了一个弯来表达自己的意愿，但他们都是在追求这样一个目标："我希望世界能如我所愿，具体就是，希望你能如我所愿。"

更准确的表达应该是，我希望世界"如我所料"，我的思维过程已经预料了这个世界该如何发展。当世界果真如此时，就证明了我的思维过程（即我头脑）的伟大。而当世界出现意外时，我会有失控感，即世界发展没有被我的头脑所预料到。这时，我会觉得我是差的、坏的和错的，同时也觉得世界是差的、坏的和错的。

该如何解决这个问题呢？世界既没有按照我们的意愿运转，同时世界又是善意的，而且也允许我们自己表达所谓"不好"的情绪。这时候，我们就会发现，失控是可以接受的，甚至失控也是美好的。

愿我们能活在这样的世界。

滥好人和诱惑者

投射性认同有四种：依赖游戏和权力游戏，迎合游戏和性感游戏。

迎合游戏的具体逻辑是：我这么为你考虑（A），你必须接受我（B），否则你就是坏人，我们不如分手（C）。更直接的表达是："我为你做了这么多，你必须爱我，否则你就是个大坏蛋！"

不过，和支配者、依赖者与诱惑者不同，迎合者太想做个好人了，在关系中很长时间会意识不到自己有威胁性的C信息存在。他们无法主动发起攻击。

但是，迎合者虽然容易被人竖大拇指"这个人真好"，但他们很难收获深度关系，因为大家和他们相处时会有各种不舒服。既是因为他们不真实——毕竟带着攻击性的生命力像从他们身上剥离一样，又是因为迎合者特别容易给别人制造内疚感，他们会不自觉地使用一些办法，提醒接受者"你欠我的"。

迎合者，在我们的社会应该是广泛存在的，比支配者和依赖者要多得多，毕竟我们一直鼓励大家做好人。

《客体关系心理治疗》中谈到了这样一个例子：

> 海瑞因塔是一个中年单身母亲，有两个十多岁的孩子。她每天要开车接孩子上学和放学，当孩子坐上车后，她一定会提醒两个儿子锁好车门。然而，当孩子们试图这样做时，却发现车门已关好。

这位妈妈在做什么？她为什么多此一举？

对此，卡什丹的解释是，这是迎合者的经典行为模式。锁好车门是意识层面的奉献，海瑞因塔以此显示，她是一个无微不至的妈妈，而提醒孩子们去锁车门则是潜意识驱使的。她潜意识里希望孩子们发现，妈妈已做了奉献。

国内知名的心理学家曾奇峰说过一句非常有趣的话："和你在一起，我感觉自己很好，于是我就爱上你了。可是，和迎合者在一起，你虽然容易收获好处，但你容易觉得自己在他们面前是个浑蛋。如果你不接受这种自我感觉，那你势必会远离他们。"

歉疚感可能是我们最不愿意面对的一种感觉。尤其是，有人替我们做了我们本可以轻松做到的事情后，还巧妙地想给我们留下歉疚感，这会令我们感到非常愤怒。

然而，迎合者不仅在助人时细致入微，也非常谨慎小心。他们会向你很卑微地表示，他们只是想帮你而已，他们不需要任何回报，你不必有压力。

面对这样的人，一开始我们很难表达愤怒。我们甚至会因为自己心中的怒气而感到内疚："我怎么能对这么好的人生气？"

不过，如果这样的事情越来越多，你的愤怒会越来越难以遏制。于是，你要么向别人表达怒气，要么干脆远离这个迎合者。

海瑞因塔的两个儿子就是这样做的，他们成了问题少年，常在学校和社会上制造一些麻烦，而这是他们表达愤怒的方式。他们的愤怒本来是要对妈妈表达的，但妈妈这么好，他们怎么可以生妈妈的气？于是，他们把愤怒发泄到别处去了。

并且，他们和妈妈的关系也越来越疏远。这疏远是为了减少妈妈迎合自己的机会，那样就可以少一些歉疚感了。

迎合者干吗要这样委屈自己？这也是支配者钟情于权力、依赖者喜欢依赖的原因。

我们都想与别人亲近，但很多人只学会了一种与别人亲近的方式：支配者学会了权力的方式，依赖者学会了示弱的方式，而迎合者学会了奉献的方式。

更糟糕的是，因为迎合者只相信迎合的方式，所以当对方疏远迎合者时，他在恐慌中会对付出更加执着。但他越付出，对方越想逃离，由此这成了一种恶性循环，最终迎合者最在乎的关系反而断裂了。

这就是海瑞因塔和她的两个儿子的互动过程。在她没有改变迎合的行为方式前，她越努力，孩子们就越想远离她。

不过，迎合的游戏并不是永远无效的。实际上，在迎合者的童年早期，这常常是他们能靠近父母或其他养育者的唯一方式。

我见过很多堪称"愚孝"的迎合者（多是女士），而且她们的父母清一色是重男轻女。对于这样的女孩而言，她们最容易靠近父母的方法就是去奉献，或者为父母奉献，或者为兄弟奉献。

性感的投射性认同，这样的人我称他们为"诱惑者"。

性感游戏的具体逻辑是：我如此性感迷人，如此有性能力（A），你当然会喜欢我（B），否则你就是性无能、性冷淡，我们不如分手（C）。

诱惑者通常会打扮得性感、迷人，并且容易在言语和行为上挑逗别人。弗洛伊德的"泛性论"在他们身上像是展现得淋漓尽致。他们好像也深知性是人类的根本动力，所以在关系中到处都试图诱惑出性刺激来。

在正常的关系中，性具有隐秘性和排他性，但在诱惑者这里，性可以指向任何人；不仅是异性，也会是同性。

然而，世界是相反的，诱惑者虽然用性构建了关系，但他们自己却未必真正能享受性。

我知道一个女孩，在24岁前就已做过十次以上的第三者。最崩溃的一段时间，她几乎每天都去酒吧，拉一个男人跟她回家……然而，她对我说，她其实根本就不享受性。这是一个很深的矛盾，她貌似知道引诱男人的一切方式，但在真正的性爱中，她体验不到性爱的愉悦。

这种故事后来我知道了很多，不仅性感、迷人的女性如此，很多狂热地追逐性的男性也是这样。比如一位男士，他追逐身边的几乎所有女性，而且对相貌、年龄、社会背景都没有选择，他真是博爱。然而，他的性能力只能维持不超过一分钟。

诱惑者是怎么形成的？这是因为在原生家庭中，他们曾经被性诱惑过，或者见到父母有滥性行为。这给他们一种感觉：性是建立关系的唯一通道，如果想和人亲近，就必然要通过性的方式。

《客体关系心理治疗》中讲过一个案例：一个女孩有严重的滥性行为，而她在童年时印象最深刻的事情，是她父亲不断换女人。她羡慕和嫉妒这些女人轻易得到了父亲的关注，而她也因此认为，建立关系的方式就是性。

支配者的"好"是"我有力量"，"坏"是无助。力量和无助是一对根本人性，追求的是"我比你强"。

迎合者的"好"是无私，"坏"是自私。无私和自私，也是一对根本人性，追求的是"我是对的"。

诱惑者的"好"是性感，"坏"是没有魅力。

你可以看看你自己，你会主要使用其中的哪一种逻辑。当看到它的时候，也请记住，这个逻辑自身其实没那么重要。重要的是，我们需要记住，我们都是想通过这套逻辑去建立关系的。

成年人的愿望会非常复杂，心智也一样复杂，但我们每个人都有一个很根本的愿望——真正地遇见一个人。

互动：及时修正你的心灵地图

"心灵地图"，是美国心理学家斯考特·派克的一个说法。派克写过一本在世界范围非常受欢迎的心理学畅销书《少有人走的路》(The Road Less Traveled)，台湾版的书名则叫《心灵地图》。

什么是"少有人走的路"？就是认识自己、成为自己的这条路，这条路的确是很少有人能走完的。

什么是"心灵地图"呢？派克说，我们每个人都是根据童年时的经历，形成了一张心灵地图，并靠这张地图活在这个世界上的。这张地图，在童年时的环境中是适用的。然而，我们进入更广阔的世界后，如果还是沿用这张老地图，那就会走错路，所以我们要及时修正自己的心灵地图。

"生命逻辑"或"心理逻辑"，和"心灵地图"是类似的概念。

理性情绪疗法说，非理性信念有绝对化要求、过分概括化和糟糕至极这三个基本特征。但实际上，如果没有认真反思的话，我们每个人都有"过分概括化"这个问题。我们都是把在童年时形成的一套生命逻辑过分泛化，并把它们当成了在所有情景中都使用的心灵地图。如果我们再自恋一些，就会把这些东西视为真理，但实际上这都是太热爱自己的人生经验了。

Q：想要破解自己的生命逻辑，是否就是不断重复感知过去，然后在关系中逐渐疗愈自己呢？

A：自己固有的生命逻辑，也是保护层，就像是我们的外壳，用来和这个世界打交道时保护自己。我们需要借助这个外壳，慢慢地去认识这个世界，别急着把自己敞开。不仅观察外部世界，也观察自己的内在世界。当然，不仅是观察这么简单，也包括转化我、你和关系中的"坏"。当我们越来越体验到"好"时，就会逐渐地将这个外壳打开，甚至放下。这个过程不能着急，至少需要知道我们持有的这一套生命逻辑并不是真理，它只是我们每个人的一套心理逻辑而已。

Q：令我困惑的是，投射性认同的动力是什么呢？它破坏关系，也没提供好的体验，好像也没满足自恋。如果它是一种防御机制的话，它防御的又是什么呢？证明我是好的，你是坏的吗？那这是不是虚体自恋的表现呢？

A：投射性认同有两个根本：一是建立关系；二是把自己处理不了的"坏"投射到对方身上，投射到关系里。希望借助关系看到自己的"坏"，同时也借助关系的力量转化这个不能被自己心灵接受的"坏"。

和投射相对应的一个词，叫"内摄"。大致可以理解为，我们需要把自己的内心投射到关系中，然后又会被关系互动的这个外部情景"内摄"到自己的心灵中，心灵因而改变。

这时，最可怕的是，自己投射了一个"坏"出去，而外部世界又回给了自己更高级别的"坏"。于是，自己内在心灵中的"坏"或阴影部分变得更为严重。

Q：**有没有一种人既是依赖者，又是支配者呢？如果是依赖者的时候就是虚体自恋，是支配者的时候就是暴怒型自恋，会不会是有点儿精神分裂？**

A：依赖者和支配者，是可以比较容易地相互转化的。在第三章《关系》中，我们一开始就介绍了"内在关系模式"这个概念。我们的人格其实是一种内在关系模式，这个内在关系模式投射到外部世界，就塑造了我们的外在关系模式。

所以，依赖者和支配者容易走到一起，那必然是，他们的内在关系模式都是一个"内在的支配者"和一个"内在的依赖者"。只是，有时候一个人认同了"支配者"，而把"依赖者"投射出去，有时则相反。

当然，对于极端的支配者和依赖者来说，这种转化并不容易，因为极端的支配者会难以接受无助，而极端依赖者难以接受支配，他们都把这些视为"坏"。但极端情形下，比如一位支配者被狠狠打败了，他就有可能会瘫软成严重的依赖者。

我思故我在

"我思故我在"是 17 世纪法国哲学家笛卡儿的名言。意思是,"我无法否认自己的存在,因为当我否认、怀疑时,我就已经存在"。我不能怀疑的,是我可以怀疑这件事。所以,当我可以怀疑时,就确认了"我"的存在。

笛卡儿的思想对欧洲理性主义的传统构成了根本性影响,这也使得人们对理性和思维越来越重视。不过,研究人性的思想家会对此有不同的解释。当代著名的思想家埃克哈特·托利,在他的《当下的力量》和《新世界》等书中,提出了一对非常有意思的概念:"向思维认同"和"痛苦之身"。

我们每个人都有各种痛苦,这构成了痛苦之身。而思维可以来研究甚至解决各种痛苦,我们因此会爱上思维,舍不得放下它。但因此,我们也要喂养自己的思维,而喂养的方式,就是有意无意地追逐同样的痛苦。从这一点上来说,我们的人生必然是在轮回中,而轮回的制造者,是我们自己。

什么时候,你发现了,你的人生在不断地轮回中?也就是说,你不断地在某一件事上陷入同样的格局里。

你跑得愈快,
你的影子跟得愈紧。
有时,它还会跑在你的前头呢!
只有日正当中的太阳,

才能让它退减。

但你可知道，你那影子一直都在服侍着你呢！

加害你的，也必保护你。

黑暗就是你的蜡烛。

你的边界，就是你追寻的起点。

——鲁米

向思维认同

相信每个人都问过这个问题："我是谁？"

这个问题无比深邃而根本。心灵过程有思维过程、身体过程和情绪过程，那么，是不是这些就是"我"了呢？当然不是。因为，如果这些心灵过程是"我"或"我的"，那我们应该就能管它们了，可是我们很难，甚至根本就控制不了它们。

佛学则干脆说，根本上是"无我"的。

虽然说，思维过程、身体过程和情绪过程我们并不能真正控制，但我们却会觉得，这些是"我"的，而如果我们认同了什么，就意味着将它们当作了"我"。其中，我们最容易认同的，就是我们的思维。这就是埃克哈特·托利所说的"向思维认同"。

"思维"这个词也是抽象的、概括性的，具体来说，我们很容易被我们一个又一个想法所控制。如果我们认同了这些想法，就会把它们当作真理，甚至还认同为"我"或"我的"。那么，我们就会对它们形成执着，也会不想放下它们，因为放下的话，就像是"我"被消灭了一样。

几年前，我去西藏旅行，同行的有一位老先生。他太爱旅游了，每年都会出来玩两次。可他有一个严重的问题，一出门就不能睡觉，出门一个星期就一个星期睡不着，两个星期就两个星期睡不着。聊天时，我的职业病犯了，想不动声色地治好他，于是问他："你什么时候才能睡着？"他说，必须是在自己的家里，睡在自己床上，把所有窗帘都拉上，把所有灯都关了。这样，这间屋子近乎完全漆黑，他就能安然入睡了。

他这样说时，就像说的是绝对的真理一样，用了绝对化的词——"必须"。他还讲到另一条——"最好是老婆在身边"，说的是"最好"，不再是"必须"了。

这就是自我实现的预言。当他这样想时，他就会捍卫这个想法，结果在旅行中自然没法睡着了。

我没讲"自我实现的预言"这个概念，而是给他讲了几个我的故事。结果，老先生一觉睡到第二天早上9点，在一间睡了好几个人的房间里。第二天醒来后，他惊讶无比。

现在，我也把这些故事分享给你。

那是汶川地震后，一家机构请我去讲危机干预的课，我准备讲讲"失控"这个话题。仿佛是为了考验我似的，去的前一天晚上，我经历了一次失控。

当晚，我和往常一样，在晚上12点前躺在床上准备睡觉。但无法入眠，因为楼上不断传出类似用锤子砸钉子的声音，一直到凌晨1点还没停。我打电话给物业，投诉有人深夜还搞装修，值班的保安答应过来看一下。

但等了很久，这个声音还在继续。我再次给物业打电话，问是怎么回事。物业说，没有人在装修，我住的那栋楼和周围两栋楼，没一个房间亮着灯。

我有点儿不信，就穿好衣服出去查看了一下。发现果真如物业所言，没有一个房间是亮着灯的。

这一刻，我忍不住开始怀疑，这是灵异事件吗？或者是我有幻觉和被迫害妄想了？这可是精神分裂症的典型症状啊。

不过还好，赶过来的几个保安说，他们也听到了这个声音，只是没有人家亮灯，很难确认是哪里传出来的，总不能半夜里挨家挨户去查看吧。

没办法，我只好回到自己家里，硬躺在床上试着令自己入睡。

渐渐地，我回想起1996年的一件事情。

那时我读大四，决定考研究生。为了保证自己的学习时间，我和宿舍的哥们儿商定，每天中午和晚上的12:30前就要关上宿舍门，不允许别的宿舍的哥们儿进来闲聊，并且 12：30 后不能大声说话和听音乐等。

说是商定，其实是大家为我牺牲，因为我们宿舍 6 个人中只有我考研。但我们宿舍的哥们儿都很善解人意，知道我睡眠很浅，容易被吵醒，所以愿意为我做这样的牺牲。接下来长达四个多月的时间里，他们一直都在贯彻这个"商定"，甚至还为此和别的宿舍的哥们儿发生过几次小冲突。

研究生考试结束那一天，为了消除内疚，也为了表达我的感谢，我拿当时剩下的几百元积蓄请哥儿五个好好搓了一顿，说再也不限制大家了，大家愿意怎么着就怎么着。他们说："你小子要是还限制我们，小心我们一起来揍你。"

结果，当天晚上，他们有人唱摇滚，有人很大声地打电子游戏，而我酣然入睡。第二天早上，我非常惊讶，原来我是可以在很吵的环境下入睡的。

这件事，让我有了一个新预言——"原来，我是可以在很吵的环境下入睡的"。实际上，这是思维过程对情绪过程和身体过程的总结。而这个总结，又形成了新的思维认同。之后，我几乎可以在任何条件下睡着了。

那么，为什么这个晚上，我再一次变得挑剔？

因为，我现在住的小区环境很棒、很安静，长时间住在这里，我对此形成了一个认识："这个小区晚上很安静，很适合睡觉。"这个认识一旦固化，就成了一个新的自我实现的预言。

然而，那个晚上，那个奇怪的声音挑战了我这个预言。我之所以打电话给物业，还爬起来去找到噪声的来源，都是为了捍卫我的预言。

明白了这一点后，我的身体放松了下来，而情绪也平稳了很多，还对那个声音有了一点儿好感。它是在提醒我，别那么自恋，真以为世界是围绕着你转的。

然后，我开始试着尊重并接受这个声音。慢慢地，我越来越放松，不知不觉中酣然入睡了。

第二天中午，我和请我讲课的朋友一起吃饭。突然下起了暴雨，我们吃饭的房间是在顶层一个玻璃房里，"哗哗——"的雨声将我们谈话的声音几乎给淹没了。这时，一个服务员送菜后没及时关门，一个朋友大声提醒她关门，声音中有明显的恼火和不耐烦。

等服务员关好门出去后，我和他们谈起了我昨天晚上的感想，并说，如果现在让我在"哗哗——"的雨声和雷声中入睡，我可以安然入睡，但如果雨声停了，有一个服务员用很小的声音来敲门，我入睡肯定要难很多。

"为什么？"一个朋友问。

我解释说，因为我早接受了"雨声和雷电是我控制不了"这个事实，但我不愿意接受一个人，特别是服务员，是我控制不了的事实。因为接受程度不同，所以内心的预言不同，这导致了我会有不同的行为。

我说完这些后，刚才大声对服务员说话的那个朋友不好意思地说，看来他是无形中想控制那个服务员了。

我给那位老先生分享的就是我这几个和睡眠有关的故事。

这几个故事经典地解释了，什么叫"向思维认同"。思维过程，是对自己的身体过程、情绪过程以及外部事件的认识，而一旦我们把这个认识固化，当作真理来对待，那么这个认识就会反过来控制我们。

我们想通过思维来控制他人和世界，但反而是被思维所控制。比起思维的特性来，"向思维认同"的根本还是控制欲在作祟。而根本的控制，就是全能自恋性的幻觉——"我可以控制这个世界"。

人一开车脾气就大，这也和自恋幻觉息息相关。因为，车这种东西不仅很大地扩展了我们的行动力，而且几乎完全听命于我们，这极大地增强了我们"我能左右一切"的幻觉。

但这个幻觉很容易被打破，堵车、道路状况不好、有人抢路等，都会打破这种幻觉。这时，那些控制欲望很强的人就容易暴怒。据调查，美国公路上发生的枪击案，多数都是由堵车和抢道等小事引起的。

当我们生活在"我能控制一切"的幻觉中时，就无法和其他存在建立起真正的关系。

痛苦之身

关于"向思维认同"和"痛苦之身"，托利在《当下的力量》一书中有过这样

的论述:

> 通常,当下所产生的痛苦都是对现状的抗拒,也就是无意识地去抗拒本相的某种形式。
>
> 从思维的层面来说,这种抗拒以批判的形式存在。
>
> 从情绪的层面来说,它又以负面情绪的形式显现。痛苦的程度取决于你对当下的抗拒程度以及对思维的认同程度。

他的意思是,痛苦是因为对真相的对抗。思维层面,我们会以批判的方式对抗真相。身体层面,对抗真相则会表现为情绪上的痛苦。而情绪上的痛苦又会转化为身体上的痛苦,情绪痛苦和身体痛苦结合在一起,就构成了痛苦之身。

讲一个我的小故事。一天,我在洗碗,一个碗洗了三次才洗干净。我突然间意识到,这里面有点儿不对劲儿。这么简单的事,我为什么做成这样子?于是,我放松下来,试着去体会,到底是什么东西影响着我,让我不能好好洗碗。

很快,我捕捉到自己心中的一股怨气。我在洗碗的时候,似乎在对着一个人抱怨。这个人可以说是我当时的女友,也可以说是我的妈妈。

小时候,在妈妈面前,我在做一个乖孩子。现在,在当时的女友那儿,我在做一个任劳任怨的男友。于是,我看似主动在洗碗,但我其实不甘心,在对着她们抱怨:"凭什么是我洗碗?为什么不是你做?"

这种抱怨声似乎很微弱,如果不仔细觉知,真的听不到。然而同时,它又似乎非常强,就像是一堵墙,将我和洗碗这件事割裂开来。

明白了这一点后,我继续去捕捉这种细微的怨气,不评价、不判断,只是去体会,让它和围绕着它的一切东西流动。突然,有那么一刻,我的怨气彻底消失了,我全然沉浸到洗碗中。这时,我感觉到,水流流过手的感觉舒服极了,即便用手轻抹餐具上饭渣的感觉都是美好的。

这种状态持续了大概几秒钟吧,它不要太美好。这是马丁·布伯说的"我与你"的关系,也是埃克哈特·托利所说的"活在当下"。活在当下,即你想做什么就做什么,彻底、全然地投入其中。

从此以后，我对自己有了更多觉知。我发现，随便到任何一个场合，我第一时间都会不自觉地做一件事情——批判一切事物和人，觉得他们本来的样子有什么不好，他们应该如何如何。也就是说，他们本来的样子是不对的，他们应该按照我的头脑对他们的想象而行动。

这是痛苦的重要原因，甚至是根本原因。我们的头脑，试图想象别人该如何如何，当别人和我们的想象不一致时，我们就有了情绪痛苦产生。而情绪痛苦累积多了，就会变成身体痛苦，痛苦之身由此形成。而它形成的源头，正是我们对自己想法的自恋。

我们越是自恋，越是对自己的想法执着，特别是对我们关于别人该如何如何的想法执着，那很容易导致巨大的痛苦，甚至是疯狂。

大概是10年前，我在广州一个小区讲课。课后一位年轻的妈妈问我，她该怎样让女儿不再痴迷于打电话。

原来，她正读中学的女儿在2年前迷上了网络聊天，管理着一个QQ群，每天都会花一定的时间在QQ上。她认为这会影响女儿的学习，没有必要这样做，所以用种种办法让女儿不要玩QQ，最终剥夺了她用电脑的权利。如果要使用电脑，就必须经过大人的同意。

女儿玩QQ这件事因此而消失了。但紧接着，一个更大的痛苦产生了：女儿喜欢上了用手机聊天，每天晚上都会用手机和朋友们聊不少时间。并且，她越干涉女儿这件事，女儿用手机聊天的时间就越长。先是聊到晚上10点、11点，后来聊到凌晨一两点，甚至更晚。

相应地，她对女儿聊天的事情越来越敏感，她经常会在女儿房间门口偷听女儿有没有电话聊天。如果有，她就会很"果断"地冲进女儿房间，对女儿大喊大叫，严重时会一边喊一边哭泣，女儿有时也会一边喊一边哭。这时，她先生和她的公婆都会从床上爬起来，一起冲到小女孩的房间里，一边安抚她，一边训斥女儿。

她声泪俱下地给我讲述她的不幸，讲到后来全家人都搅在一起时，她特别痛苦，觉得自己的想法是对的啊，为什么女儿就是不听。她把自己这个想法当作了真理。

我问这位妈妈："到底是女儿打电话这件事对你来说痛苦级别高，还是你试图改变她的努力而导致的痛苦级别高呢？"

我的问法让她非常惊讶。她愣了好一会儿说，她没想过这个问题，她就是在想，为什么女儿就是不接受妈妈正确的建议。

这件事很简单，其实就是女儿和妈妈之间的一场权力斗争。妈妈试图把自己的想法强加给女儿，这会导致女儿的情绪痛苦和身体痛苦，所以女儿要和妈妈对着干。女儿的对着干，让妈妈受不了，于是妈妈发动全家人去压制女儿……

这件事如果继续下去，那可能女儿也会使用更严重的手法来对抗。比如，虐待自己的身体，或者离家出走，或者不好好学习等，以此向大人示威：我对抗不了你的意志，但我可以离开，我可以虐待我自己的身体吧。

我们的很多身体痛苦就是这样来的。

首先是意志较量，我希望世界按照我的想法运转。而当世界没有这样运转时，自己会有情绪上的痛苦。情绪上的痛苦则会转变成身体上的痛苦。

这接下来还会有一个恶性循环：我们更不愿接受自己的情绪痛苦和身体痛苦，和这些痛苦对抗，由此构建了无比复杂的心理防御机制。结果就是，心理防御机制成了一个迷宫，而我们的痛苦之身也成了一个非常复杂的存在。

该如何化解这一切呢？方法是，既然我们清楚了这个问题的产生过程，那我们反着来就可以了。

首先，知道自己的想法系统就像是一个保护层，它们不是真理。

其次，接受我们自己身体痛苦和情绪痛苦的存在，深入伤痛层中，好好去感受身体痛苦和情绪痛苦，让它们自由流动。当你这么做时，你会发现，不管多么痛苦的感受，当你不和它们对抗，让它们自由流动时，都会变得美妙无比。

最后，当我们放下自己的想法，又穿越痛苦之身后，我们也许就能进入所谓的"真我"中。

抚平你内心的钩子

很久以前,我发现自己很喜欢用苹果做比喻。例如,我的《七个心理寓言》这篇文章中,第一个寓言是"成长的寓言",用的就是苹果树来比喻刚开始工作的年轻人。现在,我用苹果做了另一个比喻:

想象你有一把锋利的刀子,你非常善于使用它切苹果,这件事你做得太漂亮了。那么,当苹果切好后,你舍得放下这把刀子吗?

刀子,是思维;苹果,是痛苦之身。

有两个让我印象极深的关于苹果的比喻。一个是牛顿的苹果,一个是希腊神话的金苹果。

希腊神话中的金苹果,被不和女神厄里斯设局,让帕里斯王子从赫拉、雅典娜和阿佛洛狄忒三位女神中评选"最美的女神"。他选了阿佛洛狄忒。美神奖给了他最美的女人海伦,而赫拉和雅典娜则给他的特洛伊国送去了灭国之难。这真是最凄美的痛苦之身。

那个据说砸到了牛顿头上的苹果,则引出了伟大的思考——牛顿发现了万有引力定律。这是"向思维认同"。

我的关于苹果与刀子的比喻的意思是,要小心你那些特别引以为傲的品质,这些品质最初多是用来处理痛苦的。如果你太爱你的那些引以为傲的品质,那么,为了滋养它们,你会自觉不自觉地重复追寻一些类似的痛苦。因此,你会不断地陷入人生的轮回。这些相似的痛苦,就是你引以为傲的品质的养料。

如果陷到这样的逻辑中,我们就成了受虐狂,不断主动追寻一些类似的痛苦来虐待自己。

我的一个朋友,常因为所在外企公司复杂的人际关系而焦头烂额。很有意思的是,他的人际冲突都发生在和下属的关系中。并且,这些故事无一例外都有相同逻辑:他很有耐心,没有领导架子,充分考虑了对方的需要,很讲礼貌,但越来越多的下属对他越来越不尊重。

他几次找我诉苦，听多了，我也有些不耐烦。有一次，我忍不住点了他一次："他们之所以这样对你，是因为可以这样对你。"

"你这样说是什么意思？"他不解。

我解释说："每个人都喜欢做有用的事，而不喜欢做无效的事。如果你的下属发现，他们可以不尊重你，那他们就会越来越不尊重你。也就是说，如果你只会使用耐心、没架子、充分考虑对方的需要等方式对待下属，而没有一点儿霹雳手段，那么就是在教你的下属对自己不尊重。"

听到这里，他说明白了，但他觉得自己就是无法用霹雳手段对待哪怕任何一个人。并且，他也认为，正是因为一直使用这些"让别人感觉很好的方式"，才赢得了现在的职位，所以如果让他放弃以前的做法，他会觉得很难。

"噢，"我赶紧说，"我没有说要你放弃以前的做法，你的'让别人感觉很好的方式'会在很多地方、很多时候很有效果，只是你只会使用这一种策略，这太单调了一些。所以，你可以在继续保有这一方式的同时，再增加一个新的方式。这样一来，你就会灵活很多，而不是非要在同一棵树上吊死了。"

他心中有这样一个固定的对话模式："我为你们考虑很多，你们能不能为我考虑多一点儿？你们这些自私的坏蛋，你们肯定不会考虑我的需要的。"

用投射性认同的 ABC 来分析，他的 A 即"我为你们考虑很多"，B 即"你们能不能为我考虑多一点儿"，C 即"你们这些自私的坏蛋，你们肯定不会考虑我的需要的"。

显然，他是一位迎合者。而当他构建关系时，就会将这个内在的对话投射到外在的关系中，而对方也会不自觉地认同他的投射。

他的下属之所以不考虑他的需要，对他不尊重，其根本原因是他在教他们这样做。而他随之产生的怨气，也是早就准备好了的。

他的这种内在对话模式，是在他自己的家中形成的。他在家中是老大，下面有弟弟和妹妹。父母一直疼爱弟弟、妹妹，并要求他做一个尽责的大哥。但无论他做得多么好，父母仍然是疼爱弟弟、妹妹远胜于他。而且，弟弟、妹妹好像也总是不领他的情，这让他心中总是憋着一肚子怨气。

每个成年人的人生，都是自己营造的，只是这种营造是一个轮回。轮回，在我看来，是为了给自己制造机会，解决此前不能解决的问题。例如，在他的原生家庭中，作为缺少力量和资源的孩子，他不得已用了迎合的游戏，为自己赢得了一些被家人看见的机会，但也积攒了很多怨气。现在，作为成年人，他有了力量和资源，就有了机会可以去觉知并改变自己。不过，如果他没有觉知自我，而是非常执着地认同自己的这个迎合逻辑，那么，他就会失去这个机会。

苹果与刀子的比喻，讲的是每个人自己范畴内的东西。而如果从关系的角度来看，则可以有另一个比喻——内心的钩子。

可以说，人和人之间的投射与认同的游戏，就像是一个人要去你家里挂衣服，但你家里必须有钩子才能挂得上。若你根本没有钩子，他发现没地方挂衣服，自然就会放弃。

山冈庄八的历史小说《德川家康》中有一个传奇的和尚，他年轻的时候自称"随风"，许愿给日本带来和平，并游遍日本，拜见了很多诸侯。可是，他每到一个地方都会引起纷争。

四十来岁的时候，他领悟到这些纷争是自己的心勾起的，深以为耻，决心改变这一点，并起了新名字"天海"。从那以后，无论他走到哪里，用什么语言说话，都再也没有引起过纷争。

最危险的一次是他去劝说北条家。当时，北条家想对抗已基本统一日本的丰臣秀吉。天海想劝说北条家顺应天下大势，不要发起无谓的战争。他说的话很直接，几次令北条家的领主北条氏政不爽。如果换作别人，北条氏政早就喝令下属杀死对方，但北条氏政发现，他好像就是对天海起不了杀心。

这是因为，天海虽然说话直接，但既不投射杀心，又不认同杀心。所以，他不会在北条氏政心中去挂杀心的衣服，北条氏政也无法在天海心中挂杀心的衣服，杀心也就无从生起了。

这是小说中的情节，似乎听起来不够靠谱，但这种故事在生活中也是屡见不鲜的。

我曾给一位国企中层管理人员做简单的咨询，他家有一个女儿，他的重男轻女的父亲执着地想要一个孙子。可是，他在国企，那时绝不可能生二胎。如果生，就只有辞职这一条路。并且，他和妻子很喜欢女儿，无意再要一个孩子。结果，他父亲就使用各种极端的手段逼迫他。例如，几次把家里砸个稀巴烂，最后还威胁说要杀人。他非常恐惧，知道父亲的暴虐性格，真的担心父亲会干出这种事来。

那时，我还没有正式做咨询，于是犯了咨询师的大忌，给他接连提了十多个建议，而他一一否掉了。当最后一个建议被他否掉后，我突然感觉到，房间里有一股极为沉重的东西，气压都变得很低。我知道，那是恐惧。

于是，我请他谈谈恐惧。这是他儿时无比痛苦的体验。父亲常常暴打他，这让他对父亲埋下了浓烈的恐惧。他之所以一一否掉我的建议，并非是理性，而是这份儿时的恐惧所致。

我又给他提了一个建议，让他一遍遍地回忆并体验这些恐惧，让凝结住的恐惧在他身上流动。并且，请他记住，这时你不是孩子，而是成年人。

他花了很多天时间，一遍遍去体验恐惧。当时，我们是在北京做的咨询，然后他回到家后，父亲竟然主动提议，不想和他们一起住了，要他在所在的省会城市给父亲租一套房子住。过了一个多月后，父亲再次说："和你们住一个城市真没劲儿，我要回老家，你在老家县城给我买一套房子，再每个月给我 ×× 养老的钱……"

这位男士原来实在不敢想，最后竟然呈现这种结果。

这个故事，我认为是因为，他抚平了恐惧父亲的钩子。结果，父亲就不去他心里挂恐惧的衣服了。

互动：怎样做到只接纳生命中的"好"

"得到"用户"青岛罗刚"曾在专栏留言：

> 我一直认为，如果在这样一个简陋的医院里待上 10 分钟，就会直接吐出来。
>
> 现在，我躺在吱吱作响的病床上，听完武老师的课开始写留言。屋顶的吸顶灯里堆满了昆虫的尸体，使本来昏暗的灯光更加昏暗不堪。头顶的墙皮掉了一大块，卫生间的门根本关不上。这已经不错了，大多数

人需要出去使用公共卫生间。

而就在一个月前，我还几乎不能接受在国内就医，上一次就是专门跑到韩国看的病。最近，我下决心要接纳自己，要过"接地气"的生活。于是，我勇敢地选择了这家"设施简陋、技术高超"的医院就诊。

过去一个星期的每个晚上，我就躺在这个吱吱作响的病床上，没有"专用枕"，没有"专用睡衣"，邻床还有一位鼾声震天的病友，但这一切都没有影响我呼呼大睡。

原来，只要你向现实臣服，生命就对你宽容。

原来，一个星期不洗头也能活。

很多朋友问，怎样做到接受？这就是一个例子。怎样做到更好地接纳生命中的"好"，而去避开生命中的"坏"？这仍然是逃避头脑以为的痛苦。

Q：我们的痛苦之身是不是就是我执呢？是不是先接纳那种不良的感受，然后让这个感受流动起来，最后消解这种抗拒带来的痛苦呢？可是，我在痛苦之身中沉浸日久，很多不良情绪都是下意识发生的，在未自觉的时候突然带来了抗拒性的情绪反应。这种情况是要求我能随时停下来，去感受这种情绪的流动吗？

A：如果能做到"我能随时停下来，去感受这种情绪的流动"，那一定是非常美妙的事。然而，这是最难的事情。

所以，这需要练习。甚至，这不是"随时停下来"，而是因为通过各种觉知和练习，我们不再"向思维认同"，也不再抗拒"痛苦之身"。也就是说，"我"不再去黏连、认同，而是做到了某种程度上的剥离。而这时，你会看到思维走了又来，来了又走，你也会感受到情绪的自然流动。

一位高人说过"流动而不成为"，意思是，让一切心灵过程自然流动，而不去将其中的某些东西认同为"我"。

Q：如果在一段关系中一方不能或者不愿意与另外一方进行正常的交流、沟通，而长期采取一种消极甚至回避的态度，那这种关系中的不作为该怎样应对呢？这时候，并没有主动挂衣服的状态，那么抚平自己内心的钩子又如何做到呢？还是说，衣服与钩子的比喻并不适用于这种情况？

A：这样的理解大致没有问题。不过，你讲的这种情况也是钩子比喻的一种经典的表现。

如果 A 回避沟通，那为什么 B 非要去和 A 沟通呢？对于 B 来说，这是不是一种非常熟悉的情景？也就是说，在 B 的人生中，曾上演过这种局面，有一个并不愿意和你沟通的重要客体，而你一直想和他沟通、亲近？

对于 A 而言，他意识层面回避沟通，但潜意识层面，我们可以假定，任何一个人都想和别人沟通，因为"我"永远都在寻找"你"。但是，A 的人生中，曾经历过想和别人沟通而不能的情况。在这种情况下，A 体验到羞耻，因此他不再表达自己想沟通的意愿。结果，那些想和 A 沟通的人，体验到了 A 一旦试着和别人沟通就容易体验到的羞耻感。

例如，我的一位来访者，曾连续二十多次，一开始视频咨询就会狂笑。最后一次，他对我咆哮说："你 TMD 以为你是谁！你用点儿心理学的破技巧，比如说共情，啊，我就会向你敞开心胸。你 TMD 以为你是谁！我过去敲你们的门成千上万次，你们谁向我敞开了？！"

如果说怎么办？那么，理解和接纳是根本。不仅理解对方，也包括去理解你自己。

第六章　身体

身体是心灵的镜子

关于身体和思维,相信每个人都有自己真切的理解。

2008年,我第一次去学催眠,老师是美国催眠大师艾瑞克森流派、艾瑞克森最得意的弟子斯蒂芬·吉利根。他不到20岁就开始跟随艾瑞克森这位大神级人物,同时也先在大学学习心理学专业,最终拿到了斯坦福大学的心理学博士学位。

我和吉利根有多次对谈。他认为,美国大学体系里的心理治疗过于重视思维与头脑,却忽视了身体,可身体是什么呢?他认为,身体就是潜意识。

在吉利根的课上,我第一次学习用身体去聆听,并惊讶地发现,我的身体太敏感了,竟然能够感受到对方的感受,甚至能想到对方的想法。至此,我才第一次真切地体会到,人本主义大师罗杰斯说的共情,是可以实现的。

共情是指站到对方的立场,感其所感、想其所想。大学的时候,我对此百思不得其解,我觉得我怎么能感受到别人的感受、想到别人的想法呢?虽然我总被别人说是善解人意的人,但我还是觉得这简直是不可能的。

给大家做一个小调查:你什么时候发现,你的身体能够感应到别人的感受,你能想到别人的想法?

> 身体是一件仪器,用以测量
> 精神的天体。

透过这星盘来观测，

让自己变得如海洋般浩瀚。

——鲁米

身体冷暖的隐喻

一切都是一切的隐喻，关于身体冷暖的隐喻先从一个故事开始。

2007年，我刚开始做咨询。一天，我的咨询室来了一位三十多岁的女士。虽然是夏天，可她穿着毛衣还觉得冷。于是，我们把咨询室的空调温度调高了，后来甚至停了。

她本来谈的是别的事情，可和她谈着谈着，我觉得越来越冷，特别是手和前臂。当时，虽然还没有形成用身体聆听的意识，但直觉告诉我，我的这个身体感觉不是我的，应该是我感应到她的。或者说，这是她投射过来而被我认同的。

于是，我把我的这份感觉反馈给她。她说，她现在也觉得越来越冷，特别是手和前臂。

接下来，我就使用了精神分析最常使用的技术——自由联想。我问她，当感受这份冷的时候，她会第一时间想到什么。

这一下揭开了她最深的一处伤痛。她想起五六岁的时候，她被父亲送给别人养。其实，这是父亲第二次把她送人。并且，以她所知，父亲并不重男轻女，这么做的原因，很可能是一种无意识的轮回。父亲小时候两次被爷爷送给别人养，结果父亲两次也把自己的孩子送给别人。第一次是送给亲戚，这一次是送给了父亲的战友。

当时正值冬天，而父亲战友的家在广东北部山区，冬天很冷，又正好赶上了下雪。那段记忆是，她冷极了，干脆总是坐在屋子里的炭火边烤火，可怎么烤还是冷，最后生了一场大病。父亲的战友被吓着了，又把她送了回去。

在咨询室里回忆这段痛苦的记忆时，她越来越冷，瑟瑟发抖，简直像是重新回到了当年的情景：即便是夏天穿着毛衣，待在广州的一间屋子里，可她还是冷得厉害。

在讲述的过程中，她先是越来越冷，接着被抛弃带来的痛苦情绪体验开始爆发，她甚至失声痛哭。即使这样，她的哭声也是有些压抑的。

我和她同步，也感受到了这份冷在加深，但自从她开始痛哭后，这份冷逐渐缓解，接着我感觉到越来越热。她的反应更明显，逐渐地出了汗，最后把毛衣脱了下来。

从此以后，她在夏天来咨询室的时候，再也没穿过毛衣，最多只是穿着长袖。

作为一名新手咨询师，当时的我觉得这是一件很特别的事。那时，我仍在《广州日报》当编辑，并很快看到了另一件不可思议的事。

2008年1月，很多媒体报道了湖南娄底的一位62岁的退休教师。他也是异常怕冷，冬天最多的时候要穿38件上衣和11条裤子，还要生两个炉子。夏天的时候，他也会穿7件衣服和3条裤子，可还是冷。他简直是最怕冷的人了。然而，当地医院免费给他做了各种检查，没发现相应的生理问题，所以倾向于认为是心理问题。

看到这个新闻时，我想起了我的这位来访者。我再次明确认为，他们这种身体上的冷，根源都是心冷。我的这位来访者两次被父亲抛弃，而根据这位退休教师的回忆，自从1992年妻子遭遇车祸去世后，他的体质开始变差，常常感冒，同时也越来越怕冷。

这两个故事也许你会觉得有些极端，但实际上，谁没有这样的体验呢？当你长时间地感觉不到人际关系中的温暖时，你发现外部世界好像变冷了，而你的身体好像也变得怕冷了。

这样的故事，心理学有一个术语可以来解释，叫"躯体化"。

所谓"躯体化"，即你的某种情绪不能在情绪层面表达，结果就通过身体来表达。

一个深圳的男孩，高考发挥失常，不能如愿地考上理想的大学。最后，被父母送到了东北读大学。他想读广州的中山大学、暨南大学或华南理工大学，但父母不同意。他们的理由是："你从来没离开过家，从来没吃过苦，你去东北的冰天雪地锻炼一下吧。"

结果，他在东北那所大学严重不适应。短短的一学期，他瘦了几十斤，经常肚子疼，会疼得流下汗来，还莫名其妙地摔断了腿，骨折了。他妈妈心疼他，去东北带他到当地最好的医院检查，却检查不出肚子疼的原因来。医生还说，照他当时摔跤的程度，骨折按说也是不该发生的。

在我看来，瘦几十斤、肚子疼和骨折，都是他心灵深处的反映。

首先，他的所有好友差不多都在南方读书，仅有的几个在北方的同学也全集中在北京，这让他在东北的那所大学感到异常孤独。

其次，他不能接受自己的"失败"。他认为，自己应该去北大、清华，所以他根本不愿意去适应这所学校的生活。

最后，他觉得自己被抛弃了。高考报志愿时，他的父母没有征求他的意见，强行给他填报了这所大学，明确地对他说："以前，我们对你太溺爱了，你该去过一下独立的、有挑战的生活。"这让他觉得自己既被父母否定了，也被抛弃了。

这三个原因加在一起，令他在那所大学度日如年。他不能接受那所大学的一切，从老师到同学，从宿舍卫生到食堂水平……

于是，他一到学校，便对父母说："我在这里待不下去，我想转学，想回到南方去，不行复读也可以。"但是，他的父母丝毫没有理会他的呼声，反而嘲笑他："这么一点儿苦都受不了，你就这么没出息？！"

从此以后，他不再对父母讲他想回去的想法。甚至，他可能都不再对自己这样讲，他想强行在这所大学待下去，做一个在父母眼中有出息的孩子。然而，这只是他意识上的努力，他的潜意识仍然执着于回去的念头，仍然拒绝融入这所大学。

于是，在潜意识的指挥下，他讨厌那所大学的饮食，吃得很少，很快瘦了下来。而且，在潜意识的指挥下，他莫名其妙地弄断了腿，肚子也疼得厉害。

可以说，他心中积攒了太多的死能量。这些死能量转不成生能量，而父母也听不到他的声音。于是，这些死能量转过来攻击他自己，最终导致了这一系列的身体问题。

他不再和父母说想回去的念头，但实际上他让父母看到了明显的事实：他瘦了，他肚子疼，他骨折了……

通过这些事实，他在表达一个信息：我都这么惨了，你们还不让我回去，你们还爱不爱我，你们还是称职的父母吗？

本来，他想和父母沟通，用语言来表达这个信息，但父母不允许。无奈之下，他改用身体来传递这个信息。

当他惨到这种地步后，他的父母终于听到了他的声音，也在我的分析和劝说之下，最终选择给孩子退学，将孩子接回了广州。

身与心的呼应，这一点在现代医学上得到了充分重视，很多疾病被称为"身心疾病"，就是认为心理因素在其中起了非常大的作用。

比如，我们都知道，各种各样的溃疡多和心理压力有关，而部分心脏病也和多种心理因素密切相关。这是常见的身心疾病。

当发现身体问题躯体化时，我们该怎么办呢？我的一位来访者的做法值得推荐。当她深切地发现自己常玩躯体化游戏而伤害了自己的身体时，她会发自肺腑地许一次愿。

她对固有的身体问题说："谢谢你一直以来帮助我，替我承担情绪上的痛苦。当我过去力量不够时，这样做是明智的。但现在我有力量了，我发誓，不管情绪上的挑战有多大，我都会努力去内部觉知，并在外部关系中表达，我再也不想让身体受这份苦了。"

这份许愿，虽然不可能让她彻底改变，但的确在相当程度上帮到了她。也许你也可以学习她的这个做法。

具身认知观

具身认知观的英文是 Embodied Cognition，它是认知心理学的新进展。在传统认知心理学中，认知和身体像是分开的，而具身认知观则认为，心智锁在身体之中，认知是身体的认知，心智是身体的心智。离开了身体，认知和心智根本不存在。

具身认知观是一个比较新的理论,它改变了心理学对身体的忽视。

像我的催眠老师斯蒂芬·吉利根一样,我在北京大学心理学系也没有学到用身体来共情的技术。在我咨询早期碰到前面讲的那些故事的时候,它们深深地震撼了我,后来咨询多了才发现,这太常见了。

这些常见的事实,让我很难再停留在思维层面去理解这一切。

2008年冬天,我去上一个课程。课程在广州市区一个地铁口旁,我早上出了地铁,突然有一阵寒风吹过,我觉得自己要感冒了。

课上,有一件事触动了我,让我想到,最近三次上课学习,我的身体都生了病,这是为什么?当我问自己这个问题时,我立即发现,这三个课程都是在身体层面做心理疗愈的课,一个是催眠,一个是苏菲旋转[1],还有一个是这次的课程。它们不仅在身体层面做工作,同时都有灵性的味儿,而且在相当程度上,甚至颠覆了我以往的知识体系。

这些课程是一个新的体系,在这个新的体系中,我是一个"小白"。作为一个在学院派体系中有一定影响力的人物,现在要进入另一个体系去当一个"小白",这对我的自恋有相当大的冲击。我硬撑着去上了这些课程,但我的身体和潜意识却在抗拒。三次接连在上课时生病,很可能就是这份抗拒在表达。

当我想清楚这个联系后,我的近似感冒当天中午就好了。

成长,就是一个破自恋的过程。我体验过这些课的好处,决心学下去。于是在接下来的三四年时间里,上了很多类似课程。虽然最后又回到了以精神分析为主的道路上来,但这三四年的学习非常有价值,特别是对艾瑞克森流派催眠的学习,对我有非常大的帮助。

具身认知观,是和笛卡儿开始的身心二元论或身心分离论相对立的。从笛卡儿开始的西方科学传统,是将意识和身体分开,并且把意识当作主体,而把身体当作一个纯物质机器来对待的。并且,会有这样的假设:思维或认知,是独立于

---

[1] 苏菲旋转:神秘教派苏菲派的一种修行方式。经典的苏菲旋转,教徒身着长裙,按照一种固定的姿势和步伐进行旋转,旋转时间可达几十分钟、几个小时,甚至更久。然后在晕眩中,修炼者就可能从头脑的掌控中跳出,而证悟到一些平时体验不到的东西。

身体之外的一个纯粹意识层面的存在。

传统的认知心理学有浓烈的笛卡儿的痕迹。像是把身体剥离了，认为认知的本质就是计算，是纯数字化的逻辑程序。

一开始的人工智能，也是基于认知心理学开始的。假设离身的心智表现在人脑上，就是人的智能；表现在电脑上，就是人工智能。认知虽然表现在包括大脑在内的身体上，但却不依赖于身体，其功能是独立的。

但渐渐地，人工智能的研究离开了这个假设，而认为心智离不开身体，心智过程就是身体过程的隐喻，或者说，是一种投影。

心理学家吉布生（Gibson）在1979年最早提出了知觉生态学理论，这个方向不断地发展变化，后来形成具身认知观。我们将之简单理解为：我们之所以持有如此这般的认知，是因为我们拥有如此这般的身体和脑；而我们之所以拥有如此这般的身体和脑，是因为我们生活在一个如此这般的世界之中。我们的思维和我们的身体与我们所处的世界（即环境）互为隐喻，也就是互为镜子、互为镜像。

具身认知观的这种互为隐喻、互为镜像的说法，在心理咨询中会有深刻体现。

例如，资深的心理咨询师会发现，一个人的内心有着整个家庭或家族的投影，而一个家庭或家族的故事，又像是所在的整个社会共同体的投影。

经典的精神分析咨询与治疗过程，都是长程的。例如我目前的来访者，咨询都在三年以上。我自己的分析过程也有三年多了，现在是每周两次的频率。这样的长程分析，看起来很是浪费金钱、时间和精力，但当真的将一个人的个人历史清晰地梳理出来后，让人非常震撼。可以说，你看到了一个人如何长大，也就看到了这个人如何形成了现在的认知。你与环境的如此这般的互动或者说关系，塑造了你如此这般的身体和脑。而你如此这般的身体和脑，则塑造了你如此这般的认知。

比如我自己，我的左耳因为高三时得了中耳炎。当时，医治不完善，导致这只耳朵的听力损失非常严重。这看上去，像是一个客观的生理现象，但它有着极为深刻的心理现实。

这个心理现实就是，我从小听妈妈诉苦，这对我造成了沉重的困扰。用躯体化概念来讲，就是我对母亲向我诉苦有严重的抵触情绪。但我意识不到，于是这股情绪就通过身体来表达了。我的左耳出问题，是因为我想关闭这只耳朵，不想听妈妈以及其他女性向我诉苦。

我的这个现象，也可以找到相似的例子：克林顿和拿破仑左耳都出了问题，而他们都有一位控制性很强的妈妈。但是，这个说法是我个人经验性总结，而不是得到了严格验证的结论。实际上，也的确是有了具身认知观这样的科学理论后，我才变得更有勇气来分享这些故事。

如何用身体来聆听

2007年，刚开始做咨询时，我有一位年轻的女来访者。她刚结婚不久，和老公、妈妈的关系都有问题，而她自己也非常焦虑。

第一次咨询时，她对我说："武老师，我恨我爸爸！"原来，她爸妈在她3岁时离婚，她跟妈妈从此以后再也没见过爸爸。妈妈说爸爸不想见她，但实际上是妈妈不允许他们父女相见。不仅如此，她妈妈一再说："你爸爸重男轻女，我和你爸之所以离婚，就因为你是个女孩。"

咨询快结束时，她说："武老师，你有些奇怪，你和我以前见过的两位咨询师不一样。"我问，什么地方不一样。她说："以前，我对咨询师说'我恨我爸爸'他们都会让我把这份恨表达、宣泄出来，而你没有这样做。"

我解释说："第一，我们第一次咨询，我主要是在了解情况，不会太引导你做什么；第二，你说你恨你爸爸，而且说的时候语气还故意加强了，可是我好像一点儿都感觉不到。"

在和她咨询时，会有一件奇怪的事情发生：她一进到咨询室，我就开始头疼，而当她离开后，我这种头疼就消失了。

第三次咨询，还剩下不到10分钟时，她回忆起了5岁时的一件事。当时，她给父亲写了一封信。可一个这么小的女孩怎么完成给父亲写信这件事啊？她的做法是，在一张纸上写了"爸爸我爱你"几个字，再找到一个信封和一张邮票放在桌子上，她在等着妈妈把她这封信完成再寄出去。

然而，等妈妈回家后，看到她的这封信，气坏了，疯了一样地把女儿给打了一顿。从此以后，她对父亲就只有恨，没有爱了。

她记得，读小学和初中时，有一个男人来到她的学校等她，还试着和她说话，而她都没有理。但她知道，那是她的父亲。

说起这些时，她的语速很快，一下子就说完了。我请她用慢一点儿的语速，再重新讲一遍这件事。

结果，用慢语速讲时，她刚一开始就泣不成声，最后哽咽着说："爸爸，我爱你，我想你。"

这时，我发现，我竟然不头疼了。于是，我明白了，我一直以来感受到的头疼不是我的，而是她的。我问她："你现在还头疼吗？"

这惊到了她，她问我："你怎么知道我头疼？"我告诉她我的身体反应，而她说，她的偏头疼已经持续十几年了，有时候会非常严重，怎么治都治不好，但的确现在头疼消失了。

这么轻易就把她的头疼给消除了，显得我像神医一样。可是，她仍然有严重的焦虑，她和丈夫、母亲的复杂关系还是处理不好。我们咨询几次后，我就将她转介①给更成熟的咨询师了。

后来，我想这位来访者的偏头疼是怎么回事？为什么持续了十几年？为什么又在仅仅几分钟内承认对父亲的爱后，这种偏头疼就消失了呢？

我的猜想是，她的这种偏头疼可以有两种理解：

第一种，她的这个想法"我恨我爸爸"，是错的。这就是她这种头疼的隐喻。

第二种，她的这个想法"我恨我爸爸"，是妈妈通过那次暴打她，生生植入她头脑中的异己想法。这是一种入侵，所以头疼。

头疼常常有类似的隐喻。

---

① 转介（Referral）：指的是心理咨询师根据来访者的需要及其所需要的服务，协助来访者获得所需服务的过程。在心理咨询范畴内，"转介"一般发生在以下两种情形中：第一，咨询师初步评估来访者的情况后，认为自己的能力和专长无法为来访者提供有效的服务，应考虑将个案转介给其他比较适合的咨询师，或当发现来访者的困扰可能需要精神科协助解决时，可以在征得来访者同意的前提下将来访者转介给相关人员；第二，在咨询关系建立之后，由于咨询师或者来访者的种种原因，需要结束咨询关系，为来访者寻找一位新的咨询师。比如，来访者搬家到了另一个城市，需要更换一个当地的咨询师，或咨询师由于个人的健康问题需要停止一段时间的工作。

这种头疼可以理解为，别人的意志强行入侵到他的头脑中，并扎了根。

这个案例中，来访者偏头疼的出现和消失很值得研究。另一件事一样值得思考：我的身体为什么能感受到她的感受？这件事如何可以做到？

实际上，对很多人来说，这不难。

在《思维：高贵的头颅，鄙俗的身体，对吗》中，我讲了一个闭着眼睛听别人默念故事的练习。这个练习在没有做之前，有些朋友会觉得：讲故事的人不出声，听故事的人闭着眼睛，怎么能判断一个人讲的故事是开心的还是悲伤的呢？

一做练习，太多人（特别是女性）会普遍发现，这真的不难。因为，自己的身体会捕捉到对方的身体感受，自己的情绪会和对方的情绪产生共鸣，所以可以根据这些信息去做判断。

可以说，心灵的三种过程，我的思维过程可以和你的思维过程通过语言、文字去沟通，我的身体过程和情绪过程也可以在身体层面、情绪层面，和你的身体过程和情绪过程去沟通。只是，我们太容易活在思维、语言和文字中了，认为只有这些才是有效的沟通方式。

一旦你发现，你可以在身体和情绪层面去感应对方，你就可以不断地练习这些方式，你会变得越来越敏感。

我现在的咨询方式是，我会全神贯注地听对方讲话，但同时会留一部分注意力在我的身体上，去留意我身体的各种感受，以及各种情绪。并通过身体感受和情绪、情感，一起去判断对方在向我传递什么信息。

思维是可以骗人的，而身体和情绪不会，所以当你能聆听到身体和情绪的信息时，就可以更好地去判断。

在偏头疼的这个案例中，这位年轻女子一开始就给我提供了一个思维层面的假信息——"我恨我爸爸"。这份恨，从逻辑上来看，理由足够充分，爸妈离异，她跟着妈妈，多年没见爸爸，光这些就足以构成恨的理由了。

但是，听她讲的时候，我没有感觉。那时，我还不能分辨得那么仔细，但没有感觉就足以说明，她思维层面的信息没有击中我。或者说，她没有向我传递相应的身体和情绪层面的信息。于是，我的身体和情绪也不能被调动，就没了感觉。所谓"感觉"，就是身体感受与情绪和情感这两种信息。

当第三次咨询，她讲述给爸爸写信的这个故事时，她语速很快。这就是试图在思维、语言、文字的层面上，淡化其中的信息。我仅仅是让她慢下来再讲一遍，就"引爆"了她的感觉。

后来，这也成为一个很实用的咨询技术，生活中有时我也会使用。就是当一个人语速突然变快时，请他慢下来讲。这时候，我常常会发现，对方是有浓烈的情绪、情感要涌出来，所以要加快语速，以逃避这份感受。

还有一种常见的局面是，讲着讲着，我突然间彻底失去了感觉。这时，我会感觉到晕、累、困或犯糊涂的状态。最严重的时候，甚至会睡着。最初做咨询时，出现这些情况，我会非常愧疚，觉得对不起来访者，因为咨询师应该全身心地投入。

后来我知道，我正是因为很专注，所以才产生这些情况。当来访者处于意识和潜意识的矛盾中时，他们思维上向左，而身体和情绪上实际上是向右的。这两者割裂得如此严重，以致我的注意力会出现问题。

现在，我就变得比较坦荡。当有严重的困顿发生时，我会告诉来访者，然后我俩都闭上眼睛，安静一会儿。而安静中，我冒出来的想法、身体感觉和情绪常常会帮我找到答案。

事实上，无论是想了解来访者的思维，还是情绪与感受，你都需要放下你自己的自恋。用马丁·布伯的话来说，就是放下你的所有预期和目的，这时候才可能发生与来访者的"相遇"。

如果你在这个过程中太着急、太自恋，那么你遇到的，就只是你的东西，而不是别人的。

让痛苦流动

2010 年，一位男性来访者进入咨询室没多久，就讲了一件让自己极度难以启齿的事。作为咨询师，我也感同身受，体验到了这件事带给他的巨大羞耻感。

我们的咨询已经进行一年多了，他每周都来一次，所以我们的咨询关系已经足够牢靠了。这时候，呈现一些极度难以启齿的事，是可以的。

如果咨询刚开始，比如才进行了两三次，来访者就给我坦露他这种级别的事，我会制止他，因为我们的咨询关系还没有这么牢靠。这种时候，假如他把极度痛苦的事展现出来，我们的咨询关系可能承受不住他的痛苦，这会带给他二次伤害。

特别是第一次咨询刚开始的时候，一些来访者就坦露他们生命中最为痛苦的创伤，那是必须制止的。而且，这通常意味着，这些来访者很不会保护自己。

虽然我们的关系已经足够牢靠，但这位男士难以启齿的事带来的羞耻感实在太浓烈了。当他讲完后，他不想面对，于是对我说："武老师，我们换个话题吧。"

一直以来，我是一个偏温和的咨询师，不大会控制来访者，但这次，我知道这是极为难得的时刻，并且他也该面对这件事了。于是，我对他说："不行，我们应该继续进行下去。"

不过，当他再次说，他不想面对时，我也就不坚持了。我对他说："好吧，那你想谈什么？"

然后，就在这一瞬间，我竟然睡着了。

这是我咨询中第一次出现这种事。我大概睡了十几分钟，等我醒过来后，他无奈地看着我说："武老师，看来是必须说这件事了。"

这也是深度关系的价值。深度咨询关系，不仅意味着牢靠到可以承受来访者的痛苦，还意味着，来访者也可以承受咨询师的错误了。并且，咨询师的错误和来访者的痛苦一样，都有很大的价值，都是该被理解的重要信息。

当他诉说那件难以启齿的事情时，很快，那份羞耻感以浓烈了很多倍的程度再次展现了出来，似乎整个咨询室都被这股能量所充满。于是，我对他说："你可以不讲这件事了，干脆闭上眼睛，就让这份感受自然流动吧。"

他当时坐在一张可以折叠的躺椅上，于是把这张躺椅展开，他就平躺在躺椅上，闭着眼睛，感受这份羞耻感的流动。

我也闭着眼睛，但这时我毫无困意，无比精神，而且这种精神头没有任何努力使劲儿的成分。同时，我生命中第一次真正明白了，什么叫"肉麻"。

"肉麻"的中文含义不必多说，它是和性、羞耻联系在一起的。当时，我的情绪体验是羞耻,而身体体验是,全身的肉都是麻的。简直是一波波的羞耻和肉麻的感觉,在身上一遍遍流过。

这份感觉非常难受,而且一开始有些凝结。后来,逐渐流动开来,就变得越来越自由流畅,让人无比舒适和享受了。

再慢慢地,这份感觉减弱了。这时候,我和他几乎是同时睁开了眼睛。

这次咨询带给了他巨大的改变:之前,他和老婆的性生活质量很低;之后,他就能充分地享受和老婆的性爱了。

我这边也发生了一件非常有意思的事。那几天,我的前臂外侧长了密密麻麻的、小小的麻点,不知道算不算湿疹。一直以来,我的皮肤都容易出问题,而且完全没有什么不舒服的感觉,所以也没把这个皮肤问题当回事。

我和这位来访者的咨询,是上午进行的。中午的时候,我午休醒来,无意中看了一下自己的胳膊。那些麻点竟然都没了,皮肤变得非常光滑。

原来,上午的咨询,不仅疗愈了他,也疗愈了我。

经常有朋友问我:"怎么不对抗痛苦,怎么让痛苦流动?"这个故事,就是一个让痛苦流动的例子。

心理咨询与治疗有很多流派,而每位咨询师的咨询风格、理念和技术都和他本人的人生经历有紧密联系。像艾利斯之所以发展出理性情绪疗法,是因为他本身就是一个非常善于用积极信念化解痛苦的人。

我之所以发展出让痛苦流动这种咨询方式,除了我学的理论与技术,更是和我的人生经历有关。

我在读研究生时得过两年抑郁症。

抑郁的感觉,就像马上要掉进一口井底里。井里很黑,井底深不可测,不知道有什么东西藏在井底,而井的上空能看到阳光。本能上,我们会惧怕井底,会使劲儿往上爬。简言之,我们会惧怕抑郁,而试图追求快乐。像抑郁症的经典药物"百忧解"这个词,也代表了这个逻辑——一药解百忧。

那时,不知道为什么,我完全不抗争了,就像是彻底松手了,然后掉入井底。没想到,在井底待了两年后,突然发现,井底有一扇门。打开这扇门,外面就是精彩的世界。

所以，我的抑郁症是这样自愈的。当自愈时，我的感觉就像是内心很多条河流，它们本来是淤塞的、拧巴的，但突然间，它们都自动疏通了，流畅地奔向了一个大湖或大海。

自此以后，我的抑郁症就再也没来过。虽然我一直都有抑郁的特质，这份特质感觉到现在才基本要化解了，但是作为我人格中的消极、封闭的东西，快化解了。

这段经历让我有了一个无比深刻的体验：原来这么可怕的抑郁竟然可以通过接受它、让它流动，来获得疗愈。

2005年，在《广州日报》主持"心理专栏"后，我不断重新认识这个重大的体验，最终形成了"让痛苦流动"的理念。这不仅成了我的治疗理念，也是我的人生理念，我一直都在践行它。

比如，一次去上一个课程。在课上一个练习中，一位从中国台湾来的同学，她对我的理解深深触动了我。当天晚上半夜里，我做了一个非常痛苦的梦。醒来时，那份痛苦像钢板一样紧紧地压着我，让我有了近似梦魇的体验。

这时，我已经明确形成了化解噩梦的技术，所以自动地在自己身上运用了这个技术。具体就是，让身体保持醒来的姿势，不做任何动弹，同时让情绪和想法自然流动。

噩梦带来的情绪体验足够浓烈，所以这个时候，你会彻底明白，什么叫作"感受的自然流动"。你会发现，只要你的身体保持不动，情绪就会像水一样流动，而头脑里的想法也像是生命一样，自然发展。

这种事发生多了，我最终形成了一个认识：不管多么可怕的体验，如果你能承受得住，让它流动，那么它一般不会超过半个小时，就会化身为美妙的体验。

所以，什么叫"痛苦"？原来，痛苦就是不被我们所接受的体验。就像白色生命力和黑色生命力（即生本能和死本能），它们的区别仅仅是，前者被看见了，而后者没被看见。

如果你想尝试让痛苦流动，那要先试试从小的痛苦入手。那些太大的痛苦，如果流动时自己受不了，别勉强自己。循序渐进，让头脑和意识层面的自我逐渐体验到，让痛苦流动这个方法是真的可以。如果一上来就从重大的痛苦开始，那可能会带来撕裂感，即超出了你自我的承受力。

互动：怕热，又是什么样的隐喻

Q：回归身体的感觉真的很好，但却只是偶尔能体验到。多数时间，我都是沉浸在思维中，出不来。可否教一些方法回归身体吗？

A：我认为最好的方式之一，是不断地练习扫描式感受身体。就是把注意力放到身体上，按照一个顺序，不断地移动注意力。只是移动注意力就好。这个练习我从10年前就开始做，持续了10年了，身体和心灵因此变得更为敏感。

把注意力集中在身体上的一个简单的方法是，去注意那些特别的地方，感受它们。比如，你坐公交车时，手抓住了公交车的吊环，那么，可以感受你的手和吊环接触的感觉，感受得越细致越好。

还可以去聆听身体的声音。比如，如果你感觉到胃疼，那么可以把注意力放到疼痛的位置，去感受它。然后做自由联想，看看感受这份疼痛时，你会第一时间想到什么，然后又会想到什么……

咨询中，我会常使用这个技巧。例如，看到来访者突然间皱眉，我可能就会问："你刚才做了皱眉的这个动作，你可以感受一下这个动作，那么，你觉得这个动作想表达什么吗？"

Q：关系、身体、认知是递进的关系，还是循环的关系？

A：在我的理解中，这既是递进的过程，又是循环的过程。关系、身体和认知有各自的独立性，也有深刻的彼此影响。同时，它们简直又是彼此的镜像。所以，从根本上来说，也许它们是一回事。

所以，有鲁米那首诗：

> 每一秒钟，他都会对着镜子鞠躬。
> 如果有一秒钟，他能从镜子中看出
> 里面有什么，
> 那他将会爆炸。
> 他的想象，他的所有知识，乃至他自己，
> 都将消失。他将会新生。

艾瑞克森催眠法

我虽然有时能将人引入很深的状态,但我并不是一个精通催眠术的催眠师,能够夺人意识,让人进入他自己不能觉知的潜意识状态。不过,尽管如此,我还是有信心讲出我所学的催眠的一些精髓。

我的催眠老师斯蒂芬·吉利根是美国人,是我见过的最像大师的心理学家。如果说我见过的心理学家中只有一个人堪称是大师,那只能是他。

斯蒂芬·吉利根的老师是米尔顿·艾瑞克森,他是大神级的传奇人物,已远远超越大师这种说法。在艾瑞克森之前,催眠术主要用来表演,并没有被承认是一种心理治疗法,是艾瑞克森改变了这一点。

实际上,我们每时每刻都活在催眠中。比如,我们总是被别人暗示,被自己暗示。自我实现的预言和权威期待,就是自我暗示和他人暗示。

苏格拉底说"智慧来自我承认自己无知",而艾瑞克森在催眠中最喜欢说的一句话是"我不知道"。意思是,我的头脑不知道该怎么办,你的头脑也不知道该怎么办,但我们可以深入你的内在,此中有答案。

> 敲你自己那扇内在的门。不要敲别的门。
> 河水深及你的膝盖,
> 但你却老想喝他人水袋里的一口水。
>
> ——鲁米

疼痛铸就的催眠大师

在艾瑞克森传奇的一生中,最具标志性的事件非常值得我们关注。

1919年,艾瑞克森17岁,却患上了脊髓灰质炎(小儿麻痹症)。这场病来势凶猛,令他全身瘫痪。除了眼睛外,身体的其他部位都不能动了。

他妈妈请了三位医生来给他诊断,他们都说:"你的孩子活不到明天早上太阳升起的时候了。"听到他们这样说,艾瑞克森想:这太残忍了,你们不能对一个妈妈说这样的话,我一定不会让你们的催眠得逞。

于是,他通过眼球的动作,让妈妈明白:第一,他还有意识;第二,他希望妈妈把他的床放到窗户边,这样太阳升起时,就会先照在他身上。

第二天,三位医生来后,被震惊到了,而他们还是对这位妈妈说:"就算你的儿子活下来了,也永远都站不起来了,他会终生瘫痪。"

艾瑞克森决心不让医生们的这个催眠实现,他又成功了。过了三年后,他不仅站了起来,还在一个夏天,靠一个独木舟、简单的粮食和露营设备以及一点点钱,独自一人畅游了密西西比河。

艾瑞克森是怎样实现这个奇迹的?

首先是,在那种极端时刻,他第一次深刻地领会了什么叫"暗示"。

"暗示"是催眠中的一个术语,通常意义上,催眠师会通过暗示来影响个案接受自己的诱导。

艾瑞克森后来回忆说,三位医生断言他活不到明天,这就是一个暗示。假若艾瑞克森接受了这个暗示,真的相信自己活不到明天,那就可以说,三个医生对他成功地实现了催眠。

他认为,这是三位医生想将意志加在他身上。他决心挑战这个暗示,而他成功了。接着,医生们又发出第二个暗示——"你永远都站不起来了",他一样决心挑战这个暗示。他又成功了。与第一个挑战相比,这一挑战历程更艰难,而其中的细节也更为引人入胜。

他感染脊髓灰质炎后,妈妈和一名护士悉心照料他。这名护士还发展出一种办法：用一连串的热敷、按摩和移动瘫痪的四肢来刺激艾瑞克森的身体。

激动人心的是艾瑞克森的独自探索。那时，他已深信，意识层面的他并不知道该怎样康复，而他的潜意识知道，所以他令自己的头脑安静下来，向潜意识深处说："我有一个想站起来的目标，请你帮我一个忙，指引我该怎么办。"

潜意识果真给了他答案。在全然放松的状态下，他的心中映现出一幅画面：他儿时摘苹果的一个画面。

这个画面是真实发生过的画面，他儿时的确这样摘过苹果。当时，他非常快乐、非常享受。

最初这个画面出现时，艾瑞克森忽略了它。毕竟，他问的是从全身瘫痪到站起来这么重大的问题，怎么会给一个如此简单的答案呢。他再次向潜意识发出同样的问题，而潜意识回给了他同样的答案。这个答案多次重复出现后，他才恍然大悟，知道这就是答案。

于是，在瘫痪状态下，他仔细地觉知这个画面。而这个画面也被他觉知得越来越精细，最终细致入微、无比生动。他的手缓缓地伸向苹果树上的苹果，这一动作似乎被分解成了一系列细小的动作，而他只是在全然放松又非常专注的情形下去体验每一个细小动作中手和身体的移动。

几个星期后，这一画面中牵扯到的肌肉恢复了轻度的行动能力，它们可以做这一画面中的动作了！这是他痊愈的开始。

接下来，他不断重复这一工作。每当想达到一个什么样的康复目标的时候，他都将自己交给潜意识，请潜意识帮自己一个忙。而潜意识也总是不断地映现出各种各样的答案，它们可能是类似摘苹果这样的一个画面，也可能是一个意象，或者是其他，但都能指引他达到康复的目的。

吉利根19岁时就跟随艾瑞克森，和艾瑞克森家人也非常熟悉。他说，在这个康复过程中，关键是，艾瑞克森深深地懂得，意识或头脑中没有答案。如果他问头脑"我该怎么办"，是找不到答案的，但每当他问自己更深的内在的潜意识的时候，潜意识总能告诉他答案。

这一整个自我康复过程，是一个深深的自我催眠过程。它的威力以及其中的丰富体验，后来成为艾瑞克森发展自己的催眠治疗方法取之不尽的资源。

全身瘫痪是极为可怕的事，而艾瑞克森却从中得到了一份大礼物。

这是有道理的。做催眠时，催眠师会不断引导说："放松，放松……"放松什么呢？就是放松肌肉和骨骼，即身体。吉利根说，身体的每一份紧张，都是和头脑中的一个想法联系在一起的，所以，当你真能放松身体时，也就放下了头脑中的想法，也就是放下了意识。这时候，潜意识就有了最大的呈现空间。

全然放松，是极为困难的事，而凶猛的小儿麻痹症令艾瑞克森全身瘫痪，这也的确是一个学习催眠的最佳时机。只是，这时你要有心理空间，能不被如此可怕的死亡力量给击垮，然后才谈得上转化。

艾瑞克森之所以能做到这一点，是因为他之前就知道不跟痛苦较劲儿。

例如，他是色盲，只对紫色有感觉。他还是一个罕见的音盲，听不到音调的变化，没有办法欣赏正常人称之为"音乐"的东西。

他有严重的阅读障碍，到了 16 岁时才发现，字典是从 A 排到 Z 的。小时候，同学给他起了绰号"字典"，因为他总是在看字典。同学们以为他喜欢看字典，却不知道他不过是在找一个字。因为不知道字典的排序，他每次都是从第一页开始，逐个字逐个字地找。

表面上看，相比正常人，他与世界沟通的许多通道都被关闭了。但是，他从不抱怨命运，反而因此打开了正常人所没有的一些通道。

既然只对紫色敏感，那么他就坦然享受一个"紫色主义者"的生活，穿紫色衣服，用紫色的杯子，在紫色的办公室里工作，在紫色的家中居住……

甚至阅读障碍也帮助了艾瑞克森。16 岁的那个冬天，一天中午很冷，他待在地下室里用字典查一个字。突然间，仿佛一道白光照亮了整个地下室，艾瑞克森刹那间明白，原来字典是按照字母从 A 到 Z 排序的。那一刻，他深深地感谢内在的自己，把这个习惯保持这么久才让他发现，因为这让他对文字有了更深的理解。

脊髓灰质炎的后遗症跟随了艾瑞克森一辈子，他有过数次严重的复发。因为不断萎缩的肌肉，他本来可怜的视力和听力也不断在减损。尽管他传奇般地站了起来，但他右半边身体的肌肉几乎彻底失去了力量，只能靠着少许的肋间肌和横膈膜呼吸。此外，他还患有痛风和轻微的肺气肿。

艾瑞克森 70 岁以后只能坐在轮椅上。一天晚上，吉利根看到艾瑞克森在厨房，穿着紫色的运动装，在切晚餐用的菜，非常投入，并对吉利根说："我正在运动。"

他七十多岁后，早晨是身体最疼痛的时候，通常他要花数小时来进行疼痛管理，要做很大的努力才能穿好衣服和刮胡子，但即便如此，他也保持着坦然的乐观。1974 年的一天，他对他的另一名弟子萨德说："今天凌晨 4 点，我觉得我可能会死掉。中午的时候，我很高兴我还活着，我从中午一直高兴到现在。"

艾瑞克森 1980 年过世，他的太太总结说："他活到 78 岁，比他自己预期的久得多。直到过世前一周，他还是过着积极不懈的生活。"

斯多葛哲学中的一个原则是：不抱怨，并在力所能及的范围内做到最好。在这一点上，艾瑞克森是一个极致。也许我们能从艾瑞克森的故事中学到很多，至少，你的身体问题很难比他的身体问题更严重了，所以我们真没有理由陷入悲观厌世的情绪和抱怨中。

艾瑞克森的治疗原则

从艾瑞克森的一生，我们可以看到他的一个人生原则——不和痛苦较劲儿，艾瑞克森也把这个原则引入他的治疗风格中了。

艾瑞克森有一个治疗精神分裂症患者的精彩故事。那位患者有明显的被迫害妄想，艾瑞克森进入病房时，他正在窗户上钉钉子，他认为这样就可以防止他想象中的无所不在的敌人攻击他了。

一般来讲，治疗他们的方式是药物治疗，普通的心理咨询与治疗都无法达到治疗效果。因为严重的被迫害妄想的病人，是活在一元世界里，将自己之外的整个世界都当作了敌人，也包括他的医生。

艾瑞克森的做法，是和他一起钉钉子，而且比他还认真。钉子钉好后，艾瑞克森建议把地板中的缝隙也填起来，那样敌人就彻底没机会了。接着，艾瑞克森建议他和医院的医生、护士一起加强医院的防范工作，不断扩大他的安全范围。这个患者一一接纳，随着这个工作的不断进行，他的防备范围——同时也是活动范围不断扩大，而他也逐渐从与世隔绝的孤独中走了出来。

这是艾瑞克森的治疗风格，他不和个案的症状对抗，不直接攻击、破坏个案的心理逻辑，而是顺着这些逻辑工作。在个案没有警惕与对抗的状态下，他和个案建立了关系，并改变了他们的心理逻辑。

可以说，有严重的心理问题，多是因为这个人在一元世界里，而关系是最好的疗愈。与其想要改变个案的心理逻辑，不如去和他们建立关系。关系建立后，个案就会从一元世界进入至少二元世界里，一元世界的心理逻辑也自动进化了。

所以说，在心理咨询与治疗中，常常最重要的是咨询关系，而不是咨询师的理论与技术。因为，一个处于一元世界里的人，再怎么领悟和改变，常常还是在一元世界里打滚，他得借由另一个已进入二元关系甚至三元关系的人，把他带入更高维度的世界里。

当然，即便在同一个维度中，一个人的心理逻辑如果被破坏了，那也会帮助这个人获得一定的自由和成长，而艾瑞克森在这方面绝对是鬼点子大师。

一位女士带着一个五六岁的男孩进来，说她的孩子太难管了，太爱哭闹了。果真，这孩子一进入咨询室就哭闹。艾瑞克森让孩子妈妈出去后，他也跟着孩子一起哭，并且模仿孩子的样子。

这孩子有点儿惊到了，他停了一会儿，偷偷地从手缝里看艾瑞克森，而艾瑞克森也偷偷从手缝里看他。

气氛有点儿尴尬，可这孩子决定还是继续哭，而艾瑞克森也继续哭。结果，这孩子怒了，对艾瑞克森说："你有毛病吗？！"

这时候，艾瑞克森就像是孩子的镜子。当孩子对他说，你这样哭是有毛病时，也是对自己说的。由此，这孩子爱哭这件事就治好了。

这也是心理咨询中常有的逻辑。例如，在团体的课上，当我们看到另一个人和我们有类似的模式时，我们就像照镜子一样，完整地看到了这样一个人带给别人的观感。

我们可以很容易地借鉴这个方法。例如，咨询师有时会重述来访者的一个故事，但是以第一人称，好像咨询师是来访者一样。这时，来访者就有了一个机会从旁观的角度去看自己。

还可以这样操作：来访者讲述完自己的故事后，请他坐在咨询师的座位上，以咨询师的角度去看，如果他是咨询师，他会给这位来访者说些什么。

从不较劲儿，而只是去使用对方的心理逻辑，这种风格很早就展现在艾瑞克森的生活中。

小时候，在他家的农场，有时马会跑到外面，工人们要花很大的力气将它们拉回来。因为马的力气很大，所以通常得几个大人一起拉一匹马才行。但是，幼小的艾瑞克森一个人就将一匹马拉回了马厩。

因为他发现，马这时的"逆反"心理很重。人们拉它向西走，它就会努力向东走，那么，何不将它朝东拉呢，这样它会自动向西走了。果然，当小艾瑞克森将马朝马橱相反的方向拉时，马反而努力向马厩退。这时，只需要用很小的力气就可以令它们回到马厩了。

可以将个案理解为这个故事中的马，一些治疗师可能会教育"马"朝"马厩"走，而艾瑞克森却会跟着"马"一起走，甚至还将它朝它想走的方向上推一把。

以上这些故事，都有一点儿艾瑞克森在操控个案的感觉，但他其实没有。例如，艾瑞克森发展了用催眠治疗烟瘾。他不会将个案的问题视为要消灭的敌人，反而会建议接纳问题，同时用更优雅的方式去和问题共处。

通常，一个有烟瘾的人想戒烟时，会将吸烟视为该被消灭的敌人。而艾瑞克森会在催眠中让有烟瘾的人以很慢的速度重演吸烟的动作，只是手里没有烟而已，但要很优雅地去做这个动作。

当个案学会优雅地表达自己的任何意愿时，这个意愿背后藏着的力量就被人性化了，而所谓的"问题"也不再是问题了。

优雅也罢，对"马"的信任或诱导也罢，这些都是外在的形式，而艾瑞克森催眠治疗的核心，是对潜意识和人性的信任。

吉利根开始跟艾瑞克森学催眠时，曾问艾瑞克森："你工作时有没有很多意象？"

艾瑞克森回答说:"没有!"

"你有没有很多内在对话?"

"没有!"

"有很多身体的触觉吗?"

"没有!"

这让吉利根陷入了绝望,但他继续问:"那你到底有什么?"

艾瑞克森回答说:"我不知道,我不知道你怎样进入催眠,我不知道你什么时候进入催眠。我只知道,我有一个潜意识,你有一个潜意识,我们在同一个房间相处,所以,催眠是必然的。对于即将发生的一切,我很好奇,但到底会发生什么,我什么都不知道。这听起来很荒谬,但这很有效。"

后来,吉利根明白了老师的意思。我们通常处于一个找答案的状态,结果肌肉产生了压力,这就是所谓的"紧张"。但当我们全然信任潜意识时,我们的身体就会放松下来。这时,我们就穿越了由肌肉所组成的身体,而进入了"内在的身体"(或者说"内在的空间"),而答案会自然从这个空间升起,我们只需要对此保持好奇就可以了。

在做催眠前和催眠中,催眠师都会对个案说"放松",目的就是让个案的肌肉松弛下来,从而可以从"肌肉的身体"中脱离出来。或许很少有人达到过彻底的放松,而艾瑞克森却在可怕的脊髓灰质炎中学到了这一点。

被脊髓灰质炎击垮的人数不胜数,或许,多数人之所以被击垮,是因为将能量放在了"我不想……我不要"上,他们抗拒自己患有这一疾病的事实,而艾瑞克森虽然拒绝接受医生们的可怕断言,但他却没有和它较劲儿。这样一来,不仅他可以将生命能量放在自己能做什么上,还从这一可怕的不幸中获取了资源——他穿越了"肌肉的身体",而深深地认识了自己"内在的身体"。

从艾瑞克森的故事来看,具身认知观虽然很有道理,但并不一定是真理。

需要说的是,"内在的身体"并不受自己支配。我们面对它时,重要的是信任,而不是指手画脚。摘苹果的那个疗愈性的画面,艾瑞克森没有期待这一画面的出现,它是自然出现的,是艾瑞克森的内在灵性(我们每个人都有的内在灵性)自然流动的结果。

吉利根说，这是他从老师那里学到的最好的东西：

当你不知道该怎么做时，就试着放松下来，对内心深处的潜意识说，请你教我。

自我催眠

我一个催眠课上的同学，他一直以来有一个极大的困扰：他和老婆的关系很恶劣，他想离婚，但老婆死活不肯。

不肯的原因，是爱他。当年，他在一个非常偏远的寺庙里，跟着一个老师修行。他老婆费了非常大的周折找到了他，非要嫁给他。可是，他不愿意，并为此请教他的老师。老师说："也许你们有很大的缘分，你看来是躲不过了。"

他俩因此结了婚，可结婚十几年了，始终培养不出感情来。别说感情，他们的关系只能用"恶劣"来形容。

这也是一个轮回。他和自己妈妈的关系很恶劣，小时候常常被妈妈暴打，而妈妈还是练过武功的。这给他造成了很大的阴影，他总觉得自己根本就没有女人缘，在这方面他自卑至极。

从吉利根的催眠课上回去，他想，在意识层面，他始终不能理解老婆为什么就是不和他离婚，那就问问潜意识吧。

自我催眠的方式有很多，他使用的方式，是像打坐一样端坐着，闭上眼睛，安静下来，使用冥想的方式，把注意力完全集中在呼吸上。这样渐渐地，头脑就会放空，而身体也会越来越放松。

在开始冥想或自我催眠之前，他先向潜意识深处抛出一个问题：我很想知道，为什么我老婆就是不和我离婚？请潜意识教我。

抛出这个问题，然后再通过自我催眠，关闭意识，深入潜意识中。这时，就可能会有答案呈现出来。

果然，在自我催眠中，他记起了一件伤心的往事：小学，班里组织郊游，全班人都要去，唯独他不能去。因为他有哮喘，所以他妈妈对老师说："我们家孩子一出门就生病,是个累赘,不让他去了,你们不用管他。"他们家就在学校门口,通过窗户可以看到全班同学和老师兴高采烈地去郊游,而只有他被抛弃了。

这个画面让他有些泪崩,而在痛哭中,他突然想到,他老婆实际上一直在治疗他。他有很深的被抛弃的创伤,而老婆死活就是不离开他,这给了他一种绝对的安全感。并且,他老婆低声下气的态度,还疗愈了他在女性面前的自卑。

想明白这些后,他对老婆充满了感激,并很快向老婆表达了这份感激。

非常有意思的是,当自己的价值被承认后,他老婆反而畅快地说:"现在可以离婚了,我就是希望你承认我对你的价值而已。"

不过,他很快也改变了态度,再也不提离婚这件事了。

自我催眠,或者说冥想,有这样一个核心逻辑:当意识和头脑上不知道怎么办时,就可以放空头脑,放松身体,以此和深层的潜意识建立联结,而潜意识会有一些声音传递出来。这些声音,常常就是答案。

只要你能做到这些,就能与潜意识深处建立联结,所以并不是非得需要做一个深度催眠才可以。

比如乔布斯,据说有一个200平方米的办公室,空空荡荡地只有一个蒲团。在做重大决策前,他先在蒲团上打坐,让自己与潜意识进行深度沟通。然后,他让下属将苹果的各种产品放到他面前,而他凭借这时的直觉去做选择。

除了这些方式,我们每个人都还有一种方式,那就是梦。梦是进入潜意识的最便捷通道,只要你有梦,就意味着你有了一条进入潜意识的通道。

在一次催眠课上,一位男同学过来找我,让我给他解梦。

他有两个梦,一个是,在一个很大的房间里,有几十个人躺着,突然一阵白烟升起,有人晕倒,旁边人大喊:"不好,有人放毒气!"

房子里一片混乱,人们向外冲去,门口有两个警察,逐一盘查试图出来的人。最后,房间里只剩下两个外国人没走,肯定是他们干的了。不过,他们好像没有一点儿恶意。

第二个梦是,在一座山上,有一座寺庙,庙里在卖衣服。衣服很漂亮,他很喜欢,但这衣服太便宜了,他隐隐有些担心,这是好衣服吗?

他讲了这两个梦后，我哑然失笑，这梦的寓意也太明显了。

他第一个梦里的情景，就是我们上催眠课的情景。房间很大，学员有几十个人，而有人晕倒，这就是被催眠了。并且，吉利根老师和他的助教是外国人。

所以，这个梦的意思是，他对催眠有怀疑，觉得催眠像是老师对被催眠者发起了敌意攻击似的，应该被检查。但同时，他又觉得老师和助教没有恶意。

很有意思的是，这位学员上课时，他总是坐得笔直，一丝不苟地做笔记。而当老师给其他学员做催眠时，他看上去在全情投入地"搭便车"——这是吉利根老师的说法。意思是，当吉利根催眠一个学员时，其他学员也可以跟着进入催眠。

看上去，这个男同学做得如此认真，但潜意识的一层中，他是深有怀疑的。这份怀疑会阻碍他进入更深的催眠。

第二个梦也是在讲我们的催眠课。当时，我们是在广州莲花山学习，莲花山上有一座巨大的观音菩萨的塑像，对应着梦里的寺庙。至于衣服太便宜了，我和他沟通后才知道，他发现吉利根老师教的很多东西，例如用身体来聆听、自我催眠等，貌似都太简单、太容易、太好"拿"到了，这让他怀疑，这些这么容易"拿"到的东西，会是深具价值的好东西吗？

这实际上有一个非常直接的对应关系，他做这个梦的前一天，吉利根问："你们谁有过那种极度的喜悦时刻？"

一个女学员分享说，有一段时间，她辞职在家。一天早上，她起床后先练瑜伽，没感觉，接着想跳舞，想跳双人舞，但家中只有她一个人。失望之余，她突然想，为什么不能和自己起舞呢？随即，她开始起舞，而在这次的舞蹈中，她第一次深深地感觉到，身体内还有一个更真实的自己，而她可以和这个内在的自我融合。舞蹈结束后，她感觉到一种前所未有的喜悦和安宁。

对此，吉利根说："你们看到了，最快乐的事情都是不花钱的，或是很便宜的。"这直接对应了这位学员梦中的怀疑。

思维是和自我紧密联系在一起的。思维为"我"所用的同时，也割断了我们和事物之间的根本联系。思维虽然是极为强大的工具，但我们不要轻易被思维所困，而要学习一些方式，深入潜意识中，这样可以汲取更多的潜能。

各种能让我们暂时放空头脑、放松身体的方式，都可以起到作用。有人喜欢借助酒精来绕过思维，有人喜欢借助爱好绕过思维，还有人喜欢借助按摩或洗热水澡等绕过思维。

扫描式感受身体练习

先来介绍一下这个方法，它的操作如下：

端坐或者平躺着。这两个方式都可以，关键是，从身体正面看，你的脊柱是直的。一般来说，选择坐着的人比较多，因为坐着容易保持清醒，而躺着则容易睡着。

坐着的话，可以坐在椅子上，也可以坐在垫子上。可以以打坐的方式，也可以就是普通的坐着。

然后进行身体扫描，感受身体的顺序，你可以自己选择。通常是从头到脚，再从脚到头，而我喜欢先从脚开始。从哪个部位开始，这不是重点，关键是均匀地保持着注意力。

就讲讲我的方式吧。如果我作为你的催眠师，而时间又足够，我会这样做引导：

闭上眼睛，自然地呼吸，现在我们花一点儿时间来感受你的身体。

请感受你的脚趾，就是把你的注意力放在脚趾上就好，不用使劲儿，感受你的脚掌、脚心、脚后跟、脚面、脚踝……

再感受你的小腿，然后把注意力缓缓地向上移动。也许你会感觉到微微地发胀、发热或者发麻的感觉，也许你只是感觉到皮肤和衣服接触的感觉，任何可能性都可以，请接受自然而然出现的感觉。

感受你的膝盖。

感受你的大腿、臀部。

再感受你的腰部、背部，感受你的整条脊柱。

再感受你的小腹部，也就是常说的丹田的位置。也许你能感觉到，这个部位有微微发热的感觉。

再感受你的肚子、心口、胸部。

自然而然地呼吸。

再感受你的双手、手掌、手腕、前臂、手肘、上臂。

再感受你的双肩，放松……

再感受你的脖子、下巴、嘴唇、鼻子、脸颊、眼睛、额头。

再感受你的后脑勺、头皮。

至此，你已经完整地感受了一遍你的身体。这是从脚到头的过程，然后你可以再从头到脚。或者，你也可以再从脚到头。

这个练习，我最初是在埃克哈特·托利的《当下的力量》中看到的，然后就开始尝试了。几年后，我去福建南禅寺学习内观，发现他们教授的就是这个扫描式感受身体。

当时，我学习了十天，每天早上4点半起床，晚上9点半睡觉，大致都是这样的时间，其间大家一遍遍地感受身体，也有老师做一些讲解。

内观的方式，是所谓"南传佛教的法门"，他们认为这是根本法门。

我们总说"放空头脑，感受身体"，但真做这个练习时，你会发现，这简直是太难了。因为头脑一直像脱缰的野马一样奔腾，如果你想在思维层面上去控制、管理你的身体，你会发现这没有效果。

这一点，我们在前文讲过，实际上没有"我"这个东西，而每一个想法就像是一个独立的生命，"我"并不能控制一个思维。你越是想控制、消灭一个思维，你就越会发现它的强大。有强迫症的朋友都深知这一点。

为什么？因为，注意力就是每一个生命的养料。"我"不能控制生死，但可以控制注意力的分配。如果我总想着消灭一个思维，实际上就是在这个思维上花了太多注意力。结果，它实际上被滋养了，反而变得更强大。如果你把注意力放到感受身体上，思维因为没被滋养，就会弱下来。

道理是这样，但真深入做练习时，你会发现，注意力很容易跟着各种各样的想法跑。

不仅如此，当你一旦不去注意思维，而感受身体时，就容易睡着。内观把这个称为"昏沉"，是需要练习者去克服的。但是，如果做这个练习能进入睡眠，就算是"昏沉"，那对于容易失眠的朋友而言也是好事。

对我而言，在前一两年时间里，我在多数时候很难做到完整地扫描完一遍身体。常常是感受到某个部位时，就睡着了。

我爱上了这种睡眠，因为如果说普通的睡眠是被动休息的话，那这像是一种主动休息。例如中午，当时间很短，而我又必须睡一觉时，我就会坐在椅子上感受身体，用这种方式进入睡眠。这种睡眠，哪怕只有五分钟，也会有非常好的效果。

在这个练习中，我的昏沉在逐渐减少，能够一遍遍地感受身体而睡不着了。同时，原来扫描身体时，是一种大概，其实根本做不到扫描，而是一大块一大块地感受。例如"小腿"就是感受整个小腿，"大腿"就是感受整个大腿。不仅不精细，还常常颠三倒四。就是本来已经开始感受大腿了，突然间注意力又回到了小腿上，想控制都控制不了。

但现在，这个练习持续了10年了，就像是扫描仪在扫描身体一样，我可以做到均匀、精细地移动注意力，也不再容易颠三倒四了。

这个练习为什么能持续10年？那肯定是因为其中有很大的好处。其中一个显而易见的好处是，我的身体变得越来越敏感。更常见的好处，是可以进入潜意识，而且进入得越来越深。

前不久，我在思考一件事：为什么扫描式感受身体可以进入那么深的地步？

因为身体和思维是联系在一起的。这个练习的要旨，除了让注意力均匀移动，还有很重要的一点：身体不能动。

"身体不能动"，听上去很简单，但要做到并不容易。做这个练习时，你会发现，你常常会出于各种各样的原因想动一下身体，例如这儿痒了一下，那儿好像疼了一下，这儿又有点儿憋得难受想动一下……

身体的这些动弹，实际上都是身体有了痛苦，而我们想回避这些痛苦，于是想动一下。但如果我们身体保持不动，就意味着我们试图在接纳这些身体上的痛苦。

也许你会觉得，这就是小小的难受啊，哪里称得上痛苦。但如果你的觉知变得更敏感，你会发现，一个小小的动作中，可能藏着无限的恐惧。

我在南禅寺做内观时，一次大腿疼了一下，手很想去摸一下疼的地方，但我控制住了。这时，我像是有了幻觉一样，脑海里出现了一个画面：先是一只黄蜂叮了我的大腿一下，往里面注入了卵，而这些卵迅速孵化成金黄色的虫子，它们迅速繁衍……

对此，我的理解是，原来疼一下就去触摸身体，背后藏着这么深的对被寄生的恐惧。但这份恐惧，只有在觉知变得非常敏感后才能觉知到。

所以，无论是在这个练习中保持身体不动，还是从噩梦中醒来保持身体不动，都具有极大的价值——接纳痛苦。

思维的重要作用是对抗身体的痛苦，当身体的痛苦被我们接纳时，思维上的对抗就会减轻，思维的活动便减弱了。

因此，保持身体不动地做扫描式感受练习，就可以达到接纳身体痛苦并放空思维的双重作用了。而当思维过程和身体过程都放下时，我们就有机会打开通向深层潜意识的通道了。

这个练习的好处，我甚至都不能给大家说，但你至少知道，我能持续10年地坚持这个看上去很乏味的练习，那肯定是有巨大的乐趣才能坚持下来。你不妨可以试试这个不花钱的练习。

互动：潜意识的层次

我们需要再定义一下潜意识。

我的总结是，潜意识可以分为三个层次：

个人历史的潜意识，这是弗洛伊德主要论述的。在这个层面，潜意识大约相当于心灵三层结构中的伤痛层，也包括自恋、性和攻击性这些原始生命力，以及生本能和死本能，但应该不包括真我或灵性。弗洛伊德不谈这个，还因此警告过荣格不要沉溺于其中。

集体无意识，即集体历史的潜意识，这是荣格主要论述的。

阿赖耶识，这是佛学所说的"第八识"，藏有人类乃至众生的一切信息。这个大概对应着的是真我、道等。

我们多数时候讲到潜意识，讲的是个人历史的潜意识，这也是我工作的主要范畴。在我关于艾瑞克森流派的催眠的论述中，用的"潜意识"一词，指的是真我。至于是不是阿赖耶识，我也不知道，毕竟阿赖耶识对我而言，目前主要是一个概念，用来思考。

如果我们认为，意识和思维就是一切，那我们就忽略了这三个潜意识层次中的宝藏。

Q：如果说放松身体带着无所求的心态跟潜意识交流，那么潜意识该怎么办？这本身不就是有所求吗？而且，艾瑞克森问潜意识该怎么办，本意不是克服小儿麻痹症吗？

A：美国心理学家马尔茨对意识和潜意识有很形象的比喻。说它们就像巡航导弹，意识制定目标，然后潜意识就会自动调动力量，朝向意识制定的目标而去。

所以，你可以向潜意识求助，不要总是在意识层面工作。就像之前谈到的加尔韦的两个自我的理论时也说到，运动员们如果想有超凡的表现，需要进入自我 2，即身体和潜意识层面的领域。

如果只是在意识层面工作，那么就不会有创造力了。

因为，当你在思维和意识层面的自我 1 的领域内工作时，你遇见的都是你自己的头脑和想法。当你在意识和潜意识层面的自我 2 工作时，你会进入更大的存在中。

所以，按照本心去做事，反而可能会获得更多，因为你进入了一个更大的疆域，这远远超出了你的自我。

Q：穆勒说，"人类几乎所有令人尊敬的特性都不是天性自然发展的结果，而是对天性的成功克服"。如何解释穆勒的这段话？

A：穆勒这句话有他的意义，但那些深刻影响人类的特性，一定是从潜意识中而来。我个人认为，任何伟大的人物，都是以各种方式深入潜意识的深渊中，从中取到了一些东西，然后返回到现实世界，这是不可缺少的基础。

如果只是有令人尊敬的特性，那可能没什么意义。

我见到的厉害人物，都有着充沛的本能。其中一部分人，自我管理能力非常差，看起来不那么令人尊敬；另一部分人，自我管理能力非凡，这样就非常不同了。我提出了一个词"撕裂天才"，就是本能把自我撕裂的人。这种人常常人生一塌糊涂，但却有凡人不能想象的能力。

马拉多纳就是这种天才，他的本能淹没了理性。相反，齐达内就是本能和理性取得了平衡的人，但他就无法像马拉多纳那样耀眼。

Q：假如梦是进入潜意识最便捷的通道，那么不经常做梦的人是不是就不容易进入自己的潜意识？那么，还有什么方式能更好地进入自己的潜意识呢？

A：只有两种人才彻底无梦。第一种，真人无梦，就是意识和潜意识合一的人。这样潜意识就不存在了，也不存在梦了。本来认为这种人极难得，这是修行高人才有的境界，但前不久认识一个做投资的"牛人"，他从不做梦，因为他做事从不纠结，该干什么干什么，所以他是真人。

第二种，精神分裂症患者也没有梦，因为他们就活在梦里。

至于普通人说自己没有梦，那其实只是做了没记住而已。为什么没记住？因为不想碰触潜意识。

Q：我毕业两年了，感觉事业一直不顺。我结合老师扫描身体的方法，向潜意识询问我的事业方向在哪里。当天晚上，我梦见自己怀孕了（我是男的），我能清楚地看见隆起的腹部，也能用手感受到它。有一丝羞耻，但又感觉很舒服。在这之后还梦到了一个类似图腾的东西——一朵灰色的荷花围着13朵菊花，这是啥寓意？

A：真是非常美妙的梦。这么好的梦，你可以试试自己来解。办法是角色代入和自由联想。

自由联想我们说过很多次了，就是回忆梦中深刻的部分，体会其中的感受。然后问自己会自然而然地想到什么，又想到什么……

角色代入就是，专注地去看梦里的那些意象，然后想象你进入它们，成为它们，然后看看它们想说什么话。提示一下：这个梦和怀孕有关，那必然也和性有关。

至于我们追求任何事情，其实都有一个隐喻，就是我们想追求自己最初爱上的那个人。例如：对男孩来讲，那个人通常就是妈妈；而对于女孩来讲，那个人就是爸爸。并且，会想和同性父母竞争，这时就会有罪恶感和羞耻感。

谁是你身体的主人

我的身体，主人当然是我，但真的是这样吗？

大街上那一个个不能昂首挺胸的身体，有着什么样的隐喻？也许这样的身体，意味着缺乏主体感，即自己不是自己人生的主人，也不是自己身体的主人。例如，我们从小就被教育要听话，即父母是孩子身体的主人，孩子的身体，父母说了算。

你是你身体的主人，就会身心合一；你不是你身体的主人，就会身心分离。

我要做的调查是：什么时候，你身体上的剧变，带给了你心理上的巨变？

> 你以为你是在门上的锁
> 可你却是打开门的钥匙，
> 糟糕的是你想成为别人，
> 你看不到自己的脸，自己的美容，
> 但没有别人的容颜比你更美丽。
>
> ——鲁米

假自我与身心分离

在读本科的时候,有一个心理学的测试是"感觉阈值"[①]。我们当时测试了各种阈值,让我印象深刻的是,我的各种阈值都比较高。例如疼痛,我需要比大多数同学更高的刺激量,才能感知到疼痛。

这听着是好事,像日本小说家渡边淳一提出的"钝感力":要想好好适应这个社会,最好不要太敏感,适当迟钝一点儿。然而,迟钝会带来很多问题。

我曾和我的咨询师谈到我的一件事,这件事让我很不舒服,可我已经持续做了几年了。

这件事对我的好处非常有限,放弃它,我也不会有什么麻烦,但我硬是这样自寻苦恼一样,坚持做了几年。

"你为什么坚持做这件事?"咨询师问我。我想了想回答:"我的头脑里觉得这件事是有道理的,所以脑袋就说服了我的身体去做这件事。"

"你是一个非常善于做分析的人,如果不做分析,那会怎么样?"我的咨询师再次问我。

我不假思索地回答说:"那我就会是一个很不好惹的人。"

我的这种情况是身心分离,或者说是身体和头脑的分离。身心分离的现象是非常多的,严重的比如一个人抱着被子而在找被子。被子这么大的东西,她抱着竟然感受不到,这太夸张了。

身心分离是怎么发生的呢?

在《自我:真自我和假自我》中讲到,有真自我的人,他的自我是围绕着自己的感受而构建的;而有假自我的人,他的自我是围绕着别人的感受而构建的。

后一种人的悲哀是,他会自动寻求别人的感受,并围着别人的感受转,他是在为别人而活。

[①] 感觉阈值:是指引起感受器兴奋所需要的最低的刺激参数值。刚刚能引起感觉的最小刺激量,叫"绝对感觉阈值"。

英国精神分析学家莱茵由此引出了"身心分离"的概念。他说，有真自我的人，他的身体和自我是在一起的，他的身体忠于自己的自我。有假自我的人，他的身体和别人的自我在一起，更容易受别人的控制。结果，他的身体和自我分离，而在寻求与他人的自我结合，因此更容易为他人的自我所驱动，而不是被自己的自我所驱动。这是何等的悲哀。

身心分离会导致一个常见的现象——迟钝。就是当身体遇到一些刺激时反应总是慢一拍，并且，刺激引起的感受也不够清晰与鲜明。迟钝只是表面反应，更深的逻辑是，有假自我的人把身体与自我切割，并把真自我割裂到一个与身体无关的空间里。这是为了保护真自我。

例如，如果父母在孩子小时候经常虐待孩子的身体，孩子发现，如果将自我和身体联系在一起，不仅身体痛，自我也会破碎，因此容易选择身心分离，将真自我割裂到一个与身体无关的抽象空间中。

莱茵讲了一个例子。一位男士，一天夜里路过一条小巷，迎面而来的两个男人在和他擦肩而过的一瞬间，突然举起棍子打了他一下。他吃了一惊，但很快就释然了。他想：他们只是打了我身体，这不会给我带来真正的伤害。他的逻辑是，身体不是自我的一部分，所以这不会伤到他的自我。

这位男士是精神分裂症患者，他的身心分离严重了一些。但讲到迟钝，相信太多人深有体会。例如，我的一位来访者，她在公交车上被人踩了一脚。她当时没什么感觉，等下车时才发现，这一脚把她踩得很厉害。

这位来访者此前找过多位咨询师，她的迟钝给咨询师们留下了深刻印象。咨询师们都问过她这个问题："你的身体这么迟钝，你觉得是怎么回事呢？"

她的总结是，在她的家里，首先父母不怎么重视他们自己的感受，再就是她也常被母亲有意无意地羞辱。她有很多痛苦感受，因此需要启动身心分离的机制来保护自我。并且，母亲的控制欲望非常强，她感觉她的身体比起忠于自己来，好像更忠于母亲。这些结合在一起，就造成了她严重的迟钝。

总之，可以说，迟钝是身心分离的结果。没有自我的关注，身体的感觉变得不敏感了。

迟钝虽然不好，但我们还容易面对。接着，我要说一下身心分离的人难以面对的一个东西——纯净。

如果我们尊重身体，就必然会重视自恋、性和攻击性这些生命动力，它们真实、丰富、复杂。当我们试着把身体与自我割裂开时，我们会觉得这些动力是不好的、鄙俗的，甚至是肮脏的，因此会压抑、否定它们，而去追求纯净。然而，纯净却很有可能是身心分离的结果。

莱茵认为，假自我严重的人，会寻求为真自我留一块纯净空间。他的真自我与哲学、理论或纯粹精神结合在一起，完全不沾染鄙俗的身体。然而，这个纯精神性的真自我，因为得不到身体的滋养而会趋向虚幻。

莱茵对此论述说：

> 当自我放弃自己的身体和行动，退回到纯粹的精神世界时，最初可以感觉到自由、自足和自控。自我终于可以不依靠他人和外部世界而存在了，自我的内心充实而丰富。
>
> 与此相比，外部世界在那儿运行着，在自我眼里是多么可怜。此时，他感觉到自己的优越性，感觉到自己超然于生活。
>
> 自我在这种退缩和隐蔽中感到安全。然而，这种状况不能长久维持。内部真实的自我得不到外界经验的确认，因此也无法发展自己，这导致持续的绝望。最初的全能感和超越感现在被空虚和无能所代替。他渴望让自己真实的自我进入生活，同时也渴望让生活进入自己的内部。但这时，假自我者会感觉到内在纯精神性真自我的死亡，因而会产生深深的恐惧。

看着莱茵的这段论述，我想起了宋明理学中的"存天理，灭人欲"，人欲即身体，天理即纯精神性的真自我。彻底否认人欲，即彻底否认身体。而没有身体做支持，所谓的"天理"，就变得越来越玄幻。并且，当你摒弃了你的人欲，远离了你的身体，你的身体就有可能会被其他人所控制。于是，你的身体会沦为别人的奴隶。

这种论述是一种身心分离，而王阳明的心学则是身心合一。他之所以能做到知行合一，是因为他证悟到天理即人欲，他的身心合一，他的意识和潜意识合一。

追求纯净的人，一定要问问你的身体在哪里。如果你追求的纯净精神不能和你的身体合一，而只存在于你或一两个知己知道的幽静之处，那么答案很可能是：你活在假自我的虚幻中。其中一个明显的例证是，在这份纯净中，你的身体越来越差。

真自我与身心合一

我最近认识了一位奇女子——孙博。初次见她，是一个朋友在一个活动中介绍的。这位朋友给我认识时说，这是他认识的心理最健康的人。

当时，孙博给我的第一印象是，这是一个眼神梦幻的美女，非常单纯，一直拿着一个佳能5D3套机，见人就拍照。她给我拍了一张非常有感觉的照片，我很喜欢，这对我来说太难得了。

第二次见她，是我们几个人找了一个地方喝酒、聊天。聊着聊着，发现她是一个想干什么就干什么的人。

她的一个说法让我有点儿震撼感。她说："对于一个北京人来说，地球上最远的地方是南极点，可是你坐50个小时的飞机，再徒步一个小时，就能到。那么，地球上还有什么地方是你觉得去不了的呢？"

聊天时，聊到了一个戏剧活动。孙博当场就给我们演绎了一下她当时是怎么做表演的。这像是个哑剧，让别人猜她在演什么。有意思的是，现场另一位商界的奇女子，总是能立即猜到她演的是什么。这位奇女子说自己使用的是逻辑推理，这真是厉害了。

聊着聊着，孙博开始展现她的读心术般的能力。例如，她猜对了我一些事情，而这些事我还根本没打算和大家说。我问她："你是怎么判断的？"结果，她说："我不判断，我只感觉。"

孙博的故事给我留下了深刻的印象，而聚会中还有另一位传奇人物，也让我很受触动，于是第二天接连发了微博：

昨晚，遇到两个传奇人物，一直按本心活着，都是既有现实层面的成功，又单纯至极，同时在外人看来很疯癫、不可思议的人。我一直说成为你自己，这两人则是一直都在做自己的人，境界太高。

这两人，还有读心术般的能力，看人之准，"令人发指"。果真是，真正单纯的人，会有这份对人的洞察力，只使用自己的感觉即可。不过，见过的这类人，都是女士。刚刚想到一句话：不要正确地活成一张面具。

然后，我就产生了浓烈的兴趣，想知道孙博这种人是怎样炼成的。而且，她也真是"拥有一个你说了算的人生"的典范，于是约了她深谈。

前不久，我去湖畔大学讲心理学时，就约她做了一个松散的采访。

采访时，我问的问题是我平时常提的那些问题。例如，你的第一个记忆是什么？你人生中最深刻的记忆是什么？可以是一件完整的事，也可以是一个细节，然后就交给采访对象自由说话，我只是偶尔做做回应，有时候做一些深度理解。

这些问题很基础，而有时候，采访对象在现场的一些反应同样是比较本能的反应。

我们当时是在一家餐馆吃饭，订了一个房间。房间里很安静，但房间外面突然有几个女孩站在走廊上叽叽喳喳地聊天，声音有些吵。孙博立即站起来，找服务员说："外面太吵了，您关上这道门，还有这道门外面的那扇门。您再进来，就从另外一扇门进吧。"要关的那两道门，显然是很久没关过，服务员费了不少劲儿才将它们关上。

细节是"魔鬼"。在我看来，这就是一个"魔鬼"般的细节，太能够说明孙博是一个什么样的人了。我至少解读出了这些信息：

（1）她活在感觉中，所以感觉到了外面声音对我们的干扰，她这方面的阈值很低。

（2）她不纠结，感觉到了声音的干扰，立即行动。决定时，没有担心我的考虑，也没有担心服务员如何反应。

（3）她没有敌意，她没对女孩们的吵闹生出反感，也没带着不满去和服务员说话。

（4）因为她没有敌意，所以服务员也完全配合了她。

在上次聚会中，她也展现过这一点。说到戏剧表演，她就立即给我们表演了一段，完全没有纠结和羞涩。但看上去，她却是一个极为经典的中国式美女，温婉秀气，根本不像雷厉风行的女汉子。

想干什么就干什么，这不正是王阳明说的知行合一吗？所以，别小看这个细节。这个细节延展到她生活中的方方面面，这是她事业成功的原因。

她的第一个记忆是一岁前，当时她母亲带着她坐火车去找父亲，当时的画面栩栩如生，非常生动。她非常开心，很享受这个旅程。她母亲不敢相信女儿会记得一岁前的事，但那些翔实的细节让母亲不得不信。

我前面说过，每个人的第一个记忆，或者印象最深刻的记忆，常常就是一个人的生命隐喻。这是孙博的第一个记忆，而她的工作也正是和旅行有关。

和太多"80后"的孩子一样，她和父母也是聚少离多。实际上，她真正的养育者是奶奶。而她想干什么就干什么的特质，正是奶奶一手培养起来的。

例如，每当父母要回来的时候，她会几天前就拿一个小板凳，坐在家门口望眼欲穿地等爸妈，记忆中总是阳光灿烂。奶奶这个时候不会说她傻孩子，也不会干预她，而是为她准备好各种好吃的零食。

更有说服力的细节是，她读幼儿园时，因为精力旺盛，不睡午觉。为此，幼儿园的老师找奶奶谈话，希望奶奶能做点儿什么。结果，奶奶果真做了很大的事。奶奶当时是很有名望的医生，竟然辞职，来到孙女的幼儿园做校医。这样，孙女中午的时候在她的医务室里睡觉就好了。这还不算，奶奶对幼儿园的教学方式不满，结果干脆自己开起了幼儿园。

假自我，是孩子一开始的自我就围绕着养育者的感觉转；而真自我，是孩子一开始的自我就围绕着自己的感觉转。孙博和奶奶的故事，自然是后者，奶奶一直在围着孙女的感觉转。

不只奶奶是这样，孙博的父亲也是这样。

读小学后，孙博的成绩一直非常好，并且所有老师都像奶奶一样宠她。老师们对别的孩子可以很苛刻，而对她都特殊对待。这也是我们讲过的，一个人的童年关系模式、内在关系模式和当下的关系模式会呈一致性，这就是命运。

小学考初中时，依她的成绩，她可以上北京最好的中学。结果，她特别想去石油附中，因为这所中学的校服好看。这实在是一个任性的理由，而父亲却同意了她的选择。

初中升高中时，她特别想上中关村中学，可她数学不好，为了考上自己钟意的高中，她花了几个月的时间突击数学，后来开始考满分。

中考前，她特别想报中关村中学，而老师过来对她的家人做思想工作了，说以她的成绩，可以上北大附中的。那时，中关村中学是北京市重点，而北大附中是全国重点。最后，她在老师和家人的期待下，人生少有地没有想干什么就干什么，第一志愿报了北大附中。

中考时，她觉得很难过，于是在考数学时，最后一道9分的大题，干脆就没有答。这样做就是为了分数少一些，好不去上北大附中，志愿就可以落到中关村中学了。可她数学还是考了高分，最后以超出北大附中3分的成绩被录取了。

她整个人生，就是这么任性地走过来的。依照一般的理解，这样的孩子最后肯定会被惯坏了，但在孙博的身上完全看不出她是一个被惯坏的孩子。相反，她是一个非常温暖的人。

所以，这算是一个示例，证明如果一个孩子被真正宠大，被鼓励想干什么就干什么，到底会长成什么样子。

在这样的养育下，她不仅有真自我，而且身心合一，所以才会有像读心术一般的能力。

躯体化

我的同事咨询师乐子老师分享过他关于躯体化的故事。他发现，正在读小学的儿子很难对妈妈说"不"，于是他鼓励儿子这么做，可儿子说做不到。于是，他共情了儿子的感受，说出了儿子的担心、疑虑，然后儿子就可以对妈妈说"不"了。

有趣的是，以前小家伙的体育课成绩多是 D，后来逐渐都变成了 A，短跑和长跑变成了年级第一名。

这个故事引起了黄玉玲老师的感慨，她说，一次上幼儿园的小女儿说："世界上根本不会有妖魔鬼怪，童话都是骗人的。难道孩子真会相信，是狼出现在家里吗？"

说到这里，小家伙不说话了。她的弦外之意是，显然你们做爸妈的，有时就是狼啊！

当父母等大人控制孩子、入侵孩子的边界时，就是在攻击孩子，就是狼。这种事很难避免，但重要的是，父母要给孩子说"不"的权力和空间。并且，父母要看到，自己有时候对孩子充满了敌意和攻击。这时，要承认这是敌意和攻击，而不要把它们美化成"我对你的一切都是爱"。

如果父母教会孩子在意识层面上去接受和表达这些敌意，那它们就会变成可以忍受的心理内容；如果父母太自恋，不能接受自己对孩子的敌意，也不能接受孩子对自己有敌意，那么它们就会变成不能在意识层面表达的心理内容，而用躯体化的方式来表达。

对此，黄玉玲老师的做法是，她对两个女儿说："妈妈有时候也是有坏脾气的。这时候，妈妈就会释放出内心的小怪兽来。你们要知道，妈妈有时候真的会这样。妈妈需要这样，但这不是你们错了。"

结果，当她对女儿们表达愤怒时，两个女孩就可以坦然地说："看，妈妈，你的小怪兽又出来了。"

有时候，孩子们也受不了妈妈的愤怒，对她说："妈妈，你不可以这样。"而她说："为什么不可以？为什么只有你们可以？妈妈也是人，妈妈也会生气！"

这样的表达和沟通，不完美，但真实、生动。并且，孩子们因此学会了用语言去表达攻击性，而不是攻击对方的身体，或攻击自己的身体。

要想远离躯体化，需要谨记一个原则：我的事情，我说了算；我的身体，我做主。要想不在别人身上制造躯体化，就要遵守相应的一个原则：你的事情，你说了算；你的身体，你做主。

我们很缺乏这个意识。例如，"身体发肤，受之父母，不敢毁伤"这样的话，它容易带来这样的误导——你不能处置你的身体。

像青春期的孩子，特别想干点儿像文身、整容，乃至抽烟、喝酒等事情时，都是在表达一个信息——这是我的身体，我想说了算。

每个人都想我的身体我说了算，这是一种遏制不了的根本冲动。但如果觉得这样做是坏的，那么就会用坏的方式去表达；如果觉得这样做是好的，那么就会用好的方式去表达。所以，我们不如鼓励孩子和自己，谁的事谁说了算，谁的身体谁做主。

互动：看见孩子的生命力

Q：宠和溺爱真正的区别在哪儿呢？人本来就是不同的，是否有的人可以被宠成像孙博那样优秀，而有的人却会被宠坏？

A："溺爱"和"宠"这类词，常是太要面子的父母为自己找的托词。它们的意思是，孩子之所以变得这么坏，不是因为我坏，而是因为我对孩子太好，结果把孩子天性中的坏给释放了。要知道，孩子天性就是坏的啊！

我在咨询和生活中见过太多这类故事。父母说："我们的错误，就是太宠、太惯着孩子了。"可是你真去了解，就会发现根本不是那么回事。

那些自以为宠孩子的家长，可以问问自己，达到了孙博奶奶的水平吗？

从理论上来讲，生命力本来只有一种，但是，如果被看见，就会变成好的；如果没被看见，就会变成坏的。孙博并不特殊，这是人性使然——当一个孩子的生命力被允许、被看见时，它会成为好的生命力。

Q：如果养育者一直围绕着孩子的感觉，那会不会使孩子一直活在一元关系中，认为只有自己是好的，其他的都是坏的呢？

A：如果养育者自己水平低，那么难以真正养出有真自我的孩子。

这时，诚实可以起到极大的作用。当养育者做不到时，坦然地告诉孩子，"我做不到"，甚至"我不想这样做"，而不是说，"你不好""你不该提要求"。

其中的关键是控制，即基本活在一元世界里的父母。当试着不去控制孩子时，孩子就会按照他精神胚胎的发育方式自然生长。这时，父母就会有各种担心，有时有严重的失控感。

这时候，父母可以强行控制自己，懂得尽可能地尊重边界，轻易不去侵犯孩子的边界。在孩子自己的事上，尊重孩子的感受。

养育者围着孩子的感觉转，这的确可能造成孩子活在一元世界里。真自我的准确表达应该是，"孩子的自我围着自己的感觉而构建"，而养育者，最好也是出于自己的感觉而去做事。例如，孙博的奶奶辞职去做孩子幼儿园的校医时，应该没有强烈的牺牲感和付出感，而是乐于这么做。

Q：真自我是围绕着自己的感受而构建，甚至这份感受会伤害他人该怎么办？而且，这份伤害的错很明显在自己，我们也要释放自己的感受吗？自律带来自由。那么这份自律是否又包含着对自我感受的克制？时时刻刻活出真自我，真的是正确的吗？

A：客体关系理论最重要的理论家梅兰尼·克莱因说，攻击性的发展有两个阶段：

（1）一开始，我们觉得自己是脆弱的，所以不敢发起攻击性，担心一发起，就会被惩罚，甚至被杀死，这是恐惧；

（2）当我们觉得自己强大后，就担心发起攻击性后，会伤到所爱的人，这是内疚。

当恐惧和内疚都被基本化解后，我们就深深地懂得，攻击性就是生命力自身啊，它无好无坏。这时，我们就能信任自己的自发性。所谓"自发性"，就是想干什么第一时间就干什么。

孙博的幸运之处，是生命中最重要的几个人，一开始就让她体验到，她的攻击性不会被惩罚，也不会伤害到别人。由此，她由衷地信任了自己的生命力，于是她完全活在感觉中。

第七章　情感

自恋与依恋

情感是思维和身体两个主题的延伸，它的设计，来自我自己的一个认识：情感，是灵魂的证明。

如果一个人天赋很好，又能在思维和身体上花很大力气，这个人就可以锤炼出非常好的能力。假如他还是在孤独中，那么他难有幸福感。

心理学家维克托·弗兰克说，当一个人投入工作、投入地去爱时，幸福就会降临。然而，幸福感的主要源泉来自关系，特别是人际关系。

用精神分析的理论来讲，一个人的生命主要有两个维度：自恋展开的维度和关系构建的维度。能力只是自恋的展开，而如果太缺乏关系这个维度，生命仍然会感到苍凉，甚至是致命的孤独感。

想起我对一位长辈的评价：他这辈子精彩绝伦，但老了，心里空空荡荡的，什么都没有留下。因为他这一生，爽是爽了，可他的世界里只有他自己，他的心中没有住着别人。在关系的这个维度上，他的人生是有些空白的。

无论是能力的形成，还是爱的获得，都是需要不断破自恋的——成长就是一个不断发起自恋而最终又放下自恋的过程。

如果你可以哪怕一次，
抛弃你自己，
秘密中的秘密，

就会向你敞开；
隐藏在宇宙背后的
未知的容颜，
就会在你知觉之镜中
显现。

——鲁米

依恋的形成

所谓"依恋"，就是一个人的情感能够向情感对象打开。最简单的理解是，自体都在寻找客体，我都在寻找你，像孩子和猫、狗、鹦鹉等动物的关系，天然都在寻找对情感对象的依恋。如果说，我对你的渴望得到了你的积极回应，那这份动力就在我和你之间建立了一份联结，我就会表达对你的依恋。

依恋的类型可以分为安全型、回避型、矛盾型和紊乱型。一般人都属于前三种中的一种，表现比较稳定，但有人会在这三种中不断变换，这种叫"紊乱型"。

设想这样一个情景：幼儿园的家长日，家长（特别是妈妈们）到幼儿园班门口去看孩子。这时，你会看到，孩子们大致有三种表现方式：

一种是，看到妈妈在门口，笑逐颜开，放下手里的东西朝妈妈扑过去，然后紧紧地抱住妈妈。这是安全型。

一种是，看到妈妈在门口，没什么反应，仍然玩手里的东西。这是回避型。

还有一种是，看到妈妈在门口，显得有些矛盾，看了看妈妈，想过去，但又有些犹豫。这是矛盾型。

安全型依恋，是因为我对你的渴望，得到的是比较一致的积极回应，而最终我确信这份表达是基本受欢迎的。

回避型依恋，因为我对你的渴望得到的是一贯冷漠的回应，而最终我阻挡住我对你的渴望。

矛盾型依恋，我不能从你那儿得到稳定风格的回应，你忽冷忽热，于是我的情感表达矛盾了起来。

依恋的对立面，是自恋。

依恋意味着，我能够向你表达出我的动力。弗洛伊德最初把严重的自恋视为一种病态，并认为自恋是力比多（弗洛伊德自创的词，大致可以理解为动力）不能指向客体，而只能指向自体。

在弗洛伊德看来，自恋像是你把动力（即能量）都憋在自己体内，对外部世界失去了兴趣。

后来的精神分析学家们不断发展"自恋"这个概念。美国心理学家科胡特认为自恋和全能感紧密地联系在一起，他集中论述了"全能自恋"的概念。即婴儿一出生觉得自己是无所不能的"神"，他一动念，世界就应该按照他的欲念给出回应。

如果世界总是不给出回应，婴儿就会生出自恋性暴怒，恨不得毁了整个世界。因为他有全能感，所以这个时候他真的认为他一发出暴怒，世界就会被他毁掉。他不能接受自己有这么坏，这时就会把这份毁灭全世界的坏投射到外部世界。这就变成，他觉得外部世界有一个"魔鬼"。这个"魔鬼"让他感到恐怖，所以他打造了铜墙铁壁，和这个"魔鬼"隔开，这样这个"魔鬼"就可以不攻击他了。

但是，这个铜墙铁壁打造出来后，也意味着，他将自己困在了里面，他的生命力也被憋在了里面，即力比多指向了自体。

我的一位来访者是经典的回避型人格。最初来做咨询的时候，他几乎没有一个朋友。他常常有这样的体验，几件小事接连遇到挫败，他就会有巨大的挫败感。同时，他会觉得，好像整个外部世界成为铁板一块儿，对他发出了严厉而彻底的拒绝。并且，他隐隐觉得，世界背后仿佛有一个狰狞的"魔鬼"在操纵着。彻底的孤独会带来彻底的黑暗。

该怎样解决这个问题呢？科胡特认为，咨询师对这样的来访者，妈妈对最初的婴儿，都需要扮演一个角色——自体客体①。

所谓"自体客体"，就是你的确是客体，在我这个自体之外，可我觉得你好像是我自身的一部分，我可以像控制自己的手臂一样控制你。自体客体的一个重要功能，是让自体能够伸展、表达自己的能量。

从这个意义来讲，母亲最初真的是非常伟大的。对于新生儿来说，母亲尤其需要"无我"。她放下了头脑层面的自我，由此可以和婴儿构建感觉和情感层面的联结，让婴儿感觉，妈妈好像是他自身的一部分一样好使，婴儿的能量就可以肆无忌惮地向妈妈表达了。

英国心理学家温尼科特提出了"客体使用"这个术语，即妈妈以及其他抚养者允许儿童"使用"自己。我的一位来访者，从来不使用我们咨询室的纸巾，并且总是坐得非常端正，好像是她被困在一个无形的笼子里，她的手脚不能伸出笼子之外一丝一毫。

有一次，我们约了下一次的咨询时间。她从外地来，得早上 5:30 起床，考虑到这样太辛苦了，我建议我们的咨询时间不妨向后推半个小时。但她不敢，生怕会耽误我的时间。这可以理解为，她丝毫不敢"使用"我。

当一再确认不会给我带来麻烦后，她终于接受了我的建议，也第一次使用了咨询室的纸巾。

等回到家之后，她发现自己也能"使用"父母了。以前，她对父母都极其客气，家里总是像坟墓一样了无生气。后来的某一天，她站在家里的客厅，突然一句话从心底升起："我可以自由地使用这个世界！"

孩子，特别是婴幼儿，需要这份感觉，这样才能够把他的动力指向客体、指向万物、指向世界。

---

① 科胡特把自体客体（Selfobject）定义为：被体验为自体的一部分，或为自体提供一种功能，而被用于为自体服务的人或客体。儿童的初步自体，是与自体客体合并在一起的。自体客体参与他的组织良好的体验，并且使他的需要被自体客体满足。自体客体仅仅意味着体验性的人，他不是一个客观的人或真实自体或一个完整客体。

简单来说，自体客体就是：我把另外一个独立的他人当成我的一部分来使用，而并没有把他人体验成和我分离、与我不同的人。这里的他人就是我的自体客体。更重要的理解是，我借着"使用"他人来扩展自体的需求。

当然，不只是孩子需要这份感觉，成年人的世界也一样需要。自体客体的延伸定义是，能够滋养自体的各种客体。

依恋最好是在孩子的时候完成，如果一个成年人还没有学会依恋，就会变得很麻烦，因为人都是自恋的，而依恋意味着你要低头。

低头是一个富含隐喻性的举动，像猫、狗和鹦鹉等动物过来对你表达依恋时，常常是先把头低下来让你摸。在我看来，低头这个动作就像是要放下高高的自恋，愿意表示处在比你低的位置上。

孩子容易处在全能自恋的幻觉中，但孩子同时还面临着一个事实——他的能力不足以自理，所以的确需要依赖成年人的帮助。如果孩子发现父母既是强大的，又是善意的，他就更愿意向这样的父母表示低头，同时又把情感等动力表达出去。

成年人会变得麻烦很多。成年人和孩子一样需要情感，但成年人相对有充分的资本可以自恋，或至少去保持自己的骄傲。我能照顾自己，为什么要向你低头？就算你再爱我，我还是想保持我的自恋、我的骄傲，而且我有能力保持。

一次，和一桌子帅哥、美女一起吃饭，就我长相普通。其间，一位帅哥说："我们的条件都太好了，但这会带来一个问题——恋爱时比较轻率。如果这场恋爱谈得太困难，那我就换一个，但这么容易换来换去，我们一直都没有学会好好去爱。"

其实，这不只是帅哥、美女的权力，很多相貌普通的人一样有这样的心理。就算不能比较容易地换恋爱对象，但我至少可以选择孤独、封闭。

所以，最好是在孩子时学会依恋、学会低头，学会去信任一个有力量同时又充满善意的情感对象。

两种妈妈与两种孩子

我的一位女性来访者，看上去温柔、小巧，实际上控制欲望非常强。她和丈夫合办了一个企业。在创办企业的过程中，她发现自己的问题非常多。例如，会计算好账后，她会再算三遍。她丈夫负责内部管理，但她对丈夫的一切做法都很怀疑，觉得他每处都做得不恰当，总想教丈夫、管丈夫。

这些控制欲望，可以说是自恋问题。她希望企业的所有事情，不分大小，都要经过她，实际上是经过她头脑与思维的审查。

她的妹妹和她丈夫的妹妹，几乎同时生了一个孩子。她发现，两个妹妹带孩子的方式截然不同。

她的妹妹带孩子时，照顾得非常差，经常对孩子爱搭不理，常常是孩子哭得死去活来时，她才不耐烦地摆弄几下。

相反，小姑子对孩子照顾得无微不至。孩子稍有动静，这位妈妈就会第一时间给予回应。

她给我讲这个故事时，两个孩子都还只有几个月大，而小姑子就像和自己的孩子有了心灵感应似的。一次，这位妈妈感觉自己臀部不舒服，她立即第一时间去翻弄孩子的屁股，竟然真的发现在孩子的屁股上扎了一根针。

特别让她奇怪的是她对两个妹妹的感觉。对自己的妹妹，她的头脑知道这样养孩子不对，她苦口婆心地和妹妹沟通过"按照心理学，应该及时满足和回应孩子"，但是，对妹妹的方式，她其实并没有特别大的情绪反应。

但对小姑子，她的头脑知道这样对孩子很好，但她却很容易对小姑子生出一股强烈的无名火。在这股怒火里有嫉妒：嫉妒小姑子的孩子才几个月大却得到这么好的照料；还嫉妒小姑子自身，觉得小姑子是一位好妈妈。相比之下，她和自己的妹妹最初照顾孩子的方式是非常像的，她学了心理学之后才开始改变对孩子的方式。

她小姑子无微不至地照顾孩子，孩子的吃、喝、拉、撒、睡、玩本身就是孩子有意义的，他就是凭着这些俗得不能再俗的东西，和自己妈妈建立了安全依恋。孩子以后也可能会去追寻意义，但不会那么严重地抵触俗世的生活。

她妹妹对自己孩子很忽略，让孩子觉得，他的吃、喝、拉、撒、睡、玩这一切日常需求，都是没有意义的、该被摈弃的。因此，他可能会形成矛盾型依恋或回避型依恋，容易远离世俗生活，而去追求精神上的纯净。但这是心灵僻径，是孤独、荒芜的圣地。

这也是自恋和依恋的一个重要区别：学会了依恋的人，他会拥抱真实世界；

而一直停留在自恋中的人，则容易待在自己的世界里，并认为它才是精神的归宿。

还有一位来访者，她的一段话让我印象深刻无比。她说，她一直滞留在一个中间地带，既不能回到原本的孤独世界，又不能进入充满关系的真实世界。在这个中间地带，她无数次试着向外跳，但这时，外部世界需要有一个人对她伸开双手说："来吧，欢迎。"然后，她才能够进入真实世界，但这个人一直都没有出现。

因此，我想说，如果你基本上是一个正常人，觉得在相当程度上和社会有融合，不管你有多少问题和痛苦，都要感谢妈妈或主要养育者，他们给了你这份感觉——世界欢迎你。科胡特的"自体客体"的概念和温尼科特的"客体使用"的概念，都传达了父母（特别是主要抚养者）需要给孩子传递出这种感觉——这个世界欢迎你。然后，孩子才能形成"我可以自由地使用这个世界"的感觉，这也是温尼科特所倡导的：

> 需要一个不会报复的人，以滋养出这种感觉：世界准备好接受你的本能排山倒海般涌出。

这些描绘，相信会让很多妈妈感觉到巨大的压力。讲这样的故事，是为了对比，讲清楚"两种妈妈与两种孩子"的关系。

依恋的形成，需要孩子有一种基本的感觉：妈妈基本上是好的，有时候是坏的，但坏不会淹没好；我基本上是好孩子，有时候是坏的，但坏可以被接纳，也可以被自己所接纳。

如果自己真实的妈妈不够好，那么孩子就会倾向于在一定程度上放弃对妈妈表达依恋，而去外部世界寻找"好妈妈"。

我有一个朋友，他总是不能做好眼前的事。例如，对自己的小家庭不满，对自己当前的工作不满，读书时也不能专心。他总是在走神，而在和他聊得特别深的时候发现，他好像一直都在目前的事情之外寻找什么，都像是在寻找一个"好妈妈"。之后了解到，他小时候的确认为，自己不是父母亲生的，他应该有一个在家以外的"亲生好妈妈"。

这真是一个深刻的隐喻。

如果依恋没有形成,该怎么办?首先,要看破自己重重的心理防御。通过这些复杂的防御,看到自己的初心——我永远都在寻找你。

我们可以去看看孩子、看看小动物,会看到生命原本的样子:一方面,他们(它们)会试着独立完成一些事情;另一方面,他们(它们)都在寻找情感依恋。当有依恋存在后,一份满足感会油然而生。

其中,特别重要的一点是时间累积和空间变换。如果一个关系伤透了你的心,你经过认真考虑,知道这份关系已经没有希望了,那么可以变换空间。也就是,去换一个人寻找。

同样,当你基本断定一份关系是好的,那么,请在相当长的时间内保持关系的基本稳定,逐渐在这个关系中去实现依恋的完成。

如果你一开始觉得一位咨询师还不错,那么轻易不要因为中间对他不满而放弃,试着保持这份关系,并试着在关系中对咨询师表达爱与恨、满足与不满,最终在这份关系中完成依恋。

例如我的一位来访者,他在找我之前,换过十几位咨询师,也换过很多工作。而我在第一次咨询时就对他说:"你看,你此前已换过十多位咨询师,也换过很多工作,你太容易结束关系了。那么,我们可不可以这样,如果你觉得我的咨询风格让你觉得基本可以,我的咨询能力也让你基本满意,而我又没有明显违反职业道德,那我们就基本保持稳定的咨询?如果你想离开我,请一定要把对我的不满表达出来,我们好好探讨。"

结果,我们的咨询持续了几年,他的生活也逐渐有了很大的改善。

基本稳定的关系背后,依恋完成的背后,藏着对人性的深刻信任。

依恋"你",排斥"它"

在敏感的精神分析师眼里,几乎一切看起来不起眼的事,都有意义,都有隐喻。下面这个小故事会引出一个大道理。

我在广州的"得到"小组开会时,黄玉玲老师迟到了五分钟,并且她是急急忙忙赶过来的。她为什么会迟到？

她讲了几件小事，并认为现在这一段时间，她的世界处于失控中。为什么会失控？因为那时爆出的红黄蓝幼儿园虐童事件让她非常焦虑，而她有两个女儿，一个在读幼儿园，一个在读小学。

同时，很多知名女性在网上坦露自己被猥亵甚至性侵的事。这些事情让黄玉玲陷入了深深的恐慌，如果这种事发生在女儿身上，她会死掉。这个世界是有"魔鬼"的，有些人就是想把自己的魔手伸到最无辜、最无助的幼儿身上。

因为这样的担心，她清晰地感觉到，自己的焦虑感强了很多，对周围世界的警惕心强了很多。

然后，有一件耐人寻味的事发生了。他们一家人开车出去，老公开车，黄玉玲坐在副驾驶位上，感觉自己的身体一直有点儿紧绷着。突然，老公打了一个哈欠并喊她。黄玉玲被吓一大跳，那一刻她觉得，这是一个"大魔鬼"在喊她。

这种紧张和恐惧让我们想起了我最近多次说的话："我"并不希望控制一切，那太孤独，而是希望"我"不能控制的边界之外，有一个善意的"你"存在；可我更惧怕的是，在"我"不能控制的边界之外，有一个敌意的"它"在那里。

如果外部世界是充满敌意的，是"它"的世界，那"我"就会倾向于控制一切，并陷入自恋，这是自我保护；如果外部世界是有基本善意的，是"你"的世界，那"我"就会放下控制，把"我"交付给"你"，这就是依恋、是信任。

所以，自恋和依恋不仅是情感的事情，而且还是深刻的隐喻。婴儿依恋妈妈，孩子依恋大人，成年情侣依恋彼此，这都是在皈依"你"的世界。"我"会发现自恋的世界何等孤独、狭窄，而"我"之外的世界是何等精彩、宽广。

相反，当陷于严重的自恋与控制时，我们想切断与"它"的联结，所以还会选择封闭，就是把心关起来。

因此，真可以说，联结是善，封闭是恶。

这也和我对生命力的理解统一到了一起。生命力只有一种，当自体的生命力在关系中被客体看见时，就会成为好的生命力，如热情、创造力与爱；不被看见时，就会成为坏的生命力，如怨恨与破坏欲。

比如，罗振宇在《罗辑思维》的一期视频节目中说，关于互联网，你得有一个基本的世界观：你是相信联结会带来善，还是相信联结会带来恶？

我相信联结会带来善。

再讲讲黄玉玲老师的另一个故事。他们一家出去旅行，要赶飞机，结果车在路上坏了。虽然一家人想尽各种办法，尽快赶到了机场，但还是迟了五分钟，不能办理登机手续了。那一刻，黄玉玲的感觉像是要掉下悬崖，情绪一下子变得非常糟糕。这时，老公对她说："老婆没事，是可以改签的。"然后，他们顺利地办理了改签手续。

老公的说法和做法，让黄玉玲的情绪平静了下来。这一刻，她对老公的依恋变得更深了一点儿。她的确感知到，在她不能控制的边界之外，有一个善意的老公在那里存在着。

对孩子来讲也是一样的。孩子的世界经常处于崩溃中，他们会想象一个敌意的"它"在背后作祟。如果父母在身边，既陪着他们解决了一些问题，又安抚了他们的情绪，他们的确会对父母更依恋。这种事不断发生，孩子对父母的依恋就会不断加深，最终能将自己交付出去。而这种对父母的信赖，也是一个隐喻，意味着孩子形成了对整个外部世界的基本信任。

可以说，我们对外部世界的敌意的感知与我们自己内心藏着的敌意，程度上是一致的。这个说法可能会让很多人不舒服，因为我们容易认为，外部世界是坏的，可我自己还是纯净、美好、善良的。

并且，当一个人追求控制时，很容易会去控制别人。这时候，这个控制者就成了被控制者的"它"了。

也可以说，当父母对孩子的控制欲望太强时，父母就是孩子的"它"之世界，而孩子也不可能形成真正的依恋。孩子对父母的依恋只能建立在父母基本信赖孩子，并基本容纳孩子生命力自由伸展的基础之上。

在"它"之世界，人和人之间会选择切断与外部世界的联系，封闭在自己的小世界里。

电影《超体》中，那位研究脑科学的科学家的说法很触动我。他说："当环境恶劣时，生命就倾向于关闭掉和外界的交换，追求孤独永生；当环境好时，就会追求生命繁衍，而繁衍，是为了把知识传递下去。"

从这个意义来讲，联结也是善。

同样，自恋和依恋还会带来一个很重要的影响——身心分离和身心合一。

我们和外部世界的关系会体现在我们的身体上。当我们想切断和外部世界的联系时，我们几乎必然做的一个选择是，切断头脑和自己身体的联系。而当我们愿意和外部世界保持联结时，我们也会保持头脑和身体的天然链接。

由此可以推论，在听话教育中长大的孩子，身体容易迟钝，因为身体和自己头脑的联结被切断了。相反，在自由和爱中长大的孩子，身体容易敏感，因为身心合一。

所以，自恋和依恋并不仅仅是一个情感问题，其背后有极深的意义，一如我提出的一句话："一个人对爱情的信心，就是对整个世界的信心。"

晕车的隐喻

我们来讲一个非常常见的事情：在交通工具上的晕，如晕车、晕机和晕船等。

这种晕，首先是身体上的反应，会带来身体上的极端不适，足以影响你的生活。你会选择不使用某种交通工具，甚至干脆不出远门了。

这件事，相信有生理上的解释，但这不是我所长，我就从心理学和人性的角度来谈谈交通工具上的晕。

晕车、晕船、晕机，都是和控制感与失控感有关，背后也有自恋和依恋的深刻隐喻。晕，就是失控感。

一次，我和一个朋友坐飞机从广州去北京。因为有气流，飞机突然有些颠簸。虽然并不严重，但我的这位朋友已经脸色发白，双手紧紧地抓住前排的座位，身体绷得很紧。

我对她半开玩笑说："你看，你都想控制飞机了。不如放手吧，把自己交给座位、交给飞机、交给飞行员。并且，我就在你旁边陪着你。"

她笑了笑，把手松了。按照我的建议，她把身体交给了飞机，把生死交给了专业的飞行员，同时感知有我这个还算可靠的朋友在旁边陪着，晕的感觉很快就消失了。

我后来知道，她有严重的晕车、晕机、晕船，根本不敢坐船。作为商务人士，没办法避免坐飞机，她只好做好充足的准备，例如准备好晕车药。她尽量不坐别人的车，都是自己开车。

有晕车经验的朋友都知道，坐车会晕，但自己开车就不会晕。为什么？

因为开车的时候，车完全在你的掌控中，而坐车的时候，车不在自己的掌控中。这也可以清晰地看出，晕车是和控制感与失控感紧密联系在一起的。

如果要检验一个人的控制感，可以请对方坐在副驾驶的位置上，找一个熟人开车，看看他有什么反应。如果他晕车，那自然可以看出他的问题。有很多人不晕，但他们坐在副驾驶的位置上，会对熟人司机各种指挥。如果是夫妻俩，那很容易引爆一些争吵。

车，是现代人最容易满足自己掌控欲的东西。关于对车做的各种行为，都容易和掌控欲联系在一起。如果一个人晚上总做车失控的梦，那么很有可能他的生活不断处于失控中。例如，如果你做梦梦见在自己最常开的车里，你驾驶着方向盘，但突然间车有问题了，像刹车不灵了，你怎么努力都控制不了这辆车，然后就惊醒了。

我曾经非常有效地治疗过我嫂子的晕车。有一次，我请她从河北农村老家来广州玩。她乘飞机时晕得七荤八素，非常难受。到了广州后，她也基本只能在我家待着，因为晕车。后来，我想好好给她做一次治疗，于是就策划了一次温泉之旅。

出发前，我准备好了晕车药，先让她吃了，还准备了其他防备晕车的东西，好让她知道，我们准备得很充分。

开车的是她大儿子，我特地嘱咐他，务必要开得稳一些，而他本来就是一个开车非常稳的老司机。

嫂子坐在副驾驶位置后，我把座位调到让她最舒服的状态，我坐在后排。

去的路上，她还真没怎么晕。而我让她不要再拿手去控制什么，干脆放空。

同时，好好感受身体，好好感受身体和车的座椅碰触的感觉，自然而然地呼吸。当紧张的时候，要想到，她儿子和我就在她旁边，我俩值得信任。

顺利到了温泉之后，嫂子在下水、坐电梯时候等还是有些紧张。在泡温泉时，我请她好好感受泡温泉的身体感觉。在这个过程中，她彻底放松了下来，做到了把自己彻底交给温泉。她学会了对温泉的依恋，而温泉在相当程度上，是子宫的隐喻。

在回去时，我干脆不让嫂子吃晕车药。我请她不仅感受坐在椅子上的身体感觉，也回忆泡温泉的身体感觉。结果，她完全没有晕车，感觉非常好。

一直到现在，她的晕车慢慢有了很大改善，平常已经很少晕车了。不过，当生活处于严重失控时，晕车还是会时有发生。

在晕车、晕船、晕机中，晕船应该是最为可怕的体验。因为，船永远都在轻微地晃动中，哪怕水面看上去风平浪静，哪怕你坐的是最好的船，这种轻微地晃动都无法避免。并且，船一旦进入大河、大湖、大海中，还真有一种可能：如果船失控了，你可能会有生命危险。

2014年夏天和冬天，我接受一家旅行社的邀请，分别去了北极和南极，在船上给游客们讲课，特别讲到了晕船。每次讲完课，都有一些游客一两天后向我反映，说他们的晕船大有改善。

特别在去南极时，我们遇到了很大的挑战。我们从阿根廷的乌斯怀亚去南极半岛，需要经过德雷克海峡，途中很容易有大风大浪。虽然我们乘坐的是最好的游轮，但船还是晃动得非常厉害。这时，就有很多人晕得非常厉害。例如一位女士，甚至想干脆跳船自杀得了。于是，我对她做了干预。

我让她躺在床上，感受身体躺在床上的感觉，把身体交给床，也交给船，交给很帅的法国船长和他的船员们。同时，也感受我在旁边。在这个过程中，她一开始有了一些好转，但当船一次较长时间剧烈晃动时，她再一次严重地晕眩。

这看似是晕眩，而我体验到也看到，她好像在控制什么。于是，我问她："晕船的体验，让你想起了其他什么体验吗？"

这个问题让她号啕大哭，她讲了好几件记忆中让她非常痛苦的事，那些都是情感依恋失败的体验。她想爱妈妈、爸爸而不得，她想爱男人而不得，这都是让她极度羞耻的体验。并且，这时她的胃都会非常不舒服，想呕吐。

关于胃的不舒服和呕吐，也有深刻的隐喻。在婴儿时，我们必须吃进妈妈的奶水或妈妈给的其他相应食物，否则就会死。如果婴儿觉得妈妈是充满爱意的，婴儿不仅可以依恋妈妈，同时他还会觉得他吃进来的食物也是好的、可以信赖的。相反，如果婴儿感知到妈妈有强烈的不情愿，甚至对自己是有恨意的，那么吃进来的食物，婴儿会有恐惧和担心，就好像这份食物有毒一样。然而，为了生存，婴儿不得不把这样的食物吃进来，可吃进来后，他又会抵触食物。严重的时候，就会把这份"有毒"的食物呕吐出去。

不仅是婴儿时有这份隐喻，之后的进食和呕吐也有这份隐喻，只是婴儿时最严重。当接二连三地讲了情感依恋失败的事情后，这位女士的情绪和身体感觉都有了好转。当再次感受身体时，她就能将身体交给床和船了。并且，她也想起，她对妈妈、爸爸和老公，都有过深度依恋的时刻，信任床和船的晃动，这很像对他们深度依恋的感觉。

所以，我们与车、船和飞机这些交通工具的关系，的确有自恋与依恋、控制与失控的隐喻。如果你想给自己或别人的晕车等做一下治疗，那么基本方法如下：

（1）先在防止晕上做足功夫，如准备好晕车药等，这让晕的人知道，是有充足准备的。

（2）治疗的核心，是感受身体的感觉。当身体能很好地感受时，意味着放松和信任发生了。

（3）治疗的障碍，是一个人在强烈控制中，而这时他的身体和头脑都是紧张的，所以当感受身体没办法进行时，可以让他谈谈自己在控制什么。

（4）控制都是为了对抗失控，而失控的原始体验是情感依恋的失败。如果能谈出情感依恋的失败体验，这会很有帮助。

（5）治疗的关键，是身边有一个信任的人。对于晕得厉害的人，这是必不可少的。

互动：我可以不依恋任何人吗

一个人这辈子可以不依恋任何人吗？

这是很多朋友问到的问题。换句话说，一个人能孤独成"圣"吗？

金庸、古龙的武侠小说常讲一类故事：×××在山洞里找到一本武功秘籍，然后忘记了时间专注修习，后来成为天下第一。

可我学习越多，对人性了解得越多，越觉得这是不可能的事情。自体必须有客体，我必须找到你。那些真正孤独成圣的人，以我的了解，是我们都忽略他此前曾有饱满的关系。

并且，以我咨询和生活的经验，从不构建深度依恋关系的人，不管表面上看上去多么善良、友好，内心中实际上都有太多的黑暗和敌意。当"我"不去看"你"时，"我"也就不可能被真正看见了，于是"我"也处于黑暗中了。

Q：自恋的孩子长大以后还可以转换成依恋型人格吗？如何转换呢？

A：人的一切本能都是值得敬佩的，包括防御，包括因为感知到外界的敌意而让自己停留在自恋和控制中。

成为自己，找到你。后者就是完成依恋，如果按逻辑来讲，它涉及这样几个问题：

（1）看到自己对依恋别人的防御；

（2）看到自己对关系的渴求；

（3）在时间累积和空间变换中，逐渐和另一个人建立起真实、全面而具有深度的情感关系。

这个过程不必太强求自己，比如硬要去依恋一个不对的人。我们需要尊重自己的本性，而本性就在告诉我们，依恋善意的"你"，排斥敌意的"它"。

Q：依恋与依赖有什么差别呢？是否是自恋发出动力，获得持续回应建立了安全型依恋，而一直使用着这自体客体，思维之刀、痛苦之身越用越熟练，终于像手足般不可或缺，就形成依赖，是这样吧？

A：依赖，是自己能做好的事自己不做，而希望别人帮自己解决。

依恋，讲的是情感上对另一个人的敞开和联结。

当我们混淆依赖和依恋时，也许反映了一种恐惧：如果我太依恋一个人，有一天我失去他该怎么办？比如他死了，或者他抛弃了我。不行，我不能让自己如此需要一个人。

成熟的依恋关系，当我们失去对方时，会痛彻心扉、会无比悲伤，同时我们也会知道，已经发生过的那些爱，就是自己心中的"情感稳定能力"。

Q：如果说孩子可以对妈妈形成依恋，那妈妈能不能对孩子依恋呢？妈妈的依恋对孩子会不会太强，孩子接受不住呢？那么，妈妈的依恋除了向丈夫产生还有其他的方法吗？

A：妈妈当然会对孩子形成依恋，并且在我们的家庭中，妈妈们更容易依恋孩子，因为和老公处理好关系太有挑战性了。这会带来很大的问题。

按科胡特提出的"自体客体"这个概念，亲子关系的正常逻辑是：父母成为孩子的自体客体，延展孩子的自我。而我们弄反了，我们的听话教育和孝顺，是要求孩子成为父母的自体客体，用来延展父母的自我。很多妈妈对孩子的依恋，延展了妈妈们的自我，但压制了孩子的自我。这种现象在家庭中非常普遍。

如果妈妈们依恋丈夫而不得，那夫妻关系可能会严重失衡。妈妈们将到孩子这里寻找情感，甚至终生想和孩子们绑定在一起。这将引发更多的家庭问题。

快意恩仇与纠结

太多人认识到，爱的对立面不是恨。相反，爱与恨像是一体的，有爱就有恨。当恨消失时，爱也就消失了。

关于爱恨的理论，精神分析大师比昂认为，人和人之间的联结有三种表达：我爱你，我恨你，我想了解你。

比昂的特别之处，是喜欢在构建理论时使用数学符号，像刚才这三句话用符号来表示，爱就是 L（love 的首字母），恨就是 H（hate 的首字母），了解就是 K（know 的首字母）。K 既是指动态的"了解"过程，又是指静态的"心灵知识"（knowledge）。

爱的对立面是什么？比昂的回答是，L 的对立面是 –L，爱的对立面是负爱。同样，恨的对立面是负恨，了解的对立面是负了解。通俗一点儿来说，爱的对立面是憋着爱，恨的对立面是憋着恨。

比如，类似"我可以不依恋任何人吗"这样的问题，用比昂的语言来说，就是不依恋任何人的人，其实是憋着爱也憋着恨的人。憋着爱也憋着恨的人中，也许有人会拥有看似无比完整的心灵知识，但这些心灵知识却不能帮助他活在关系中，活在饱满的情感中，那这就是负知识。

你什么时候体验过，你与人或世界的某种隔膜突然被浓烈的爱恨情仇给撕裂了？你活生生地活在了这个世界上，深切地体验到，原来这就是关系，原来这就是爱恨，原来这就是情感，原来这就是活着。

不要问有关思念的问题，直视我的脸。

——鲁米

负爱、负恨与负知识

英国精神分析大师比昂出身于贵族，是一位不大为大众所知的精神分析学家，但他在精神分析业内有极高的声誉。有人认为他已超越了他的老师梅兰尼·克莱因，甚至也超越了祖师爷弗洛伊德，可他的影响难以超出专业圈子，因为他喜欢用数学符号和公式来表达他的观点。

尽管用数学符号和公式构建了一个晦涩的理论体系，但比昂特别强调"真实地活着"。他认为知识都是从经验而来，他强调每个人"用自己的心和灵魂思考并行动"。

真实地活着的对立面，是抽象地活着。真实地活着，是拿自己的血肉之躯和其他真实的存在（特别是人）去碰撞、去接触、去感知、去爱恨真实而完整的你。抽象地活着，是躲开了肉身，为了防止产生真实的疼痛，不去了解具有丰富、细腻的真情实感的你，让自己躲在头脑的世界里。有部电影的英文叫 *As Good as it Gets*，直译就是《尽善尽美》，更传神的译名是《爱在心头口难开》，还有一个译名叫《猫屎先生》。最后这个译名精准地表达了男主角给人的感觉——像猫屎一样不招人待见。

猫屎先生的大名叫梅尔文，他脾气古怪，独自一人生活，没家人，没朋友。他也没法有家人和朋友，因为他受不了别人，别人也受不了他。他的生活像钟表一般精准，几十年如一日。例如，他每天都要去家旁边的一家餐厅吃饭，坐在固定的座位上，点一模一样的饭菜。如果别人把这个位置占了，他要么不吃，要么想尽办法弄回来。他身上实在是没有招人喜欢的地方。

然而，这个脾气古怪的家伙，是一位大作家，他已经写了六十一本小说，第六十二本小说正在激情创作中。他还会边弹钢琴边吟诵自己的作品，这时，他神采奕奕，有"汹涌澎湃"的情感。特别要说明的是，他写的小说都是爱情小说，并且还都很畅销。

　　这个现象充满矛盾，他也知道自己有问题。一次，他在出版社遇到了一位美女读者，这位美女对他表达了崇拜之情。结果，他突然间变得脾气很不好，让这位美女下不来台。他知道那个写小说的作家和这个真实的自己，完全是两个人，是不值得崇拜的。

　　实际上，他是一个极为善良的人。他常去的餐厅，有一位女招待。整个餐厅也只有这位女招待能受得了他，有时还会保护他。女招待是一位单亲妈妈，收入低，却有一位总是患病的儿子。大作家用他的稿酬帮助了女招待，他们逐渐爱上了彼此。在这个过程中，大作家的古怪脾气有了一些改善，他身上开始有一些让人喜欢的东西了。

　　梅尔文的故事，能经典地诠释什么叫"负爱、负恨与负知识"。

　　我们最容易看到的是"负知识"，他写了几十本关于爱情的畅销小说，看似有充分的关于爱情的心灵知识，然而，他却从来没谈过恋爱。他的这些知识没有帮助他构建深度的情感关系，只是彰显了他是一个很厉害的人。或者他的这些知识，没有帮助他学会依恋，而只是增强了他的自恋。这样的心灵知识，就叫作"负知识"。

　　美剧《扪心问诊》精准地刻画了心理咨询师保罗的故事。他找自己的老师做案例督导时，会挑老师的刺，和老师较劲儿。他会对老师说："你这样说不对，因为按照理论，这应该……处理。"

　　很多精神分析师，在找自己的分析师为自己做分析时，也一样容易陷入这种局面中。他们会挑自己分析师的刺，认为对方不应该这样为我做治疗，这样违反了精神分析的知识。

　　这时候，知识都成了负知识。

　　这个逻辑可以不断延伸。例如，你作为一名来访者，结果总是听到你的咨询师给你讲心理学知识，那么哪怕他讲得再好，这种做法也会阻碍你和他之间建立真实的关系。这时的知识也是负知识。它容易凸显咨询师的自恋，看起来他水平很高，但却破坏了你们彼此间的依恋关系。

总之，如果知识在关系中是为了凸显自恋，而妨碍、破坏了依恋，那么这时的知识就叫作"负知识"。

什么是负爱呢？

我们来看猫屎先生，他已经步入了中年晚期，可他从未谈过恋爱，他身边也没有任何一个亲近的人。是身边没有一个值得爱的人，还是他从来没有对别人动过心呢？

他之前可能有心动过，但他很害怕，害怕一旦向某个人表达爱意却被拒绝，这会导致致命的羞耻感。这时的羞耻感会对自恋构成最严重的破坏。为了避免对自恋的致命伤害，他这辈子干脆就不去爱任何人了。

一个女孩喜欢上了一个男孩，他们一个26岁，一个28岁，都是彼此的初恋。这个女孩我很了解，她此前已经对太多人有过喜欢，所以从精神上来讲这不是初恋。

这个男孩，我相信也一样。他对女孩讲过一个故事，讲他的一个哥们儿，多年前疯狂地爱上了一个女同学，花几年时间穷追不舍，最终无果。这男孩说，在他看来，这实在是太可怕了，他发誓不让自己落入这种局面。他果真是没有落入这种局面，同时，他也没有品尝到爱的滋味。

我刚刚谈到的这一对情侣，他们也是因为有咨询师的帮助，恋情才能持续下去。其间有太多太多次，他们因为体验到自己的爱意表达被忽略或拒绝，而产生过致命的羞耻感。这份羞耻感，让他们都想过把关系斩断。但当彼此明白，对方这个时候并没有不爱自己，对方其实有他自己的原因，这个关系才得以继续进行下去。

负恨的逻辑也是一样的。我恨你，可我软弱、我惧怕，甚至对恨都没有觉知，因此没在关系中表达恨，但恨实际上是强烈存在着，它只是被憋住了。按照比昂的理论，最好的活法，就是去爱、去恨，乃至快意恩仇。而如果爱也迟疑，恨也迟疑，总是在纠结中，一个人就会活得非常憋屈、非常难受了。

"头脑妈妈"

"头脑妈妈",是我的朋友李雪提出的词。虽然我见人极多,但一直觉得,她是我见过的智商最高的人,同时也有闪电般的洞察力。

这个词是怎么提出的呢?有一次,她去见一个姐妹,那个姐妹向她倾诉了自己的事情。李雪用她的高智商和洞察力给了各种分析,然而这位姐妹恼了,非常生气地说:"你分析得都对!可我讨厌和你谈话的这种感觉!我觉得我不是在和一个有情感、有温度的人对话,而是在和一个机器对话。"

这位姐妹的回应,让李雪深感震惊。她想了想,觉得姐妹说得太对了。她的确是每时每刻都活在她强大的头脑中,甚至觉得,自己这辈子都没有放下过头脑的控制,而充满信任地让自己掉在别人怀里,掉在大地上。这个强大的头脑,就像一个罩子一样,把她罩住,同时也割裂了她和外部世界的联系。

和这位姐妹谈话结束后,她还是不断地在思考这个话题。突然,她有了很悲伤的领悟:头脑,是她的妈妈。

虽然是独生女,但她觉得自己是一个人长大的,这辈子孤独至极。她不断地思考:当彷徨无助的时候,谁为我解惑?我的头脑!当我被欺负的时候,谁帮助我面对?我的头脑!当我感觉到痛苦、受伤的时候,谁安抚了我?我的头脑……

最后引出了一个终极问题:那么,是谁养育了我,是真实的父母,还是我的头脑?想到这儿,"头脑妈妈"这个概念就形成了。

可以说,形成了依恋的人,他有真实的妈妈;没有形成依恋还陷在自恋中的人,在相当程度上,头脑是他的妈妈。

一个学员对我说,她小时候常做的一个梦是,家里一切物品,如桌子、椅子等,突然间都长了一张人脸,对她狞笑着,要攻击她。她吓得落荒而逃,可不管逃到哪儿,那儿的物品都会长出一张狰狞的人脸来。

在这个梦中,她还可以逃,可婴儿连逃的能力都没有,只能眼睁睁地面对着这一切。

但是,人的潜能是无限的,即便在这种时候,婴儿也可以开发出自己的力量来面对孤独带来的恐怖。那就是，充分发展自己的头脑。

对于孤独的婴儿来讲，外界的一切刺激都是过度刺激、都是攻击。面对朝自己而来的攻击，如果婴儿能发展出强大的认识和分析能力，那就好像托住了这份攻击，让这份攻击变慢了，可以处理这份攻击性了。

我的来访者中，很多人有厉害的察言观色的能力，常常是我话还没有说完，他们已经知道我下一句要说什么，并把它说了出来。最初，他们这样的能力总是让我觉得震惊和佩服，可和他们谈多了后会发现，他们并没有很强的感应能力，主要是在猜。这种猜的能力已经经过了千锤百炼，所以可以很准。

例如一位男士，他百分之七十能猜中我的想法，这个数字非常可怕。更特别的是，对我的负面信息，他更容易猜准。而当我想对他好的时候，他基本都猜不准。

对此，我的理解是他强大的头脑分析能力，主要是来分析入侵、伤害等负面信息的。实际上，平常我们所说的敏感的人，都是对负面信息敏感的。同时，他们也多陷在自恋中，构建依恋会很困难。

所以，当我们过度使用头脑时，会有双重好处：一、因为可以认识和分析外界刺激，所以对外界刺激的掌控好像增加了；二、因为在相当程度上切断了和身体与情绪的联结，所以内在的痛苦也减轻了。

但是，这样过度使用的头脑，也会成为横亘在一个人和外部世界之间的障碍，即挡在了"我"和"你"之间。这个障碍，严重的时候，你会觉得像是一堵墙，这还可以是其他一些类似的意象。例如有人说，好像自己和世界之间有一层完全透明的塑料膜。它极薄，但却无比坚韧，怎么都撕不破。有人则觉得，自己和世界之间像有一层毛玻璃。有过抑郁症的人会知道，抑郁的时候，外部世界再阳光灿烂，也好像和自己都隔着一层什么东西，这完全是两个世界。

过度使用的头脑，最初是"头脑妈妈"，而后还会被当作是我们自身。根据加尔韦自我1和自我2的观点，当过度使用头脑时，我们就会把头脑认同为"我"。

用英文词汇，就可以说，自我 1 是 Ego，而"我"是 Self。Self 被翻译成"自体"更精准一些。本来自体包括头脑、身体和灵魂所有这些，而当把 Ego 当作自体时，我们的自我中就只留下头脑，而失去了很多。

当我们的自体中包含着身体，甚至是以身体感受和情绪为核心时，这个自体就会敏感而反应迅速。而当我们的自体中主要是头脑时，就会导致迟钝以及追求所谓的"纯净"。

迟钝的假自体，可以通过快意恩仇去撕破它，大胆地去爱、去恨，让肉身在真实的世界里充分接触和碰撞。当身体活过来时，灵魂也就苏醒了。

著名学者刘小枫有一本著作《沉重的肉身》，我非常喜欢，曾经带着悲观情绪写了一点儿读后感：

生命的意义在于选择，但每一次选择都是赌博，而用以投掷的骰子，就是我们的肉身。

投掷肉身这个骰子的时候，轻一点儿，就可以风险少一些、疼痛少一些，但意义没了；重一点儿，意义会有，爱恨情仇也都有，但风险太大，疼痛也太重。

是，肉身会有疼痛，肉身也会有欢乐，而肉身和真实世界的丰富接触中，一个睡着的人会醒过来。一个醒着的人，会活得更丰盛。

当沉浸在头脑的抽象世界里时，这些就都不会有。

去爱、去恨、去了解

在一次比较奢华的旅游中，我组建了一个心理小组。组员中有一位美女，旅游进行了几天后对我说："武老师，有一句话不知道当讲不当讲。"

我说："话已至此，你就别憋着了。"

她说："你也不过如此！"

这话说得我有点儿愣神，于是问她是什么意思。她说："男人应该有些匪气，而你太书生气了，太柔了。缺力量，缺味道。"

这话说得没错，我对自己很有自知力，不过我这样你干吗这么有情绪呢？再一聊才知道，她之所以参加这次旅游，一是刚离婚郁闷，想出来散散心；二是她的一个闺密上过我的课，撺掇她说，武老师还单身，鼓励她去当"红嫂"。

她也是我的粉丝，读过我的一些书，真有这个意思。但见了我之后，她对我却很失望。

实际上，她刚离婚的前夫就是有匪气的男人。他们一起白手起家，离婚前拥有了十几亿元的财富，但这个男人硬是狠下心来，把财产都霸占了。这个美女很在意清白感，特别喜欢说"问心无愧"，结果也只要了很少的一点儿财富，其他都拱手相让了。

特别能体现他们这种关系的例子，是在打离婚官司的法庭上。当离婚宣判后，她前夫对她说："你手上那块手表还是我给买的！"她生气至极，一把把手表撸下来扔到了前夫身上。这块手表，价值上百万元。

旅行中，我和这位美女还有两位朋友，在异国他乡吃了一顿川菜，还喝了点儿酒。带着点儿酒意，走在大街上，天空蓝极了，周围的花草树木很美，风也让人很舒服。我突然有了点儿感觉，对这位美女说："你总是想找有匪气的男人，干吗不自己来点儿匪气。像你这样的美女，得主动出去'祸害社会'。否则，男人们不就没有了机会？"

她听了大笑。她的确长得好看，大笑时，也像是精致至极的巾帼英雄。

"祸害社会"这个说法从此进入了她的内心，后来，我们多次拿这个说法开彼此的玩笑。

依照比昂的理论，负爱就是憋着爱，负恨就是憋着恨，相反就是大胆去爱、大胆去恨。并且，你会发现，能够畅快地去爱、去恨的人，容易带着点儿"祸害"感。放在男人身上，就是所谓"霸道总裁"了。

相反，如果一个人只是能大胆去爱，而不能大胆去恨的话，他的爱容易显得有些单薄，并且还容易像是傻傻的痴情人，在恋爱中容易处于弱势位置。灭掉了恨的人，也像是失去了力量。

在这次旅行中，还有另一位美女，也喜欢说"我问心无愧"。前一位美女为了追求清白感而不惜代价，而这一位美女则完全不是这么回事，她是占尽便宜还觉得自己吃了亏的人。也因此，她这辈子没怎么吃亏。同时，她老公极其爱她。

我们会经常看到这种现象，那个清白无辜的好人，不仅失去了力量，最终也不被人爱。为什么？

以前，我们引用过心理学家曾奇峰的一句话："在你面前我很好，所以我就爱上你了。"意思是，在你面前，我觉得自己又好又有用，这种感觉我很喜欢，于是我就爱上和你在一起的感觉了。

太追求清白无辜感的人，太喜欢包办事情的人，就会把"我很好""我很有用"这种"好我"留在自己身上，而把"你很坏""你没用"这种"坏我"投射到别人（特别是伴侣和孩子）身上，因此不容易招人待见。

所以，在关系中，我们需要适当做坏人，甚至报复对方。

我的一个朋友，和前夫离婚，也采取了前面提到的美女的做法，自己只拿了两百万元，而前夫那边拿到的则是巨额的财富。离婚后，她总是处于怨恨中，后来找心理咨询师咨询，发现这份怨恨太深，必须表达出去，不然伤害她的心灵和身体，也会让她和前夫再也不能有任何联系。于是，她就策划了一系列动作，狠狠地报复了前夫，让他非常狼狈，损失很大。前夫隐约猜到是她干的，但并没有前来质询。

小说《追风筝的人》中也刻画了类似情节：男主人公阿米尔，从美国回到阿富汗去救同父异母的弟弟的儿子，被挟持侄子的暴徒阿赛夫打得体无完肤，但阿米尔感觉畅快至极，感叹："我体无完肤，但心病已愈。终于痊愈了，我大笑。"因为他严重欠弟弟的情，一直愧疚至极，有很多内在惩罚，当被严重攻击时，内在惩罚就转化、释放了出去。

德国家庭治疗大师海灵格有这样一个治疗故事。一对夫妻，因为丈夫有过严重对不起妻子的事，妻子一直揪着这件事不放，他俩的感情一直不好。海灵格对这位妻子说："你可以报复丈夫，把你的恨表达出来，但你报复的力度要比丈夫干过的坏事的力度要轻。"这位妻子这样做了，后来他们的感情也果真恢复了。

依照海灵格的说法，爱的时候，给对方的要比对方给自己的多；恨的时候，给对方的要比对方给自己的少。这样就可以构成一个良性循环。

很多人惧怕恨，而把恨藏了起来不在关系中表达，可这时恨还在自己内心并没有消失，于是恨就会去攻击自己，或者攻击关系。其实比起恨来，我们同样惧怕爱，甚至是更惧怕爱。

一次，在我主持的一个小组中，谈到充满激情的爱。一位女学员说，她这辈子没有对任何人产生过这份激情。她那时已近40岁，怎么可能没有过？我请她再想想。她突然间想了起来，说："啊，有过。"但是，那时候会全身心地都放在对方身上，完全失去了自我，好的时候像在天堂，坏的时候像在地狱。

我曾经在微博上见过一个调查：你后悔曾经轰轰烈烈地爱吗？大家的回答是：身处于其中时，会后悔，但年龄越大，越不会后悔。还有很多人回答说，真正后悔的是，曾经有非常心动的人，但当时没有好好去爱。

我印象极深的一个故事是，一位有几百亿元身家的男人，在50岁时，突然有了一段充满激情的爱。他才发现，原来这才叫"活着"，而他以前50年的人生像是虚度了。

现在特别流行"佛系"，我也算对佛学有些了解，觉得人必须充分活过，充分在关系的世界里展开过自己。否则，太早就波澜不惊，这很容易只是"负爱、负恨"而已。

再说说"去了解"，比昂所说的 K，既指 know——动态的了解，也指 knowledge——静态的心灵知识。他认为，了解要在真实的互动中、在爱恨中去完成。如果只是静态的了解，那就是负知识。比昂的一个弟子提出了一个让人非常震撼的说法——"了解即拥有"：彻底了解了一个人，就像彻底拥有了这个人；即便你在外在上失去了他，他也会永留你心中。

从根本上来讲，我们是出于对失去的恐惧而不敢去爱。觉得爱得那么深，再失去就太痛了。然而，等你真正了解了一个人后，这会在心灵上是一种非常真实的拥有，它不会失去。并且，你的心灵因此会变得更加饱满乃至圆满。

这也是心理咨询这份职业如此迷人之处。我有很多咨询师朋友，他们以前的职业已经有很好的收入了，却转而做了咨询师。做得再好，也远远没法和他们以前的收入相比。但是，他们不后悔，因为在和来访者工作的过程中，了解即拥有。

愿我们在爱恨中去了解，从而拥有彼此，乃至世界。

含蓄，是一种什么味儿

如果用比昂的理论来解读，王家卫的电影中的那股含蓄，是怎么回事呢？

王家卫的电影《一代宗师》这部片子非常好，大师水准。王家卫的这些电影中没有噪声、没有失音，就像是一个超级歌星在唱歌，每一个声音都唱得准极了。

然而，他的电影容易给我抑郁感。我是一天晚上在家里用电脑看的《一代宗师》。看了后，觉得沉重无比，像是抑郁症复发了。直到第二天上午，又干了点儿别的事，这股抑郁的感觉才消失。

为什么会这样？

王家卫的电影，多是压抑的情戏，可是压抑得唯美，压抑得默契。同时，电影中处处散发着绝望，但绝望都非常到位地用中国元素来表达了，因此传递出了一种独特的味道。

并且，还不是彻底地绝望。绝望中，还总藏着一根若有若无的细线。这根细线就是王家卫的电影中男女主人公对爱情的渴望程度，也是相信的程度。只有懂了这一点，才能品出绝望的味儿来。

因为对这根细线的精准表达，王家卫成了中国影视中现象级的存在，绝对称得上是大师。

王家卫的电影中那些男男女女，一直都执着而委婉地抓着这根细线，可终究再没有前进一步。

章子怡在《一代宗师》里的表达是影后级的。她饰演的宫二对自己心爱的男人说："让你我的恩怨就像一盘棋保留在那儿。"只是停在这儿，不再前进一步。结果，纵然"世间所有的相遇，都是久别重逢"，可一次次重逢，硬是没把爱活出来。

忘记了这根细线的人，成了粗俗的人。记得这根细线，又品出了绝望味道的人，成了一代宗师。不懂的人，拼命学武。电影最后，男主角叶问的武馆开张，弟子们忙得不亦乐乎，唯独叶问安坐着。外界的喧嚣，更衬托了叶问的寂寞。

能与这寂寞相处，就进入了化境。那些吼叫着的小青年，还有那些红着眼睛不断猛攻的对手，他们还试图在这种体力的击打中找到存在的价值。

当这么做时，一个人与自己内心是缺乏联结的，因而是身心分离的。进入化境的一代宗师，轻轻一下就可以让他们倒下。

影片中的一代宗师是梁朝伟饰演的叶问，而影片外的一代宗师是王家卫。他用复杂而唯美的手法，表达了我们情感中的那根不能断的细线。

看这部电影时，我脑海里老闪烁着一个看似没那么有道理的画面：

"魔戒"三部曲最后一部中，魔眼已毁，弗罗多醒过来，发现已躺在老家夏尔的床上。阿拉贡、甘道夫、金霹等人逐一出现，两个霍比特人兴奋地跳到床上拥抱弗罗多。

最后，一直与弗罗多生死与共的山姆出现了。看到山姆的那一刻，弗罗多仿佛忘记了一切，只是专注地看着山姆。山姆也看着他。他们没有说话，没有行动，但彼此却从眼睛到心，看到了彼此的一切。

这种联想，像是一种无厘头。不过，王家卫的电影，如果不是沉到感觉里去品，也像是无厘头。他的电影，玩的是味儿、是感觉，画面的逻辑不是在头脑里，而是在情感和感觉中。

弗罗多与山姆对望的那一幕，与叶问和宫二最后对望的那一幕，形成了鲜明的对比。我被王家卫拉到了一种绝望中，但心中有个声音跳出这个画面对我说："这世间还有另一种味儿，清新、简洁、有力且光明。"

"魔戒"三部曲，讲的是如何不被魔眼统治世界，讲的是一个又一个英雄之旅。我们看英雄们拯救世界，其实也是在拯救自己内在对情感的信心。

所以，"魔戒"三部曲和西方的很多电影，过程是拯救世界，最后标志性的一幕，都是爱情完成的画面。

周星驰的电影，一样也是绝望。他的电影中的女主角去世后，男人悲愤至极，最终成王、成"神"。其他的电影，一讲爱情，都是热闹至极，也因而虚假，像是充满了喧嚣的噪声。可是，他的这种表达，我们喜欢。如此看来，王家卫的电影最起码还有那么一丝真实的情感细线。

两人爱上彼此时，是在对打中，两人的鼻尖在一线间擦过。那一瞬间，世界安静了下来，两人之间产生了感情。这份感情的表达，最终变成叶问的扣子和宫二头发的灰烬。他们通过这么含蓄的方式，表达了对彼此的想念。

这份含蓄，就是比昂说的负爱和负恨，就是憋着爱和憋着恨吧。

关于心灵的知识，希望它们不是你世界里的负知识，只是用来增强自恋，而没有增进你和别人乃至世界的深度情感。

互动：快意恩仇时，至少有机会

我先谈一个非常常见的现象——烦。太多人是很容易感觉到烦的，我也是其中之一。这时谈的烦，是发生在关系中的，就是有人、有动物，过来想和你建立关系，你很容易感觉到烦，觉得被打搅了。

容易感觉到烦的人，通常还容易有一个标配——不敢去打搅别人，因为会担心别人也会烦。

为什么会这样？我想到了"头脑妈妈"和假自体。"头脑妈妈"和假自体是在婴幼儿时构建的。对一个孤独的婴幼儿来说，多数外界刺激都是过度的，都超出了他的承受能力，所以这会被他感知为侵扰，因此会觉得有些烦。

要破解这份假自体的烦，答案是：去行动！让自己尽情地投入充满各种关系的真实世界里，让自己和真实世界的丰富接触，撕裂开这个假自体，让生命力流动起来。

Q：我身边有些人脾气很暴躁，动不动就发脾气，这也是快意恩仇吗，还是自恋呢？如何区分两者？

A：至少，他们在快意恩仇。

快意恩仇，当起到攻击联结甚至切断联结时，就会陷入自恋。而当关系能承载得住时，它就会得到转化。结果，增强了情感。

快意恩仇时，你还有机会；而当陷入负爱、负恨时，你连机会都不会有。

Q：现实中，你想畅快地爱也得对方接受啊，如果对方不接受，如何去畅快地爱？如果对方在誓言中毁约，如何又畅快地恨呢？

A：当关系存在时，表达爱、表达恨才有意义。当关系不在时，表达就失去了转化的可能。

但是，如果恨还在心中，如果它没有消失，表达出来会有意义。

有时候，恨只是看似没有表达，但其实有了一个严重的表达——我和你的关系都没有了谈论的必要。这就意味着，这个关系被彻底否定了。

然而，有意思的是，当这么做时，关系并不容易从心里断得那么干净。那些充分爱恨过的关系，结束起来才更容易，那些纠结的关系，常常是因为爱恨没有充分表达。

爱与恨

谁都会说"爱",谁都会说"恨","爱"与"恨"这两个词是如此普通。但是什么是爱,什么是恨呢?它们可以怎样被定义?

对爱和恨下一个定义,这并不容易。实际上,最近两年有很多次,我对我的咨询师朋友们说,我现在好像不知道什么是爱了。

精神分析认为,自恋、性和攻击性是人类的三大动力,那么爱和恨在哪里?它们不是动力的一种吗?我就试着来定义一下爱和恨。

如果我继续谈论爱,
我可以说出一百种联系,
但那仍然不代表我已说出奥秘。
心存恐惧的苦行者用脚奔跑,
爱者却如风雷电闪般移动。
根本无法相比。
当神学家还在那里
为自由与必然的问题
苦思冥索,
爱者与被爱者早已

把自己推向彼此。

——鲁米

爱是容纳、看见与联结

比昂有一个非常有"穿透力"的表达：关系的实质，是看谁传递焦虑，谁承接焦虑。传递焦虑的，是关系中的问题的制造者；而承接焦虑的，是在承受问题的制造者的痛苦。

例如，当父母出于自己的焦虑，逼迫孩子学习的时候，父母就是问题的制造者。

正常养育下，孩子是传递焦虑的一方，而父母是承接并化解焦虑的一方。例如，孩子的饼干碎了，他们号啕大哭，觉得就像是整个世界破碎了一样。这时就需要父母去安抚孩子，化解他们的焦虑。如果父母做不到这些，而只是对着孩子一通吼叫，通过施加压力的方式来让孩子安静下来，那么，父母谈不上爱，而且他们把更多的焦虑传递给了孩子。

这是一个简单、有力的观点。比昂有一个比较复杂的观点：贝塔元素（β）、阿尔法元素（α）与阿尔法功能。

一个人忍受不了的情感就是贝塔元素，这样就引出了阿尔法元素的定义，就是能够忍受的情感。把贝塔元素变成阿尔法元素的功能，就是阿尔法功能。

我们讲过"去毒化"，就是一种阿尔法功能。孩子心中攒了太多的无助和恨，这就是"毒"。"毒"多了，孩子就承受不了了，成了贝塔元素。孩子会把它们投射给父母，而父母经过自己的处理，减轻甚至转换了其中的"毒"，再把它们还给孩子。于是，此前不能承受的心灵素材成为可以承受得了的，甚至还成了滋养性的心灵养料。如果说什么是爱，那这就是爱的一种。

心理咨询师的工作，就是要不断地给来访者提供阿尔法功能，最终帮来访者增强自己的阿尔法功能。

例如，精神分析认为的人类三大动力——自恋、性和攻击性，常常被文化和家庭所排斥，于是个人也会把这些视为不可忍受的心灵素材，而把它们压抑到潜意识中去了。当咨询师帮来访者识别它们，并帮助来访者把这些素材整合到自己的心灵中时，这就是阿尔法功能，也可以说是爱。

一位年轻的男士找我做咨询。他来找我做咨询的原因是，他在女性面前非常自卑，觉得女性不喜欢自己。然而，谈了两三次后我发现，他所认为的，和事实完全相反。高中时，他就和校花谈恋爱；大学的时候，十几个女孩倒追他；而我们工作室的女助理们都对他非常有好感。这些才是事实。可他怎么生生把自己受欢迎的事实，扭曲成女性不喜欢他呢？

通过咨询，我发现这是因为他有严重的俄狄浦斯情结。他有一个很美的母亲，有一位长相普通，能力也普通的父亲。母亲把太多的情感倾注到他身上，和他也非常亲密，他的恋母情结得到了极大的满足，因而他也产生了极度焦虑。于是他通过"我不招女人喜欢"这样的想法，来防御和母亲太过于亲密带来的巨大焦虑。

解开了这个谜团后，他恍然大悟，活得清楚了很多。但是，等结婚后，他又找我做咨询。他时常担心自己精子的质量不行，会和老婆生下怪胎来。这个很好理解，作为恋母情结太深的男孩，虽然意识上知道娶的是老婆，但潜意识中觉得娶的是妈妈。而如果真和妈妈生孩子，那不就是近亲结婚吗？基因变异的可能性很大。他对生下怪胎的担心，很大一部分来自这儿。

这些谜团解开后，他的心灵变得更加完整，他的生活也迅速发生了好的变化。他能非常好地享受和妻子的性爱，并生下了非常健康、有活力的宝宝。

受过精神分析训练的人能够识别这些复杂的人性，但普通的父母该如何实现对孩子的爱呢？

比昂提出了一对好理解的词："容器"和"被容物"。正如英国另一位精神分析大师温尼科特所说，好父母的重要特点，是能成为孩子好的容器。

例如，贝塔元素就是被容物，而经过容器的容纳，贝塔元素就变成了阿尔法元素。最初的贝塔元素是什么呢？就是带着全能感的婴儿关于死亡与毁灭的各种恐怖感知。例如，当婴儿包围在尿液、粪便、饥饿和寒冷等各种不舒服的感受中时，婴儿会有自恋性暴怒。再加上全能感，婴儿有可能担心自己会毁灭世界，毁灭妈妈和自己。

并且，婴儿会通过尿液、排便、咬和抓等方式表达他的愤怒，而这时他会被"我在毁灭世界""我的这些做法太可怕了"这些感知给吓坏，也会被"我实际上什么都做不了"这种极端无助感折磨，所以这些感受就是不可忍受的原始的贝塔元素。

这时，如果妈妈能够忍受他的攻击，同时比较好地照料他，那他的贝塔元素就被容纳了。这些元素再被婴儿吸纳到自己的心灵中，就成了阿尔法元素。

阿尔法元素只是能被忍受的东西，还不能特别好地被意识到，它要进入意识并不断被清晰地认识，还需要不断地被容纳。

这有一个演化过程：

（1）贝塔元素被容纳而成为阿尔法元素；

（2）阿尔法元素被容纳而进入梦、白日梦、童话故事和神话故事中，它们是用想象的手法来表达的；

（3）梦和神话被容纳，而成为"预想"，会使用象征和预想的表达手法；

（4）预想再被容纳，而成为"观念"；

（5）观念再被容纳，而成为"概念"；

（6）概念再被容纳，而成为"科学演绎系统"；

（7）科学演绎系统再被容纳，而成为"代数计算法"。

容器还好理解，而上述这个心灵素材的演化过程，我理解得不够，看似也非常复杂，但大致可以有一个理解：在比昂看来，婴儿最原始的心灵素材（即贝塔元素），是不能被忍受，也不能被言说的，而先经过妈妈的忍受，再经过不断地被意识化，最终构建了一个庞大的意识体系。这不是一个人的努力，而是人类集体的努力。可以说，人性的各种知识都是这样演化而来的。

并且，这个演化过程的核心逻辑，就是"容纳"。从这个意义上来讲，容纳就是爱。

我之前的文字，很像是一直在批判思维和头脑，可比昂有一个非常有"穿透力"的说法：文字，是巨大的容器。因为当我们的心灵知识可以被文字表达时，就意味着，心灵知识被文字容纳了。而借助文字，才可以不断地进行各种思考，最终让人类看到人性乃至世界的运行规律。

所以，我们也不能简单地否定思维和头脑，而只是别把它们等同为"我"。因为如果说有"我"的话，原始的贝塔元素比文字更像是"我"本身，文字只是用来认识"我"的。

当父母能够帮助孩子，用语言去表达自己的情绪、情感时，这就是爱。

不管是看孩子，还是看我们自己，我们都会知道，当有一件事总是说不清楚时真的很难受。而你突然间能找到一个很好的词或句子来表达时，顿时会觉得非常舒服，甚至会觉得世界都变亮了似的。这被称为"心智化"，即学会用语言来表达感受。

我的一个咨询师朋友，她在和家人说话时，她女儿在房间里多次喊："吵死了！"

一开始，她觉得被女儿伤到了。但那天她整体上心情不错，先忍受了孩子扔来的情绪。待了一会儿后，她想：女儿正在做作业，应该是处于严重的焦虑中，于是理解了女儿的情绪。然后，她真对女儿有了一点儿愧疚，于是过去对女儿说："对不起，妈妈吵到你了。"

这个道歉迅速让女儿的情绪平复了下来，而女儿待了一会儿后，就冲出来找妈妈起腻了。

这位咨询师妈妈的感觉是，当女儿表达不满，而她也生气时，那一刻母女俩之间的情感联结就被切断了。而当她理解了女儿并道歉后，她感觉那份联结重新恢复了。

什么是爱？让联结恢复，就是爱。对人性的容纳、看见和让情感恢复并增强联结的做法，就是爱。

恨是拒绝、否认与切割

通过容纳，增进理解（即看见），从而增进联结，这是爱发生的核心吧。那么，恨是什么？

我们可以做一个反推：恨，就是通过排斥、否认，从而切断联结。

贝塔元素的关键是不能被个体所忍受，它们也变得不可被认识，于是要通过其他个体提供的阿尔法功能而变成阿尔法元素。这个过程，可以被视为爱的过程。

反推的话，本来可以被忍受、被认识的东西，因为被排斥和被否认，而最终重新变成不可被忍受、被认识的贝塔元素。这个过程，就可以被视为恨的过程。

例如，弗洛伊德提出的俄狄浦斯情结。这看似是对人性的一种巨大冒犯，因为他竟然说，男孩的情欲指向母亲，同时想杀死父亲；女孩的情欲指向父亲，同时恨母亲。

当我们将这个视为不可被接受的东西时，那么它就会划入贝塔元素之列。

实际上，人类作为整体，的确是因为弗洛伊德，俄狄浦斯情结才可以被坦然面对、被公开探讨。因此，它就成了可被容纳之物。从这一点上来讲，弗洛伊德带给了人类大爱。

恨很难被单独定义，我在想恨的定义时，总在想以前我很喜欢的一句话："恨是因为爱而不能。"

恨是因为容纳、看见、联结都统统失败而导致的。

这也符合我一直讲的一个模型：

> 每个人作为一个能量体，都在不断地向外界发出各种动力，而每一个动力在关系中被接住时，就意味着联结发生了。这个动力就会变成好的动力，如热情、创造力和爱。当一个动力在关系中没有被接住，这一次联结的努力就失败了。这个动力就会变成坏的动力，或者叫"黑色生命力"，如冷酷、毁灭与恨。

黑色生命力有两个表达方式，一个是向内，一个是向外。向外时就会构成破坏力，而向内时就会构成对自己的攻击，这也是抑郁的源头。

它可以简化成：生命力本来只有一种，而当在关系中被看见时，就会变成爱；而当没有被看见时，就会变成恨。

恨会指向三个东西：恨你，即客体；恨我，即自体；恨关系，于是想切断联结。

恨是让人恐惧的东西，因为恨可以带来毁灭。

各种毁灭性的攻击容易和恨联系在一起，还有我们不容易觉知到的原始恨意。

这种带着毁灭欲的恨意，是贝塔元素中的重要因素。所以，温尼科特有一个非常有意思的说法：当婴儿发出带着毁灭欲的恨意，而毁灭没有发生时，幻想就发生了。意思是，如果婴儿一发出恨意，毁灭真的就会发生，那么这个恨意，婴儿以后连想都不敢想，而会彻底否认它，让它成为贝塔元素。可是，一旦毁灭没发生，母亲承受了他的攻击，然后恨意就可以在意识层面出现了。它首先会成为幻想，只是婴儿会忘记，他最初想攻击的是母亲。

各种童话故事里都有一个邪恶的后母或巫婆，这些邪恶的后母或巫婆，源头就是母亲。婴儿不能想象自己可以攻击、毁灭母亲，于是变成攻击与毁灭是发生在孩子和邪恶的后母或巫婆之间，并且是由后者发起的。

对婴儿带着全能感与毁灭欲的恨意的理解，要细化到这种份儿上：婴儿会觉得自己一挥洒恨意，世界就会毁灭；如果婴儿感知到这种毁灭的可能，他们就会收敛起自己恨意的表达。这也意味着婴儿不敢伸展自己的攻击性了，因而失去了他们的活力。

母亲或其他抚养者做了什么，会带给婴儿"世界会毁灭"的感知呢？例如，惩罚婴儿：当婴儿咬了妈妈的乳头，被妈妈扇了一巴掌；婴儿尿了大人一身，大人狠狠地表达了自己的嫌弃……

这些细节，大人有大人的理解，但婴儿得到的理解是：他表达的攻击性太可怕了，外部世界担心会被毁灭，所以惩罚了他，告诉他要收敛，否则外界会去毁灭他。

我们一再讲婴儿的例子，是因为婴儿的世界比较极端，可以说清楚。而实际上，小孩子乃至成年人，在一定程度上也存在着婴儿的这种感知，特别是心智不够成熟的成年人，内心一样有这样的感知。甚至可以说得绝对一点儿：攻击性明显被压抑、很难表达恨意的人，实际上都存在着婴儿的这种对恨意的感知——担心自己的恨意会毁了世界。至少是担心自己的恨意会毁了自己、毁了对方，或毁了关系。

当然，我们得学习用语言在情绪层面表达恨意，而不是切实地去攻击对方的身体、破坏对方的财富，甚至真去杀戮和毁灭。

如果你是这样的人，那么学习在关系中表达恨意是非常重要的。你会一再发现，表达恨意并没有带来毁灭，甚至还在关系中被容纳了。那时，恨意就会变成可以滋养你灵魂和关系的情感素材了。

很多好脾气的朋友问过我："为什么世界这么不公平？为什么有些脾气很坏的'烂人'反而获得了爱与财富等好处，而我这么善良却得不到这些呢？"

因为敢表达恨意的人，就有了机会获得救赎。

让恨流动

一位名为温格·朱利的美国婚姻问题专家，写了一本名为《幸福婚姻法则》的书。书中总结说，好的婚姻，需要遵从"一大原则""三大定律"。

一大原则是"好人原则"：在婚姻中，你要做一个好人、找一个好人。

三大定律则分别是：

太太定律，太太永远都是对的；

孩子定律，孩子和丈夫永远是孩子；

家产定律，除了一张双人床外，其他一切东西都可有可无。

朱利找到一对恩爱夫妻——102岁的丈夫兰迪斯和101岁的格温，他们的婚姻维持了78年，被著名的媒体报道过。朱利想让他们为自己的书做代言，把书的提纲寄给了他们，特别讲了"一大原则""三大定律"。

很快，朱利收到了兰迪斯先生的回信。回信说："我把你的婚姻幸福提纲读给我太太后，她差一点儿没笑死过去。她说如果提前两天收到你的提纲就好了，这样就可以避免和我的一顿争吵了。她有一句话想对你说：在这个世界上，即使是最幸福的婚姻，一生中也有200次离婚的念头和50次想掐死对方的想法。"

我还记得美国一对夫妻一直在宣讲幸福婚姻的秘诀，要义是正能量。这两人在公众面前也是一直表现得很有正能量，然而就在宣讲过程中，他们却控制不住地离婚了。

作为还没结婚的作家，我也出过一本畅销书《为何爱会伤人》。这本书是我写的书中我特别喜欢的一本，因为写得用心。关于爱情，我计划写一个系列，这是第一本，写的是爱中的误区，第三本写如何活出真爱，至于第二本写什么，我在这两年逐渐形成了比较系统的思考。那就是，如何在爱情中去表达真实的恨意。

这一系列书，核心道理是一致的，就是必须真实。如果有爱，就真实地去爱；如果有恨，就真实地去恨。实际上，真爱，也只能发生在两个真实的人的互动之间。

温尼科特提出了一堆看起来很温暖的词语，例如，"足够好的妈妈""原始母爱灌注""抱持等待"，但他的传记作者说："温尼科特大部分的生命都在寻找、表达、使用他对他自身恨意的觉察。"

人容易惧怕恨意的表达，这有两个常见的原因：

（1）恨意背后藏着毁灭欲，我们担心，恨意一表达，会带来毁灭；

（2）恨意在自己身上时，会让我们不喜欢自己，觉得自己不好，这会破坏我们的自恋。

然而，当我们有恨意却不承认时，那会导致一个可怕的事情：我们以为在表达爱，但我们其实是为了隐藏恨。

正常关系有好有坏、有爱有恨，有创造欲，也有毁灭欲……当我们能完整地看待这一切时，我们也就拥抱了完整的关系。这时，我们的心和关系本身，就是一个大容器，在容纳着这一切。不仅爱可以在其中流动，恨也一样可以。

比如，妈妈要做孩子的容器。但同时，妈妈也要做自己心中恨意的容器。也就是看到，自己对孩子有恨意是很自然的。

温尼科特就列了妈妈恨婴儿的17条理由：

（1）婴儿不是她自己心中设想的那样；

（2）婴儿不是童年的游戏，不是父亲的孩子，不是兄弟的孩子等；

（3）婴儿的出生一点儿也不具备神话色彩；

（4）婴儿妨碍了她的私人生活；

（5）母亲生个孩子是为了安抚自己的母亲，因为她需要一个孩子；

（6）婴儿伤害了她的乳头；

（7）婴儿是无情的，对待她就像对待一个下等人、一个不领取报酬的仆人、一个奴隶；

（8）从一开始，她就只好爱他，爱他的排泄物，爱他所有的东西；

（9）他总是设法伤害她，周期性地咬她；

（10）他表现出对她的幻想破灭；

（11）他得到了他想要的东西，就把她像橘子皮一样扔掉；

（12）婴儿起先一定是支配性的，他被保护免于偶然事件，生活必须以他的速度展现；

（13）最初，他一点儿也不知道她所做的，或者她为他所做的牺牲；

（14）他怀疑她，拒绝她的好食物，使她怀疑她自己，他却和他的阿姨吃得很好；

（15）度过了一个糟糕的上午，她和他一起出去，他向一个陌生人微笑，陌生人说"他难道不可爱吗"；

（16）如果她从一开始就抛弃或疏忽了他，她知道他将永远报复她；

（17）他使她兴奋，但也使她感到挫败，因为她不能吃了他，也不能与他有性关系。

让妈妈们既做婴儿恨意的容器，又能容纳自己对婴儿的恨意，这不容易。这时，就需要丈夫做妻子和孩子共同的容器，既去容纳妻子和孩子之间的恨意，又允许妻子和孩子把自己承受不了的恨意投射给他这个第三者去消化。

当黄玉玲老师觉得自己受不了孩子时，即忍受不了孩子和她之间的焦虑与恨意时，她就会喊老公帮忙，而老公就会过来对她说："你撤，我来！"

在怀孕、分娩、坐月子和哺育期间，做丈夫的需要明白，这都是非常不容易的事，他轻易不要指责妻子。这时候，不能指望妻子做他的恨意的容器。如果自己的家人对妻子有挑剔，那必须学习去保护妻子。这样，妻子才能更好地去做孩子的容器。

"见诸行动"的意思是，当恨意等破坏性情绪产生时，就让它们在情绪层面表达，并学会用语言去好好沟通，而不要把它们真去变成伤害性行为，否则就是让恨意"见诸行动"了。

恨意一旦从情绪变成伤害性行为，那对关系就会构成切实的伤害，这就意味着关系的容器出现了裂痕。而当裂痕太大时，关系就可能会破裂。

同样，你也没必要一再去承受别人过分的伤害行为。恨意只是恨意时比较好处理，也比较好容纳，而一旦变成伤害行为，性质就变了。在社会和法律层面也一样，伤害行为需要被制止、被惩罚，特别是成年人。

给毁灭欲披上一层"胶囊"

我现在越来越深刻地认识到，人类那些最日常、最普通的活动，如饮食、排泄和呼吸等，都有无比深刻的心理隐喻。

我们来谈谈粪便的隐喻。

在第二章《自我》中，我介绍了弗洛伊德的性心理发展阶段论，并特别讲到肛欲期如何训练孩子的排便活动会影响一个人对金钱的态度。所谓"视金钱如粪土"这样的说法，实在是太有道理了。

同时，粪便还有另一种心理隐喻——释放攻击性。

这是排泄活动本身的隐喻，不只是粪便，尿液也有这样的含义。很多小说和电影、电视会刻画这样的画面：男人把尿尿在受欺辱对象的头上、身上，以此表达对对方的蔑视。

资深一点儿的心理咨询师们都知道，拉屎、撒尿这样的活动，是和情绪释放联系在一起的。所以，人类不仅要控制自己的大小便，也要学习控制自己的负面情绪的表达。

人类的进食和排泄系统构成了这样的画面：吃进来的是营养，最好还色、香、味俱全，而经过消化系统的处理，最终变成了有臭味的脏东西排泄出去。所以，这也构成了一个基本隐喻：吃进来的是好东西，而排出去的是脏东西。对于这些脏东西，我们知道要保持距离，而如果把它们弄到别人身上，那自然是对别人的攻击。

婴儿其实也知道这种隐喻，但因为婴儿还容易有全能毁灭欲，所以会有很深的恐惧：自己肮脏的、带着攻击性的粪便和尿液，会不会毁灭那些好东西，如提供奶汁的乳房？

比昂专门谈到了婴儿的这份恐惧，讲到婴儿处于尿液、粪便、寒冷和饥饿等不舒服中时，既担心这些东西会毁灭自己，又担心自己制造的粪便和尿液会毁灭乳房、妈妈，乃至世界。

带有毁灭含义的尿液和大便，就是贝塔元素。当妈妈或其他抚养者能够忍受，并帮婴儿处理好，最终让婴儿基本处于还算舒服的环境中时，婴儿的这些不能忍受的贝塔元素就变成了可以忍受的阿尔法元素。

我们可以做这样一个比喻：贝塔元素变成阿尔法元素，就像是给炮弹加上一层糖衣，或者说披上了一层胶囊，只是胶囊里的不是药物，而是带着毁灭欲或其他人类不能面对的心理信息。

更直观一点儿的说法是，贝塔元素经由妈妈的忍受变成阿尔法元素，就像是给带着毁灭信息的粪便加上了一层胶囊，这样就可以忍受了。但也只是仅仅可以忍受，之后还需要给它加上一层又一层的胶囊，而最终它变得可以接受，可以进入大众的意识了。

比昂说的"容器和被容物"，就像是俄罗斯套娃。最原始的、带着最可怕的毁灭欲，不能直接见人，要套上一个套娃，再套上一个，这样不断地套下去。

把这些胶囊都撕开，直接面对粪便、尿液本身的毁灭含义，它会真的变得难以忍受。

我的一位来访者，常被老公形容为"茅坑里的石头，又臭又硬"。然而，她和我都觉得，那更像是她老公自己给别人的感觉。她老公自恋且封闭，不可以对他说"你错了"，更不可以对他说"你父母有错"。他一直在捍卫他和自己家人的自恋。

一件有趣的事情是，这位女士的老公老家用的是很简易的茅坑，而她一直在城市长大，还有洁癖，不能接受这样上厕所，于是提出修建一个真正的厕所。最初给老公提时，他大怒："你瞧不起我们！"

这个茅坑，就像充满毁灭欲的大便一样，是不能被谈论的东西，是可怕的贝塔元素。

我和这位来访者做咨询时，常常出现长时间的沉默。这是咨询中常见的事，但多数沉默中，会有充分的信息。我会感受到，有时也能捕捉到。而和她咨询中的沉默，就像坚硬的石头一样，不能被理解。我们花了很长时间，才逐渐减少了这些沉默时间，并且最终开始对它们有了理解。

这些"坚硬的石头"中，藏着她对母亲的怨恨。每当她对母亲或女性权威表达出攻击时，她自己都会生一场病。有时会产生巨大的恐惧，真的担心母亲会死掉。

再谈下去我们发现，其中一些"坚硬的石头"是母亲传递给她的怨恨——这些怨恨也是贝塔元素。而她忍受了下来，于是变成了可以忍受的阿尔法元素。

在正常养育中，是父母忍受孩子投来的贝塔元素而转变成阿尔法元素。但在讲究孝顺和听话的环境中，太多时候会是一个相反的过程：父母把自己可怕的焦虑扔给孩子，经由孩子的忍受，变成了阿尔法元素。

阿尔法元素只是被忍受，还不能被觉知。她的这些"坚硬的石头"是经由和我的咨询，才逐渐变成了意识层面的内容。而我能做到这些，也是因为人类太多"坚硬的石头"，经由弗洛伊德、克莱因和比昂等诸多大师的工作，变成可以被觉知的内容了。

我有几位来访者，他们的心理活动非常原始，会直接展现出毁灭欲，可我又不能直接和他们谈论。我最好的方式是把它们接过来，忍受它们，最终再作为可以被忍受的东西，被他们吸纳回去。

这个过程在没有实现之前，当毁灭欲出来时，他们的身体很容易出现各种各样的疼痛，转变为疾病，甚至会大病一场。这是因为毁灭欲不能在关系中表达，于是转过来攻击他们自己。

所以，给毁灭性的粪便披上一个胶囊，只是把它们从不可忍受，变成可以忍受的东西，这是巨大的进步。那些最可怕的人性，总是先可以被忍受，然后才变得可以被谈论，最终被觉知。

互动：做一个不好惹的人

成年人因为可以构建一个复杂的心理防御体系（也就是自欺欺人），所以会把一些简单的东西弄得非常复杂。

例如恨，我们不能表达恨意，既有想做好人的原因，又有一个我们难以面对的真实原因——我们太软弱，担心自己的力量不够，担心表达了恨意，不仅没有被包容，反而被报复了。而且，报复的人力量远远强过我们，我们立即就被摧毁了。

童年时，如果你或你的家庭一直处于被欺负的状态，那么很可能软弱是一个主要因素。

同时，太担心被摧毁，这常常也不是现实性的，而是婴儿式的感知。婴儿既担心自己的摧毁力量是全能的，一伸展世界就会被毁灭，又会担心自己是彻底无助的，而别人的摧毁力量是碾轧式的，自己轻易会被摧毁。

真正的现实是，成年人之间谁也不容易摧毁谁。而当别人感知到你是一个不好惹的人时，你反而容易得到尊重，最后也容易收获好的关系。

所以，表达恨意不仅仅是为了构建联结，同时也会让别人尊重你。

就做一个不好惹的人吧。

Q：有时候，我接到对方扔来的情绪，会先愤怒了，然后变本加厉又扔回去，我应该怎样做才能先成为一个好的容器呢？

A：首先，我们要承认自己的真实。如果自己的容量小，就承认它，承认即是对"自己容量小"这个事实的容纳。如果发现自己是传递焦虑的那个人，而对方又能化解自己焦虑，那就尊重这个事实，尊重也是容纳。如果发现自己报复心强，那也承认它。接着，在承认的基础上，再去看，自己明白道理后，能否做得更好一些。

特别重要的，不是拿心理学的道理去要求自己，而是看看心理学的道理能否帮助理解自己和他人。理解更容易带来更好的做法，强行要求常常不会有什么结果。

实际上，看到一个好的道理，但发现自己暂时做不到，那么不急着要求自己去做到，这也是在自己内心创造了一个容纳自己的空间。

Q：表达恨意和抱怨是一回事吗？当我累的时候会忍不住说老公，他会觉得是在抱怨他，过后我也会很后悔，觉得不应该。如果想表达对对方的恨意，什么方式更合适，从而让这份恨意很好地流动？

A：《不抱怨的世界》这本书中讲到使用一个紫色手环，如果你抱怨了谁一次，就把这个紫色手环换到另一个手腕上。这样可以来监督你抱怨的次数。

我有一个很封闭的朋友。他套了这个手环，并真的一个月都没有抱怨别人一次。我却建议他把这个手环取下来，因为我认为他严重压抑了自己的攻击性，压抑得这么严重，以致他都觉知不到了。结果，几年以后，他成了一个脾气很大、非常不好惹的人。

恨意和抱怨有这么一个区别：恨意是"我恨你"，而抱怨是"你伤害了我，你错了"。恨意是直接表达攻击性，这时自己很容易丧失道德优势；而抱怨是非说对方错了，所以在攻击对方时还试图占据道德高地。

Q：我一直无法表达攻击性，如何表达负面情绪呢？

A：也许你可以为自己构建一个"攻击性会带来好关系"的"环绕音"。

具体可以这样操作：

（1）找到那些身边的例子，你会看到，那些在人际关系中嬉笑怒骂的人反而拥有更好的人际关系，可以把他们当作榜样，去了解他们是怎么做到的，甚至可以去采访他们、问他们。

（2）找影视小说中的例子，那些你特别羡慕和喜欢的人物，可以把他们的图像放到你的房间里、电脑上，把他们当作榜样。

（3）寻找音乐，也包括我的文字，可以打开你的攻击性。

（4）你自己成功的例子。你肯定有过这样的时候：你表达了攻击性，结果你更受欢迎了。好好去理解这样的事例，理解你在这些事情中的身体感受、情绪、情感和想法，记住你最清晰的身体感受，不断去深刻体验这些感受。

（5）你可以找一些安全的关系去试试。

所有这些努力就构成了一个立体影音世界，环绕着你，让你浸染其中，从而逐渐改变你。

最难面对的平实之物

心理学很复杂，或者说人性很复杂，但大道至简。最简单的道理，为什么总是只有少数人真的懂得呢？

因为，最简单的，最难面对，最难活出。

最难面对的，是那些平实之事；最难活出的，是那些平实之物。

最难面对的平实之事，是自体的虚弱和关系中的恨；最难活出的平实之物，是自体的坚韧和关系中的爱。

你有没有发现，你变得如此复杂，只是为了逃避某种最简单的东西。

世界就是这样一场梦
许多倾城的烟尘，笼罩上空
如同一个迷离的假寐
但我们比这些城市还要古老

我们的初始是矿物
接着变身为植物
然后是动物阶段，再后来是人类
但我们总是遗忘先前的状态
除了早春时分

我们偶然忆起，曾经的葱绿

人类在一条进化的跑道上被领着走
经历重重智性的迁移
虽然我们看似沉睡
内在却是清醒的
它指引着梦的方向
最终将把我们惊醒
使我们跳回到真吾之中

一只看不见的鸟飞过
投下了一闪即逝的影子

那是什么？是你爱的影子
却盛满了
整个宇宙

——鲁米

自体的虚弱与坚韧

我认识一位女士，她在生了一个孩子几个月后出轨了。简直可以说，她是急不可耐地奔向出轨的。

为什么出轨？

我们很容易认为：这个女人水性杨花，或者说寂寞。但是，她刚生完孩子没几个月，身体还没很好地恢复，而且最初和情人也没什么性生活，所以这个理由并不是很成立。

寂寞的理由也不成立，出轨前家人都围绕在她身边。她出轨时的那份急切，像是逃避一些什么东西似的。那到底是逃避什么呢？

我们稍一深入探讨，就发现了真正的原因：坐月子期间，丈夫把她照顾得太好了，可以说是无微不至。可是，这怎么能算是出轨的理由呢？

因为这种照顾，加上坐月子期间的各种身体反应和习俗，她觉得自己退化成了一个无助的宝宝，必须依赖别人。

她一直以来都是一个要控制一切的女强人，突然间要放下控制，变成一个无助的人转而去依赖丈夫，这唤起了她很深的恐惧。于是，她在身体刚刚恢复后不久，就急不可耐地奔向了出轨。她的出轨，最初并不是为了追求情爱，仅仅是为了逃避无助和依赖。

丈夫把她照顾得这么好，就像是一个好妈妈一样，而她的依赖，实际上饱含着依恋的成分。如果她信任丈夫的爱，这就是她放下控制、完成从自恋到依恋转变的绝佳时机。但是，这时的她反而充满了恐惧。这份恐惧很复杂。

首先，没有建立起安全依恋的人，当发现可以构建依恋时，却会非常担心：万一有一天失去这个关系呢？

其次，她对于失控的恐惧，是担心自己不能控制的边界之外，有一个敌意的"它"在那里等着自己。

同时，她也担心当自己放下控制、展现出自己的真面目时，丈夫这个"好妈妈"会看到她丑陋的（即充满贝塔元素的）真实自我，反而会讨厌她、抛弃她。

以上都是深层原因，而她直接的感受是，坐月子期间的无助带来的虚弱感实在是太糟糕了，她不想要这种"我没有力量，我很虚弱"的感觉。这也是她出轨的主要原因。自身的虚弱，是一种通俗说法，而专业点儿的术语，是"自体的虚弱"。

自体虚弱时，容易导致几个问题：

（1）担心外部世界一旦有敌意，虚弱的自己就抵挡不了，甚至会被毁灭；

（2）自己这么虚弱，引起了严重的羞耻感；

（3）因为有严重的羞耻感和恐惧感，导致一个人不敢面对自己；

（4）不能和强大的力量合作，因为这会唤起自己的虚弱感；

（5）容易有"圣母病"，很容易给别人好处，以此显示自己是强大的；

……

这些问题，从逻辑上不难理解，而真从体验上去理解它们，常常是非常不容易的。

我们得学习尊重自己的虚弱，毕竟谁都有承受的极限。但可能这种身体的虚弱和处境中的虚弱会让我们看到，"我"（即自体）是虚弱的。这种自体的虚弱感会带来恐惧感和羞耻感，我们不愿意承认与面对，于是选择了硬撑着，直到身体和外在现实崩溃。

人们往往容易接受身体的虚弱，而难以接受心灵的虚弱。因为我们把身体视为了一个生理体，好像是"我"之外的东西，而心灵就是"我"，所以心灵的虚弱会让我们觉得，"我"是虚弱的、差劲儿的，继而产生了羞耻感。

很多人抗拒找心理咨询师，往往是因为羞耻感。找心理咨询师，意味着证明了自体的虚弱，就像是一个心灵虚弱的人在向心灵强大的人找依靠。

然而，我们也说了，这也是从自恋走向依恋的开始。

我有一个合作伙伴，他的问题是不能和能力很强的人合作。比如，他每次请我去讲课，都是硬着头皮请的。而按照他的本性，他会选没什么影响力的老师去讲课。虽然请我的话，效果好，但他不自在，而请其他没什么名气的老师，他比较自在。

再深入交流，就看到了非常简单的真相：看上去非常谦虚、低调的他，一样是深度自恋的。当和他认为的强人们在一起时，就衬托了他自身的虚弱。这会让他非常不舒服，这份不舒服最终表现为不自在。而和他认为的与自己水平相当的人们在一起，就衬托不出他自身的虚弱了，他就不必面对这种让他难受的感觉了。

和自体的虚弱相对应的，并非是自体的强大，而是自体的坚韧。当我们追求强大感时，常常就是为了逃避自我虚弱感。自体的坚韧就是，强也可以，弱也可以，不管强的感觉和弱的感觉如何侵袭自己，自己都有一个基本的感觉"我能行，我能基本掌控我的人生"。即便当我彻底不能掌控我的人生时，我仍然知道，失控背后并非死亡、并非深渊，仍然拥有值得信任的力量——自己的，或者是自己之外的。

我们之所以难以面对自体的虚弱，是因为这会带给自己"我很差劲儿"的羞耻感，是因为我们担心，当自己虚弱时，外界毁灭性的力量会消灭我们。

艾瑞克森即便在全身瘫痪，并被医生判了死刑时，他的内在心灵中仍然有很强的生能量。这是他自体坚韧的关键。

自体坚韧，就是信任自己内在的生能量，或者说不管在什么情形下，这份生能量都能保持连续，而不会被切断。一个人内在的生能量的连续保持能力，就是自体坚韧。

艾瑞克森家族都有这份韧劲儿。他的父亲在 17 岁时离家出走，买了能去最远地方的一张车票。下车后，他去找工作，见了一个农场主，他说："难道你不需要像我这么能干的小伙子吗？"于是，他就被雇用了。

在这个农场干了一年，他爱上了农场主的女儿，就去求婚。女孩给了他一个手套。按照当地的习俗，给一个手套是拒绝，给一双手套是答应。他难过了一个晚上，仍第二天去找女孩说："你肯定搞错了，你应该给我一双手套的。"又过了一年，女孩真给了他一双手套。

缺乏坚韧时，我们需要去面对自体的虚弱，不然容易有各种自我欺骗。例如我们会把软弱当作善良，因为对自己说"我很善良，所以受伤"时，要比意识到"我很虚弱，所以被欺负"容易面对。前者会保留住"我很好"的自我良好感，而后者会让人觉得"我不够好"。

不过，当自体太虚弱时，一个人根本没法面对这个事实，于是需要把"我不好"这个信息投射到外部世界，变成"你不好"。

关系中的恨与爱

美国的一位军人，第二次世界大战的时候是飞行员，在战场上英勇无比，不怕苦、不怕疼。他七十多岁时去意大利旅游，在街头被偷了钱包，一下子变得瘫软如泥。

这位军人，他用一辈子的时间去掩饰他自体的虚弱，可以说做得很成功。可是，钱包被偷这事儿，一下子击中了他，让他呈现了他的虚弱。

这是瑞士心理学家维蕾娜·卡斯特在她的著作《克服焦虑》中讲的故事，她称之为"反恐惧行为"。即他实际上总是处于恐惧中，可他不想要这份恐惧带来的虚弱感，于是走向相反的方向：越是恐惧，越表现得英勇无畏。但当英勇无畏不能控制自己的生活时，恐惧就会瞬间击中他。

在卡斯特看来，各种夸张的冒险行为都是"反恐惧行为"。恐惧带给了人自体虚弱感，为了对抗这份虚弱感，有些人表现得异常强大，可这份自体强大感是不够真实的，自体虚弱感才是这种冒险行为的内核。

这样的故事，从自体的角度来看，可以看出自体的虚弱、强大和坚韧。如果从关系的角度来看，还可以看到在关系中是爱占了主导，还是恨占了主导。

如果是爱占主导的关系，自体的强大与虚弱就不是那么重要了，但如果是恨占了主导，那么自体的强大与虚弱就非常重要。

像战争行为和被偷钱包这样的事情中，这位美国军人和别人构建的关系都是恨占主导的行为。在恨占主导的行为中，就藏着毁灭的可能。我强大，就可以免于被你毁灭，甚至转而去毁灭你；我弱小，就可能会被你毁灭。

自体的强大与虚弱，是一个维度。在维度的顶端，是全能自恋，还伴随着毁灭欲；在维度的底端，则是彻底无助感。所谓"彻底无助感"，就是当被毁灭的时候，毫无能力保护自己，只能任凭别人摆布。在这个维度中间，则是各种分数的自体强弱感。

这位美国军人以前无比英勇、不怕疼、不怕苦，都是为了捍卫自己的自体强大感，甚至是全能毁灭感。这是为了避免跌落到彻底无助中，但小偷偷了他钱包这件事让他一下子体验到彻底无助感。并且，这种时候，通常还会伴随着心脏病发作一般的感觉，好像真的在被毁灭。

自体的虚弱，是我们难以面对的。我们同时难以面对的，还有我们在关系中对客体的恨意。

自体的虚弱，让我们觉得"我没有力量，我弱小，我很差"，而我们在关系中对客体的恨意则让我们觉得"我邪恶，我是坏的"。

在第一章《命运》中，自恋可以基本分为两种：一种是我比你强，另一种是我是对的。现在，我们看到，我比你强，是为了追求自体的强大；我是对的，则是为了避免在关系中的恨意。当活在一元关系和二元关系时，我们会把自身的

"坏"投射给客体。所谓的"坏",也就是这两种:自体的虚弱,以及对客体的恨意。

这两者是紧密联系在一起的:当关系中恨意太多时,"我"就必须追求强大,否则就会被压制甚至被毁灭。

这时,就构成了一对矛盾:为了自体的强大,就得留住自己的恨意,并学习在关系中去表达,然后去击败别人,而不是被击败;可通过表达恨意而增强自己时,就会觉得自己"坏",并惧怕破坏甚至毁灭关系或客体,因而会倾向于压制恨意。

这一对矛盾,从逻辑上来讲,会分化出四种人:有力量的好人、缺乏力量的好人,有力量的坏人、缺乏力量的坏人。而当关系中的恨意太多时,更可能会催生出两种人:缺乏力量的好人和有力量的坏人。

当关系中的爱意占了主导时,事情会发生很大的变化,有力量的好人就会涌现。

实际上,爱意其实是恨意的转化,恨意是爱而不能。所谓的"爱意占主导",实际上就是生命力可以在关系中充分展现,当生命力能在自体和客体之间被容纳、被看见并建立联结时,这就是爱意。

因此,不要惧怕表达生命力,不要惧怕表达恨意,关键是不把恨意变成破坏行为。这样,孤独失联的恨意(即黑色生命力),就可以因为被容纳而转化成热情、创造力(即白色生命力)。

当面对剥削者,你能表达你的恨意,能捍卫自己的边界时,常常会获得剥削者的尊重,最终会促进你们的关系。相信很多人会有这样的经历:你本来担心自己的攻击会破坏关系,没想到酣畅表达了攻击后,反而会赢得了对方的尊重。这就是所谓的"不打不相识"。

一念之转:你就是我

美国作家拜伦·凯蒂在其著作《一念之转》中,提出了一个方法——"一念之转"。原则非常简单：我们针对别人的想法，都可以拿来用到自己身上。一旦明白了这一点，就可以转化自己的心念。

凯蒂为"一念之转"发明了一个练习，有三个部分：

第一部分，先问自己六个问题：

（1）你不喜欢谁（或某件事）？那个人（或那件事）激怒了你吗？

（2）你希望他们如何改变？

（3）什么是他应该（不应该）去做、去想、去感觉的？你有什么建议吗？

（4）为了让你开心，他们要给你些什么，或为你做些什么？

（5）你对他们的想法是什么？

（6）什么是你不想跟这个人、这件事、这种情况再次经历的？

第二部分，针对上面每一个问题，再问自己四个问题：

（1）这是真的吗？

（2）我确定是真的吗？

（3）当我持有这个想法时，我有什么感觉？我会因此怎样待自己？我对别人又有什么感觉，又因此想如何对待别人？

（4）如果没有这种想法，我又会如何？

第三部分，反转思考，把句子中的"你"和"他"转成"我"。

例如，第一部分如果你有这个念头"他这么显摆！我讨厌他"，那么到了第二部分，就要问自己这四个问题：

（1）这是真的吗？他真的那么显摆，而我真的讨厌他吗？

（2）我确定他真的这么显摆，而我的确这么讨厌他吗？

（3）当我认定这个想法时，我对他的感觉是怎样的？我想怎样对待他？

（4）如果放下了这个想法，我又会怎样？

到了反转练习中，"他这么显摆，我讨厌他"就可以变成"我这么显摆，我讨厌我这样"，或者"我这么显摆，我喜欢我这样"。

读中学时，我就知道自己是个滥好人，到了大学，学习了心理学，我开始明白，世界是相反的，滥好人是在防御自己内在的"坏"。所以，我这个好人内心中住着一个坏人。我表现得越好,我内在这个坏人就越坏。

道理虽然简单,但我内在的"坏"却太难活出来,因为头脑层面的认识容易,身体层面的体验却很难。

读研究生时,我得了抑郁症,这份"坏"开始展现了。得抑郁症前,我和一个朋友的妈妈合作做小生意,但得了抑郁症后,阿姨找不到我了。她很着急地和女儿聊起我的事。她女儿说:"放心吧,武志红答应你的事,他肯定会做到。"

可我真做不到了,以前那个一诺千金的武志红,开始不能兑现承诺了。我很内疚,但心理学知识帮到了我,我知道自己是个太容易对别人好、太容易做承诺的人。如果我的承诺都兑现,我就没法活了,所以我宽慰自己,没让自己被内疚淹没。当时,不仅这件事没法遵守承诺,其他各方面的事情基本都做不好了,后来因此研究生多读了一年才毕业。

毕业后,这个好人感还是深入骨髓,简直就像是基因一样不能改变,但同时我身边就总出现一些"坏人"。我是谦虚的、没有金钱欲望的、善解人意的、非常好相处的,而这些"坏人",则是自恋的、拜金的、不管不顾的、有一点儿小事就会爆发脾气……

对于这些"坏人",我总是看着不顺眼,可我又和他们走得很近。这些人中有我的密友,有我的恋人,以及合作伙伴。

和"坏人"相处,你不能再简单地做好人,否则就会吃大亏。所以在和他们的摩擦碰撞中,我也逐渐地"坏"了起来,开始不善解人意,开始计较,开始脾气不好……

2012年6月的一个晚上,一个里程碑式的事情发生了。我连续做了三个印象深刻的梦,而第三个梦的男主人公是一个坏人,而此前我梦里的主人公从来都是好人。也就是说,此前即便在潜意识里,我也不接受自己是一个坏人。

这个梦带给我很多转变,我的脾气变得更坏。与此同时,有人请我出去讲课费用提高了,出书时要的版税也提高了。

2015年3月,一件更严重的事发生了。在和一位来访者咨询时,我极深地碰触到我的黑色生命力。它以一种视觉幻觉的方式呈现出来,而来访者竟然也一起看到了。这件事就像是一下子打通了我的任督二脉,压抑着的生命能量开始爆发,身体出现了各种好转。

此后，我还出现了一系列奇妙的体验，这都像是黑色生命力不断转化的过程。我常常有各种奇妙的梦、意象和体验，这些都是复杂之事，但它们其实是为了逃避"最难面对的平实之物"而发展出来的。我的滥好人也是在防御这份"坏"。这份"坏"在我没有深刻碰触并容纳时，我会把它们投射出去，会觉得周围人怎么这么坏。实际上，看别人的"坏"时，真的是我不想看到的自己的"坏"。

另一个"最难面对的平实之物"，就是我的自体的虚弱。

2017年，我开始有了一些非常简单的梦，这才是我最难面对的。

有一次，我梦见额头正中间有一个脓包。把这个脓包戳开，里面竟然是一个空洞，然后我一下子就被吓醒了。醒来后，我没办法再使用我的解梦法，只能身体保持不动，让各种可怕的体验在身上流动。这个看似简单的梦，却超出了我的承受能力。对此，我的理解是，我那十几本书、几百万字，构建了一个文字的、思维的世界，但它们可能是空的，是我为了逃避自体的虚弱而发展起来的。

还有一次，我梦见在一个废墟里。废墟是灰色调、破败的，有一个书架，书架上有一个四页纸的笔记本，上面有女性娟秀的字体，这是梦里唯一的亮色。从这个梦中醒来也让我难受至极，而这就是我的家庭写照。当爷爷、奶奶和其他族人给我老好人的父母扣上不孝之名、攻击我们家时，家成了废墟。而我妈妈是初中毕业生，那个年代，一个村都很难有一个女性初中毕业生。我把这个感知为是家里仅有的亮色，因此产生了对文字的深度认同。

这份认同，让我一直喜欢读书，成绩一直算出色，最后靠它找到了安家立命之本。最终，我成了家庭的保护者。但我之所以发展出这些，既是为了对抗，又是为了逃避家庭的虚弱。

家庭的虚弱和我自体的虚弱，是一回事。

这是一种很深的自我暴露，通过我自己真实的故事，大家可以看到文字背后作者的真实心灵。

我一再说，思维是靠不住的，别过度使用思维，投身于真实世界，用肉身和这个世界碰触摩擦，并展开自己的生命……但实际上，我自己这么做也有困难。经过漫长的时间，通过不断有意识地努力，甚至像刻意为难自己一样，我才有了巨大的改变。

但这是值得的。当能直面自己心中汹涌的"恨意"时，这些恨意就逐渐被照亮了，我的生命力因此而增强。当能直面自己自体的虚弱时，我会更有勇气和力量，去面对复杂的现实世界。这两年，我常常能感觉到，生命力像水流一样，在自己的身体内流动，这种存在的感觉非常好。

所以，当我们看周围世界虚弱和坏的时候，我们至少需要意识到，也许这是我们的投射。我们可以使用"一念之转"的练习，让自己有意识地转念。虽然在我看来，能真正完成这些转变是非常不易的。

互动："你"，就是整个世界

精神分析有一个基本理念：咨询师与来访者的关系，可以映照出来访者与其他人的各种关系；而如果在这个关系中修通了一些关键问题，例如依恋的完成，也可以改变来访者与其他人的各种关系。

如果来访者谈自己在现实世界的任何关系，资深的精神分析师都会说："你在和我的关系中，也是这样的。"这样做，是为了让来访者把他现实关系中的动力带到咨询中，去觉知、去修通。分析师和来访者的关系是来访者整个世界的缩影，而分析师作为一个具体的客体，就是整个外部世界。

所以说，"你"，就是整个世界。

实际上，并不仅仅是咨询关系是这样的，母婴关系更具备这个特质。正常养育中，婴儿一开始就是将妈妈视为整个世界，所以母婴关系就是婴儿的"我"和整个世界的"你"的关系原型，它在相当程度上塑造了一个人和整个世界的关系模式。

除了咨询关系、母婴关系之外，稳定的恋爱关系也具有这个品质。恋爱中，人的爱和恨会在最大限度上调动起来，如果爱、恨和了解都充分地发生，而恋爱关系又没有被毁灭，那就获得了极好的疗愈。

所以，要重视那些稳定又有质量的关系，这些关系中，"你"，就是"我"的整个外部世界的缩影，反过来也一样。

在全息理论中，事物之间具有相互联系性，部分是整体的缩影的规律。任何关系，都藏着整个人性。全然搞好一个关系，就像是搞好了和整个世界的关系。一如鲁米的诗：

> 一只看不见的鸟飞过
> 投下了一闪即逝的影子
>
> 那是什么？是你爱的影子
> 却盛满了
> 整个宇宙

因此，鲁米所在的苏菲教派，强调找到你的爱人，然后在这个关系中修炼自己的灵魂，直至彻悟。所谓"彻悟"，就是了悟了"我"的内部世界和"你"的外部世界的关系，而这个大的话题，却可以浓缩在一个具体的关系中。

Q：在常见关系中，如父母子女、情侣夫妻，甚至上下级等，怎样"合理地表达恨意"呢？

A：例如，你恨你的伴侣，你把这部分坦露了出来。这时，你是危险的，因为表达恨似乎总有点儿不正确，会让你处于道德劣势中，并且还容易伤害对方和关系。但如果对方能直面你的恨，而你们的关系又能作为一个容器来承接这份表达，那么恨意这份贝塔元素就会转化为阿尔法元素。

但是，如果你不在语言层面、情绪层面去表达恨，转而用出轨等方式去表达恨意，那么这就是"见诸行动"。事实性的伤害行为会让关系的容器一下子出现巨大的裂痕，变得难以修复。

关系的容纳能力是非常不一样的，有些关系，有一点点恨意的表达，就会变得越来越坏、越来越脆弱。这是因为其中一个人或两个人都不能忍受恨意。

相反，有些关系，恨意的表达总是会被关系给托住。于是，双方都会获得这种体验：真诚地表达恨意是可以的。这种体验就是阿尔法功能，不能忍受的贝塔元素不断变成可以忍受的阿尔法元素，也就是恨意不断变成爱意。

"伤害性行为"取决于彼此的感知，如果你明明知道你的伴侣有些东西是不能忍受的，你非要去干这些事情，那么这时就会被对方感知为伤害性行为。

Q：如何理解仇恨？比如，陌生人伤害了你的亲人，比如竞争中对方用不正当手段赢了你，由此你产生的那种恨。

A：陌生人伤害了我们的亲人，竞争对手用不正当手段击败了你，这两种情形下的恨意，从逻辑上来讲，仍然属于"爱而不得"。

陌生人伤害我们的亲人，破坏了我们对亲人的爱。竞争对手用不正当手段赢了自己，那也破坏了我们想赢的动力。

相对而言，我们恨起陌生人来比较容易，因为比较容易把陌生人视为充满敌意的"它"，然后表达恨时就没有太大阻碍了。但如果去恨充满爱意的"你"，我们就会内疚，就会宁愿收住这股劲儿来伤害自己。

如果我们连陌生人都不敢恨，从而不能及时保护亲人和自己，这时候的自体虚弱就一目了然。例如，一位妈妈怀疑保姆虐待自己几个月大的宝宝，她的方式竟然是，调查取证了几个月，等找到确切证据后才起诉保姆。这就意味着她的宝宝多遭受了几个月的虐待。

Q：追求自体强大是不是也是以恨意为主的表现呢？

A：以恨意为主时，一个人可以很强大，就像我们前面所说的那样。这份强大是"无论如何,我坚信,我能活下来"。并且在恨意中,不能死还意味着,"我"不能输给"它"。我们可以输给爱人,却不能输给敌人,否则会有严重的羞耻感。

所以,很多自体强大的人是以恨意为主的,但以恨意为主的人也容易是脆弱的人。他们被击败一次,就可能再也不能恢复,例如我觉得希特勒就可能是这种情形。

爱意构成的强大,会有韧劲儿;而恨意构成的强大,在韧劲儿上容易有欠缺。但也不否认,有少数人会有可怕的恨意带来的韧劲儿,让他在万般打击和伤害中一样能存活下来。只是,据我所知,这份强大都必然伴随着深深的恐惧。